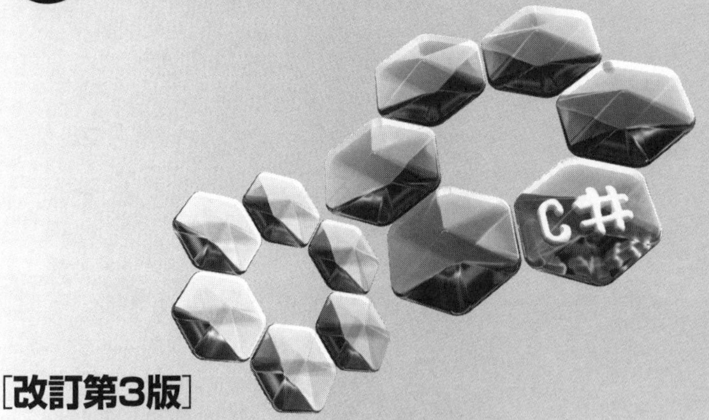

[改訂第3版]

C#

ポケットリファレンス

WINGSプロジェクト
土井 毅・髙江 賢
飯島 聡 著
山田祥寛 監修

技術評論社

●本書をお読みになる前に

本書は、C# に関する情報の提供のみを目的としています。本書を用いた運用は、必ずお客様自身の責任と判断によって行ってください。

また、掲載されているプログラムの実行結果につきましては、万一障害等が発生しても、技術評論社および著者はいかなる責任も負いません。

本書記載の情報、ソフトウェアに関する記述などは、特に記した場合を除き 2024 年 4 月時点での各バージョンをもとにしています。ソフトウェアはアップデートされる場合があり、本書での説明とは機能内容や画面図などが異なる場合があります。

以上の注意事項をご承諾いただいた上で、本書をご利用願います。これらの注意事項をお読みいただかずに、お問い合わせいただいても、技術評論社および著者は対処しかねます。あらかじめ、ご承知おきください。

はじめに

C#は、2000年に初期バージョン1.0がリリースされてから、すでに25年近く経た実績ある言語です。デスクトップアプリをはじめとして、Webアプリ、Webサービス、はたまたAndroid／iOSに対応したモバイルアプリまで、幅広い分野で活用されている言語です。

開発者も多く、インターネットの情報や書籍なども豊富なので、開発時のトラブルに対応しやすい言語でもあります。ただし、情報が多いことは、時に検索性を阻害することがあることも事実です。本書の構成を作成するにあたっては、情報を引きやすくするよう心がけました。

C#というと、主にWindows環境でのビジネスアプリ開発のシーンが多く、マルチプラットフォームで稼働するJavaと比較されることもあります。開発には、サーバーサイド開発、クライアント開発、製品開発、コンポーネント開発など、それぞれ異なる特性を必要とする開発があるので、案件に合致した言語を選択すればよいと思います。

しかし、JavaもC#もできる人が「JavaのCopyOnWriteArraySetみたいなものはC#にあるのかな」とか、C#の初心者が「XMLファイルを画面に表示するだけのかんたんなプログラムを書きたいんだけど、何から書き始めればいいのかさっぱり」といったことはよくあることです。本書は、目的から情報にたどり着きやすいリファレンスとするよう心がけました。初心者から習熟者に広く参考にしていただける1冊になれば幸いです。

☆ ☆ ☆

なお、本書に関するサポート情報を「サーバサイド技術の学び舎 - WINGS」で公開しています。本書で使用しているサンプルコードのダウンロードをはじめ、FAQ、オンライン公開記事などの情報を掲載していますので、あわせてご利用ください。

https://wings.msn.to/

最後にはなりましたが、タイトなスケジュールの中で著者の無理を調整戴いた編集諸氏、執筆中から応援をいただいた関係者の皆様には心から感謝いたします。

2024年5月吉日
著者一同

本書の使い方

動作検証環境について

本書でのサンプルは、以下の環境で検証しています。

- Windows 11
- Visual Studio Community 2022
- SQL Server 2022 Express

サンプルプログラムについて

サンプルソースファイルは、著者サポートサイト「サーバサイド技術の学び舎 - WINGS」(https://wings.msn.to/) ー [総合FAQ/訂正&ダウンロード]からダウンロードできます。ダウンロードファイルを解凍すると、/Samplesフォルダの配下にそれぞれ章ごとにソリューションファイル(/ChapXX/ChapXX.sln)がありますので、これをダブルクリックしてください。これで該当章のサンプルコードをVisual Studio上で実行できます。

起動したいクラス(Mainメソッド)を切り替える方法については、P.30「エントリポイントを変更する」を参照してください。

本書の構成

1 APIの目的、用途(C# 10 ～ C# 12 は、C# 10～12以降で利用可能。 .NET 6 ～ .NET 8 は、.NET 6～8以降で利用可能)

2 該当のAPIが含まれるクラス

3 メソッド／プロパティ／イベントなどの名前

4 メソッド／プロパティ／イベントなどの書式

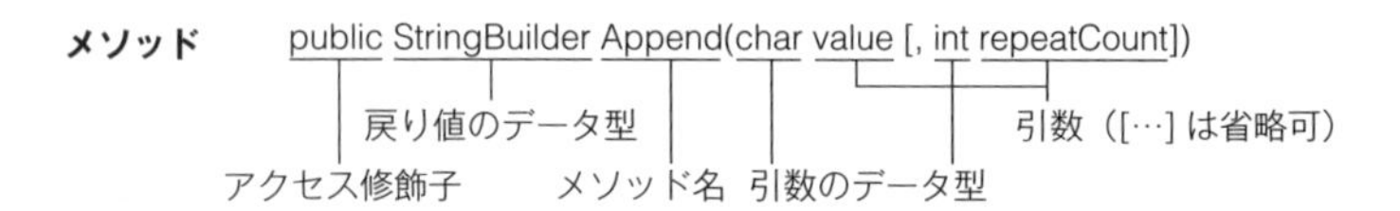

プロパティ public int Length { get; set; }

アクセス修飾子　プロパティ名
戻り値のデータ型　get：取得可／set：設定可

フィールド public const double PI

修飾子　戻り値のデータ型　フィールド名

1

コレクションの平均値／合計を計算する

2 ≫ System.Linq.Enumerable

3 メソッド

Average	平均値を計算
Sum	合計を計算

4 書式

```
public double Average<T1>(Func<T1, T2> selector)
public T2 Sum<T1>(Func<T1, T2> selector)
```

5 パラメータ

T1: コレクションの型
T2: 任意の数値型
selector: 数値を計算するデリゲート

6 例外

ArgumentNullException	selectorがnullの場合
InvalidOperationException	コレクションが空の場合
OverflowException	要素の合計が数値型の最大値を超える場合

7 Averageメソッドはコレクション内の要素の平均値を、Sumメソッドは合計値を返します。

selectorパラメータには各要素に対応する数値を計算するためのデリゲートを指定します。

8 サンプル ▶ CollectionAverageSum.cs

```
public static void Main(string[] args)
{
    List<string> stringList = new List<string>() {
      "Hello", "こんにちは", "Guten Tag", "a"};

    // 文字列の長さの平均値／合計値を計算
    Console.WriteLine("文字列長の平均値：" +
        list.Average(p => p.Length));
    Console.WriteLine("文字列長の合計値：" + list.Sum(p => p.Length));
}
```

⬇

```
文字列長の平均値：5
文字列長の合計値：20
```

9 注意 Averageメソッドの戻り値は基本的にdoubleですが、selectorデリゲートがdecimal型を返す場合にのみ、Averageメソッドの戻り値もdecimalになります。

5 メソッドなどの引数説明
6 メソッドで発生する例外の定義
7 APIの基本解説
8 サンプルのソースコード
9 解説の補足となる説明、注意など

目次

Chapter 6 非同期処理 377

Column

Chapter 1

C#を始めるために

C# とは

C#は、米Microsoftが2000年に発表したオブジェクト指向プログラミング言語です。名前にCという文字が含まれていることからも分かるように、C／C++言語がベースになっています。ただし文法面においては、Javaに大きな影響を受けており、多くの類似点があります。

開発においては、.NETで提供される機能を最大限利用することで、デスクトップアプリケーションからWebアプリケーション、モバイルアプリやクラウドアプリまで、さまざまなアプリケーションの作成が可能です。C／C++言語のように細かい制御が可能な上、Windows、Linux、macOSなどの異なる環境でアプリケーションが開発できます。

また、C#はEcma Internationalおよび国際標準化機構(ISO)によって標準化されており、日本でも標準プログラミング言語として日本工業規格(JIS)に制定されています。

バージョンアップによる変化

C#は新しい言語ではあるものの、次表のように言語仕様の進化はめざましく、2024年3月現在のバージョンは12となっています。

▼C#のバージョンアップ履歴

バージョン	リリース年	主な追加仕様
1.0	2002	最初のリリース
2.0	2005	ジェネリクス、静的クラス、匿名メソッド、Null許容型、Null合体演算子
3.0	2007	varキーワード、拡張メソッド、ラムダ式、匿名型、クエリ式
4.0	2010	dynamicキーワード、オプション引数／名前付き引数、ジェネリクスの共変性／反変性
5.0	2012	async／awaitキーワードでの非同期処理
6.0	2015	自動プロパティの拡張、null条件演算子、nameof演算子、using static、インデックス初期化子、例外フィルター
7.0〜7.3	2017〜2018	2進数リテラル、ローカル関数、参照による戻り値、型スイッチ、readonly構造体
8.0	2019	null許容参照型、パターンマッチング、非同期ストリーム、範囲指定
9	2020	レコード型、initアクセサ、静的匿名関数
10	2021	レコード構造体、global using、ファイルスコープ名前空間
11	2022	生文字列リテラル、ファイルローカル型、auto-default 構造体
12	2023	プライマリコンストラクタ、コレクション式

.NETの歩み

.NETは、Microsoftが提供するアプリケーションの開発／実行環境（プラットフォーム）の総称です。.NETの歴史は、2002年にリリースされた、.NET Frameworkというソフトウェアプラットフォームに始まります。.NET Frameworkは、Windows上で動作するWebアプリケーションやWindowsフォームアプリケーションの開発を目的として開発されました。その後.NET Frameworkは、新しい機能やフレームワークが追加され、Windows上で動作するアプリケーション開発の標準プラットフォームとして広く普及しました。一方で、Windowsにしか対応できないという課題がありました。

そして2016年、Microsoftはついに方針を転換し、クロスプラットフォームでオープンソースの、.NET Frameworkの後継版とも言える**.NET Core**をリリースしました。.NET Coreは、後継バージョンの.NET 5から呼称のCoreは削除されました。これは、.NET Framework 4.xとの混同を避けるためや、.NETがこれからの標準であることを強調するためです。.NET 5以降、執筆時点の現在では、.NETはバージョン8までリリースされ、クロスプラットフォームはもとより、モバイルアプリやクラウドアプリの対応、さらに機械学習フレームワークまで網羅するようになりました。

なお、.NET Frameworkは、現在もMicrosoftのサポートは継続されていますが、バージョン4.8をもってメジャーアップデートは終了しています。新規開発の推奨環境としては、.NETとなっています。

.NETの構造

.NETは、アプリケーションの実行環境の基盤となる**共通言語ランタイム**（CLR：Common Language Runtime）と、アプリケーション開発に用いるクラスライブラリ群から構成されます。

▼.NETの構造

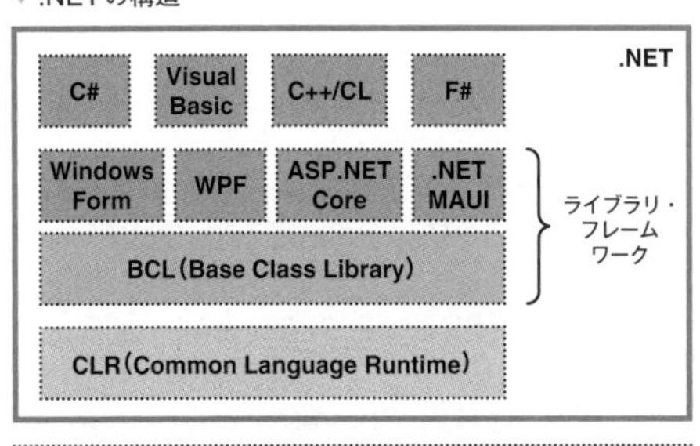

共通言語ランタイムとは、.NET環境において、サービスやアプリケーションを実行するための**仮想マシン**です。.NET環境では、ソースコードをいったんプラットフォームに依存しない共通中間言語（CIL：Common Intermediate Language）

として保存し、アプリケーションを実行する段階で、CLRがネイティブコードに変換します。この機構により、.NETに対応したアプリケーションは、さまざまなシステム環境でもプログラムを変更することなく実行できます。

.NETのクラスライブラリには、下位レベルのフレームワークとして、ファイルの操作やネットワーク通信、セキュリティといった汎用的な処理を担う基本クラスライブラリ(BCL：Base Class Library)があります。ASP.NET Coreなどの上位のフレームワークは、BCLを基にしています。

開発環境 Visual Studio について

Visual Studioは、Windowsで動作するアプリケーション開発のための統合開発環境(**IDE：Integrated Development Environment**)です。GUIを用いた簡単な操作で、さまざまなアプリケーションを構築できます。C#ばかりでなく、Visual BasicやC++にも対応し、同じ操作でアプリケーションの開発が可能です。

▼Visual Studioと対応する.NET Framework、.NET、C#のバージョン

Visual Studio	.NET Framework	.NET	C#
2002	1.0		1.0
2003	1.1		1.2
2005	2.0		2.0
2008	2.0～3.5		3.0
2010	2.0～4.0		4.0
2012、2013	2.0～4.5		5.0
2015	2.0～4.6	.NET Core 1.0、1.1	6.0
2017	2.0～4.7.2	.NET Core 2.0、2.1、2.2	7.0～7.3
2019	2.0～4.8	.NET Core 3.0、3.1 .NET 5	8.0、9
2022	〃	.NET 6、7、8	10、11、12

Visual Studio 2008までは、Visual Studioのバージョンによって、開発対象の.NET FrameworkとC#のバージョンが決まっていました。Visual Studio 2008以降は、下位のバージョンを切り替えて開発できるようになっています。また、Visual Studio 2015からは、.NET Coreに対応し、Visual Studio 2019では、.NET 5に対応しました。

最新のVisual Studioのバージョンは、Visual Studio 2022です。Visual Studio 2022では、.NET 8、C# 12まで対応しています。

Visual Studio 2022には、機能や開発規模に応じて、Community、Professional、Enterpriseの各エディションがあります。このうち本書では、無償で提供されるVisual Studio Community 2022を前提にしています。Communityは一部の機能に制限がありますが、だれでも無料で利用できる開発環境です。本書のサンプルプログラムは、Visual Studio Community 2022でのコンパイル、動作を確認しています。

Visual Studio Code

C#の開発には、Visual Studioを利用するのが一般的でしたが、近年では、C#に限らず、開発環境としてVisual Studio Code（略称：**VS Code**）が広く利用されるようになっています。

VS Codeは、Microsoftが開発したオープンソースのソースコードエディタで、Windows、macOS、Linuxに対応しています。ソースコードエディタとはいうものの、VS Codeの最大の特徴は、プラグインという形でユーザーが機能を拡張できることです。VS Codeの拡張機能（VS Code Extensions）は、多くのユーザーによって、さまざまなものが開発されており、ユーザー自身で開発環境をカスタマイズすることができます。Microsoftからも、C# 開発キットという拡張機能が提供されており、ソリューション管理など、Visual Studioと遜色ない環境を構築することが可能です。

▼Visual Studio Code

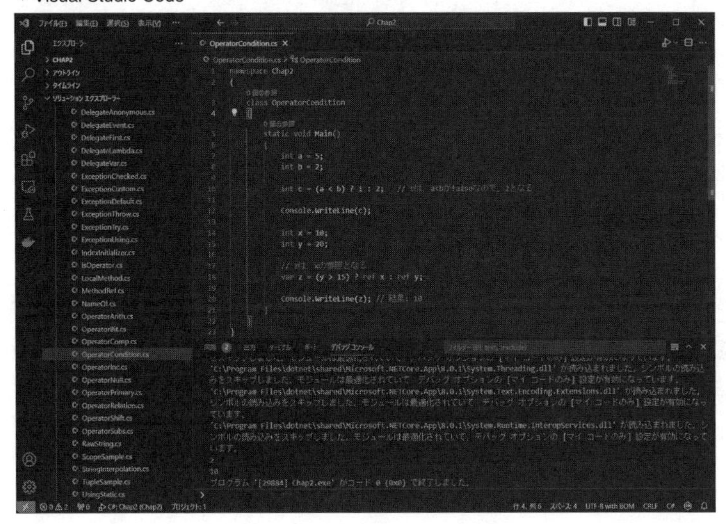

SQL Server 2022について

本書第7章のサンプルコードでは、データベースとしてSQL Server 2022を用いています。SQL Serverは、Microsoftが開発するリレーショナルデータベース管理システム（**DBMS**：**database management system**）です。

SQL Serverの最新バージョンは、2022年にリリースされたSQL Server 2022ですが、規模に応じて機能や性能が異なるエディションが提供されています。そのうち本書では、無償のSQL Server Express 2022を前提にしています。Expressエディションは、データベースサイズが10GBまでといった制限があるものの、上位バージョンとまったく同じデータベースを作成できます。

「Visual Studio Community 2022」のインストールと起動

本書では、Visual Studio Community 2022のインストール方法を紹介します。他のエディションなど、Visual Studioの詳細については、Visual Studioの公式サイト(https://visualstudio.microsoft.com/ja/)を参照してください。

[1]インストーラをダウンロードする

Visual Studioのサイトにある、Visual Studioのダウンロードアイコンにカーソルを合わせ、表示されたメニューから[Community 2022]を選択します。

[2]ダウンロードしたインストーラを実行する

ダウンロードしたインストーラ(VisualStudioSetup.exe、このファイル名は今後変更される可能性があります)を起動します。ユーザーアカウント制御のダイアログが表示された場合は、[はい]を選択します。その後ライセンス条項の確認ダイアログが表示されますので、[続行]を選択します。

[3]ワークロードから機能を選択する

しばらくすると、**ワークロード**画面になります。ワークロードでは、開発する目的に応じたインストールセットが選択でき、インストールするコンポーネントをカスタマイズすることができます。本書のサンプルコードを実行するには、.NETデスクトップ開発が必要ですので、それをクリックして選択します。

▼ワークロードの選択

[4] コンポーネントを追加する

個別のコンポーネントタブをクリックして画面を切り替えます。選択画面をスクロールしていき「クラウド、データベース、およびサーバー」にあるSQL Server関連のコンポーネントを選択して追加しておきます。

▼個別のコンポーネントの追加

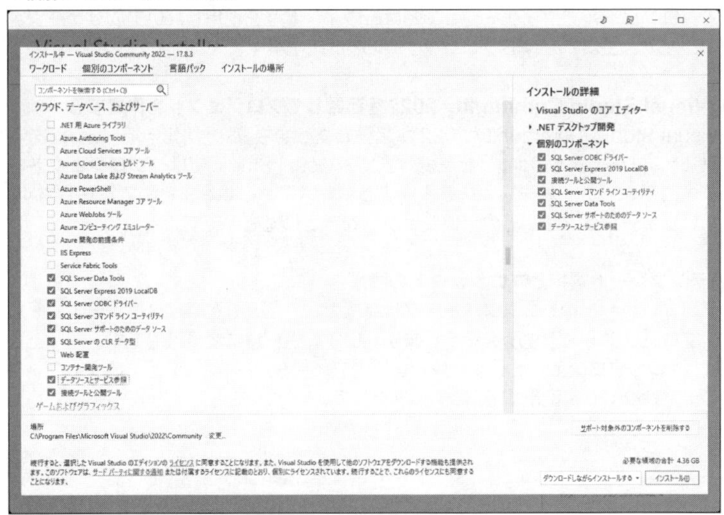

[5] インストール場所を指定する

必要に応じてインストール場所を変更し、インストールボタンをクリックします。すると必要なファイルがダウンロードされて、ファイルのコピーが始まります。

[6] Visual Studio Community 2022の起動

インストール済みの下に、「Visual Studio Community 2022」が表示されれば完了です。[インストール後に起動する]にチェックをつけていると、Visual Studio Community 2022が起動します。[スタート]メニューから起動する場合は、[Visual Studio 2022]を選択します。

コンソールアプリケーションの作成と実行

本書のサンプルコードは、**コンソールアプリケーション**での動作を前提にしています。コンソールアプリケーションとは、ウィンドウを使用しないアプリケーションのことで、主にコマンドプロンプトから利用します。

[1] Visual Studio Community 2022を起動してプロジェクトを作成する

Visual Studio Community 2022が起動したら、右欄の「開始する」の下にある[新しいプロジェクトの作成]を選択します。Visual Studioでは、**プロジェクト**という単位で、アプリケーションを作成するソースファイルをまとめて管理します。また**ソリューション**は、そのプロジェクトをまとめたものです。

[2] テンプレート選択とプロジェクトの構成

テンプレートとしてコンソールアプリを選択し、[次へ]をクリックします。そして、プロジェクト名、場所を設定します。いずれも任意に変更可能です。なおここでは、1つのプロジェクトしか作成しないので、[ソリューションとプロジェクトを同じディレクトリに配置する]にチェックしています。

▼テンプレートを選択

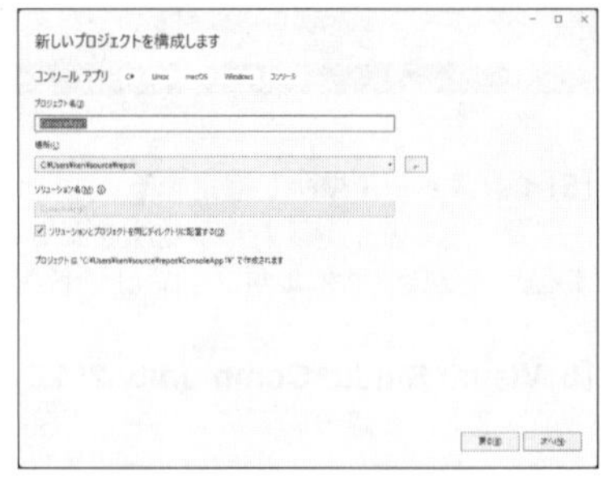

[3] 追加情報

プロジェクトの構成で[次へ]をクリックすると、追加情報の画面になります。ここでは、フレームワークとして.NET 8.0を選択します。また[最上位レベルのステートメントを使用しない]にチェックをつけます。

▼追加情報

追加情報

コンソール アプリ　C#　Linux　macOS　Windows　コンソール

フレームワーク(F)

.NET 8.0 (長期的なサポート)

☑ 最上位レベルのステートメントを使用しない(T)

☐ native AOT 発行を有効にする

最上位レベルのステートメントとは、エントリポイントとなるクラスとMainメソッドを自動的に作成する機能です。最上位レベルのステートメントは、プロジェクトで1ファイルしか適用できず、プロジェクトに複数のエントリポイントがあるような構成では利用できないため、本書では利用しません。

[4]ひな形のProgram.csが生成される

追加情報で[作成]をクリックすると、ソリューションエクスプローラに作成したプロジェクトが追加され、中央のコードエディターにはProgram.csという、ひな形となるソースファイルが表示されます。このProgramクラスに処理を追記して、アプリケーションを完成させます。

Program.csには、名前空間、クラス、そしてMainメソッドが宣言されており、最小のコンソールアプリケーションのソースファイルとなっています。

▼コンソールアプリケーション作成画面

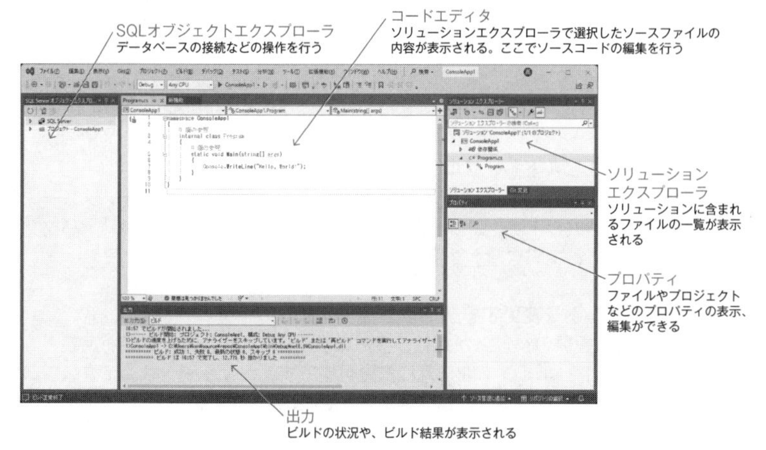
SQLオブジェクトエクスプローラ
データベースの接続などの操作を行う
コードエディタ
ソリューションエクスプローラで選択したソースファイルの内容が表示される。ここでソースコードの編集を行う
ソリューションエクスプローラ
ソリューションに含まれるファイルの一覧が表示される
プロパティ
ファイルやプロジェクトなどのプロパティの表示、編集ができる
出力
ビルドの状況や、ビルド結果が表示される

C#のソースファイルには、通常、次の3つの要素が含まれます。

- (利用するライブラリの)名前空間の宣言
- 名前空間の定義
- クラスの定義

クラスの定義以外は、特に必要でなければ省略することもできます。C#では、**クラス**を最小の単位としてプログラムを記述しますので、クラスは必須となっています。

Program.csでは、メソッドがひとつだけのProgramというクラスが定義されています。クラス定義は**classキーワード**ではじめ、本体の定義をかっこ{...}で囲みます。{...}で囲まれた部分は、**ブロック**と呼ばれます。

「static void Main～」のブロックがメソッドの定義になります。ただし、このメソッドは特殊な役割を持っています。C#では、プログラムが実行されると、まず最初にこのMainという名称のメソッドが実行されるのです。このようなアプリケーションの起動時に実行されるメソッドのことを**エントリポイント**と呼び、他のメソッドと区別しています。

[5]Program.csのソースコード

Program.csには、次のようなサンプルコードが作成されています。

```
static void Main(string[] args)
{
    Console.WriteLine("Hello, World!");
}
```

このソースは、ConsoleクラスのWriteLineというメソッドを呼び出して、文字列を出力するものです。追加した行の左端に空いている空間は、**字下げ**または**インデント**と呼び、プログラムの構造をわかりやすく見せるためのものです。半角スペースまたは Tab キーで入力します。ただしVisual Studioでは、ソースコードを自動的に整形する機能があり、ブロックの終わりの「}」を入力した場合などに、自動で修正されます。

[6]ソースコードをビルドし、プログラムを実行する

ソースコードをコンパイル(**ビルド**)するには、[ビルド]メニューの[ソリューションのビルド]を選択します。エラーがなければ、[デバッグ]メニューの[デバッグの開始]を選択して、プログラムを実行します。

[7]エントリポイントを変更する

プロジェクトに複数のクラスがあり、複数のクラスにMainメソッドが定義されている場合、エントリポイントを任意に変更可能です。ソリューションエクスプローラでプロジェクトを右クリックしてメニューを表示し、[プロパティ]を選択します。そして、[アプリケーション]タブにある[スタートアップオブジェクト]で、エントリポイントにしたいMainメソッドがあるクラスを指定します。

Chapter 2

基本文法

データ型の種類

C#のプログラムであつかうデータには、すべて**型**があります。型は**データ型**ともいい、そのデータの性質やサイズなどを規定するものです。たとえば、数値なのか、文字なのか、また数値であればどんな範囲なのかという情報が決められています。

データ型には、**組み込みのデータ型**と**ユーザー定義のデータ型**があります。組み込みのデータ型とは、あらかじめC#に定義されている基本的なデータ型のことで、整数や真偽値といった値を表すデータ型です。

ユーザー定義のデータ型とは、文字どおりユーザーがプログラムのなかで定義するもので、組み込みのデータ型や処理を定義したメソッドなどを組み合わせた型のことです。

なお、組み込みのデータ型は、.NETの標準クラスライブラリで定義された型の**エイリアス**(別名)ともなっています。たとえば、int型はSystem.Int32のエイリアスです。

▼組み込みのデータ型

形式	データ型名(短い名前)	.NETクラス	サイズ(ビット数)	範囲
論理型	bool	Boolean	1	true または false
文字型	char	Char	16	テキストで使用されるUnicode記号
符号つき整数型	sbyte	SByte	8	-128 ~ 127
	short	Int16	16	-32,768 ~ 32,767
	int	Int32	32	-2,147,483,648 ~ 2,147,483,647
	long	Int64	64	-9223372036854775808 ~ 9223372036854775807
符号なし整数型	byte	Byte	8	0 ~ 255
	ushort	UInt16	16	0 ~ 65535
	uint	UInt32	32	0 ~ 4294967295
	ulong	UInt64	64	0 ~ 18446744073709551615
小数点型	float	Single	32	-3.402823e38 ~ 3.402823e38
	double	Double	64	-1.79769313486232e308 ~ 1.79769313486232e308
	decimal	Decimal	128	$\pm 1.0 \times 10^{-28}$ ~ $\pm 7.9 \times 10^{28}$
文字列型	string	String	−	−

データ型を、コンピュータのメモリ上に格納する方法で区別すると、**値型**、**参照型**の2つに分類できます。

値型は、たとえば「10」や「12.3」といった実際の値をメモリ上に直接格納するデータ型です。さきほどの表の組み込みデータ型では、string型以外のデータ型が値型になります。またこれらの型は、単一の値を保持することから、**単純型**、あるいは**プリミティブ型**(primitive：原始的)とも呼ばれます。なお値型には、**構造体**、**列挙型**、**null許容型**といったデータ型も含まれます。

一方の参照型は、おもに**クラス**をあつかうためのデータ型です。参照型の変数は、データそのものではなく、メモリ上に格納されたクラスなどの先頭アドレスを保持します。クラスを利用するときには、アドレスをたどって参照する、ということです。

整数型(符号つき、符号なし)

整数型は数値計算に使用されるもので、C#では、符号つき／符号なしの整数型が区別されています。符号つきの整数型であるsbyte型は、1バイト(8ビット)の範囲の値を扱うときに使用します。同様にshort型、int型、long型は、それぞれ16ビット、32ビット、64ビットの範囲を扱うときに使います。

符号なしの整数型であるbyte型、ushort型、uint型、ulong型は、符号つきの同じサイズの整数型より大きな整数を扱えますが、0以上の値しか表せません。

小数点型

小数点をもつ数値を扱う場合には、float型、double型、decimal型を使用します。float型とdouble型は、小数点数を仮数と指数で示す**浮動小数点**というしくみで格納しています。float型よりも、double型の方がより広い範囲の値が扱えます。なお浮動小数点型は、しくみ上、誤差が生じる可能性があります。

一方のdecimal型は、有効桁数28桁(場合によっては29桁)まで誤差が生じません。そのため、財務や金融といった誤差が許されない計算に適したデータ型です。

文字型

文字型は、**Unicode**規格の文字コード(UTF-16)で表された文字を扱います。サイズは、C言語とは異なり符号のない16ビットで、値は0～65535までの範囲になります。

論理型

bool型は、真(true)または偽(false)という2つの状態をもつ**真偽値**を扱います。プログラムでは、真または偽を、それぞれtrueまたはfalseという予約されたキーワードで表記します。

なおC#では、bool型を数値に変換することはできません。C言語のように、falseを0の値として扱うようなことはできず、あくまでbool型として存在します。

文字列型

ひとつの文字は、char型で表せますが、複数の文字からなる文字列を扱うには、string型を用います。string型は、他の組み込みのデータ型と異なり、**参照型**のデータ型です。

リテラル

C#の**リテラル**とは、プログラムのソースコードに使用される固定の値で、数字や文字列がそのまま記述されたものです。C#ではリテラルにも型があり、たとえば整数の値であれば**整数リテラル**、浮動小数点であれば**浮動小数点リテラル**となります。

また整数リテラルでは、10進数だけでなく、16進数や2進数でも表記できます。

▼リテラル

データ型		記述方法	例
整数型	10進数	そのまま表記	123 456
	16進数	先頭に0xまたは0Xをつける	0x123 0X456
	2進数	先頭に0bまたは0Bをつける	0b1101 0B101
	long	最後にlまたはLをつける	123L
	uint	最後にuまたはUをつける	123U
	ulong	最後にulまたはULをつける	123UL
浮動小数点型	float	最後にfまたはFをつける	1.23F
	double	最後にdまたはDをつける	1.23D
	decimal	最後にmまたはMをつける	1.23M
文字型	char	シングルクォーテーションで囲む	'A'　'あ'　'¥u0231'
文字列型	string	ダブルクォーテーションで囲む	"Hello" "こんにちは"

整数や浮動小数点数のリテラルは、その値にしたがって型が決められます。整数リテラルのデフォルトはint型で、浮動小数点はdouble型になります。明示的にデータ型を指定するには、C#では数値の最後に接尾辞をつけます。

たとえば明示的にlong型を指定するには、数値の最後にLまたはlをつけ、float型を指定したい場合には、Fまたはfを付加します。

数値セパレーター

区切り文字(_)を使うと、数値リテラルを自由にグルーピングできます。たとえば、1_234_567は、1234567と同じ数値となります。区切り文字の個数には制限はありませんが、先頭と末尾には付加できません。ただし2進数、16進数では、0b_のように先頭の付加は可能です。

文字と文字列のリテラル

文字リテラルは、任意の文字をシングルクォーテーション(')で囲みます。改行文字などキーボードからは直接入力できない特殊な文字の場合は、**エスケープシーケンス**と呼ばれる、¥で始まる特殊な文字を使って表記します。

文字列リテラルは、C言語などと同様、ダブルクォーテーション(")で文字列を囲みます。また、エスケープシーケンスや、Unicode文字コードのリテラルも記述可能です。

▼エスケープシーケンス

エスケープシーケンス	意味
¥b	バックスペース、1文字戻る
¥t	HT (Horizontal Tab)、タブを表す文字
¥n	LF(Line Feed)、改行を表す文字
¥f	FF (Form Feed)
¥r	CR (Carriage Return) 、行頭復帰を表す
¥"	ダブルクォーテーション
¥'	シングルクォーテーション
¥¥	バックスラッシュ、¥記号を表す文字
¥0	null文字
¥u(または¥x)	任意のUnicode文字。¥u(または¥x)のあとに4桁のUnicode文字コード値を指定する

❖ 逐語的文字列リテラル

逐語的文字列リテラルとは、エスケープシーケンスを処理せず表記のまま解釈するリテラルです。通常の文字列の先頭に**アットマーク**(@)をつけて表記します。

たとえば、改行を含む文字列であれば、次のように複数行にわたる記述が可能です。

```
@"one
two
three"
```

❖ 文字列への変数埋め込み(文字列補完)

文字列リテラルのなかに変数や式を埋め込むことが可能です。文字列の先頭に$をつけ、変数や式を{}で囲みます。たとえば、$"{data}"とすると、{data}は変数dataの値に置き換わります。なお、C# 11からは、文字列補完の{}に改行を含めることができます。それまでは、{}に改行を含めるには、逐語的文字列の指定が必要でした。

サンプル ▶ **StringInterpolation.cs**

```
var x = 3;
var y = 4;
Console.WriteLine($"底辺{x}cmと高さ{y}cmの三角形の面積は{x*y/2}cm²です");
// 結果:底辺3cmと高さ4cmの三角形の面積は6cm²です
```

❖ 生文字列リテラル C# 11

C# 11から、**生文字列リテラル**と呼ばれる、逐語的文字列リテラルを改良した新しい形式が使えます。生文字列リテラルは、逐語的文字列リテラル同様、エスケープシーケンスを処理しない形式で、次のような特徴があります。

- 3つ以上のダブルクォーテーション(""")で始めて、同じ数のダブルクォーテーションで終わる
- 開始を示すダブルクォーテーションの後と、終了のダブルクォーテーションの前の改行は、文字列には含まれない
- 終了ダブルクォーテーションの左側にある空白は、生文字列リテラル内のすべての行で削除される
- 生文字列リテラルに改行を含む場合、開始のダブルクォーテーションの後は、空白(全角含む)または改行しか記述できない
- $、ダブルクォーテーションの数で、生文字列リテラルの、$記号やダブルクォーテーションと区別する

サンプル ▶ **RawString.cs**

```
Console.WriteLine("""
    "生文字列"は
    このように書けます。
    """);
// 結果：(余分な空白や改行が含まれない)
// "生文字列"は
// このように書けます。

// コンパイルできない
Console.WriteLine(""" 生文字列
    """);

var x = 3;
Console.WriteLine($$""""
    変数xは{x}と書けば{{x}}と出力されます。
    生文字列は、"""で囲みます。
    """");
// 結果：
// 変数xは{x}
// と書けば3と出力されます。
/// 生文字列は、"""で囲みます。
```

生文字列リテラルでは、"""や{}を含む文字列を使いたい場合、開始のダブルクォーテーションや$の数で識別します。"""を使うなら""""で囲み、{}を使うなら、$$とすることで、文字列補完を{{ }}とすることができます。

変数

変数とは、文字通り「変わる値」を格納するためのもので、数式で用いる「x」や「y」と同じ考え方のものです。ただし、数学のように概念だけのものではなく、実際に、コンピュータのメモリという物理的な保存場所が存在します。

識別子

クラスや変数名などは、プログラムのなかで自分で名前をつけなければなりません。このような名前は**識別子**と呼ばれます。識別子は、基本的には任意に命名できますが、以下のような制約(ルール)があります。

- 先頭の文字は、アンダーバー(_)またはアルファベット(ただし逐語的識別子のアットマーク(@)を除く)
- 先頭以降は、数字も使用可能
- 大文字と小文字は区別される
- 予約語は使用できない
- Unicodeエスケープシーケンスも利用できる

参考 C#で識別子として使える文字は、厳密にはUnicodeで推奨されている規則に対応しています。Unicodeを考慮すると、先頭の文字は、アンダーバーまたはletter-character、先頭以外の文字は、letter-character/decimal-digit-character/connecting-character/combining-character/formatting-characterのいずれかとなります。

予約語

予約語(キーワード)とは、C#言語として特別な意味を持つ、あらかじめ予約された単語です。予約語は、識別子として使用することはできません。ただし先頭にアットマーク(@)をつけると、識別子として使えます。@つきの識別子を、**逐語的識別子**(verbatim identifier)と呼びます。

なお、逐語的識別子の@記号は、識別子名の一部として認識されません。したがって、@xとxは、同じ識別子名とみなされます。

▼予約語

abstract	as	base	bool
break	byte	case	catch
char	checked	class	const
continue	decimal	default	delegate
do	double	else	enum
event	explicit	extern	false
finally	fixed	float	for
foreach	goto	if	implicit
in	in (ジェネリック修飾子)	int	interface
internal	is	lock	long
namespace	new	null	object
operator	out	out (ジェネリック修飾子)	override
params	private	protected	public
readonly	ref	return	sbyte

sealed	short	sizeof	stackalloc
static	string	struct	switch
this	throw	true	try
typeof	uint	ulong	unchecked
unsafe	ushort	using	virtual
void	volatile	while	

コンテキストキーワード

C#には、プログラムの特定の構文においてのみ特別な意味をもつ単語があります。そのような単語を、**コンテキストキーワード**と呼びます。コンテキストキーワードは、特定の構文(たとえばプロパティ定義でのgetなど)以外では、識別子として使用できます。

▼コンテキストキーワード

add	alias	ascending	descending
dynamic	from	get	global
group	into	join	let
orderby	partial (型)	partial (メソッド)	remove
select	set	value	var
where (ジェネリック型制約)	where (クエリ句)	yield	

変数のスコープ

スコープとは、変数が参照可能な範囲のことです。変数は、宣言された場所によって参照できる範囲が変わります。基本的には、宣言された位置のブロック{}の範囲でのみ変数は参照できます。また変数は、宣言の場所によって区別する場合があり、クラス内で宣言する変数を**フィールド**、メソッド内で宣言する変数を**ローカル変数**と呼びます。

サンプル ▶ **ScopeSample.cs**

```
class ScopeSample
{
    int val = 0;             // スコープは ScopeSample クラス内

    public void Sample()
    {
        int val = 1;         // ローカル変数 val のスコープはメソッド内
                             // 異なるスコープであれば、同じ変数名でも
                             // それぞれは別の存在として見なされる

    }
}
```

演算子

変数やリテラルに、**演算子**を組み合わせることによって、計算や処理を行います。演算子によって計算の対象となるものを、**オペランド**と呼びます。

▼演算子

<table>
<tr><th colspan="2">種別</th><th>表記</th><th>意味</th></tr>
<tr><td colspan="2" rowspan="6">単項演算子</td><td>-</td><td>マイナス(符号を反転)</td></tr>
<tr><td>++</td><td>インクリメント(＋1)</td></tr>
<tr><td>--</td><td>デクリメント(－1)</td></tr>
<tr><td>!</td><td>補数演算(論理演算子)</td></tr>
<tr><td>sizeof</td><td>値型のサイズ取得(バイト単位)</td></tr>
<tr><td>(型名)</td><td>キャスト</td></tr>
<tr><td rowspan="19">二項演算子</td><td rowspan="5">算術演算子</td><td>+</td><td>加算</td></tr>
<tr><td>-</td><td>減算</td></tr>
<tr><td>*</td><td>乗算</td></tr>
<tr><td>/</td><td>除算</td></tr>
<tr><td>%</td><td>剰余 (整数、小数の余りを求める)</td></tr>
<tr><td rowspan="8">代入演算子
複合代入演算子</td><td>=</td><td>値を代入する</td></tr>
<tr><td>= ref</td><td>参照を代入する</td></tr>
<tr><td>?? ??=</td><td>??は、左側のオペランドがnullでなければそれを返し、nullであれば右側のオペランドを返す。??=は、左側のオペランドがnullであれば右側のオペランドの値を左側のオペランドに代入する</td></tr>
<tr><td>+= -=</td><td rowspan="5">他の演算子の結果を代入する</td></tr>
<tr><td>*= /=</td></tr>
<tr><td>%= &=</td></tr>
<tr><td>^= |=</td></tr>
<tr><td><<= >>=</td></tr>
<tr><td rowspan="6">ビット演算子</td><td>&</td><td>AND(論理演算子としても使用可。その場合両辺が完全に評価される)</td></tr>
<tr><td>|</td><td>OR(論理演算子としても使用可。その場合両辺が完全に評価される)</td></tr>
<tr><td>^</td><td>XOR(論理演算子としても使用可。その場合両辺が完全に評価される)</td></tr>
<tr><td>~</td><td>NOT(単項演算子)</td></tr>
<tr><td><<</td><td>左シフト(ゼロ埋め)</td></tr>
<tr><td>>></td><td>右シフト(符号つき整数なら符号拡張)</td></tr>
</table>

種別		表記	意味
	関係演算子	==	両辺が等しいならtrue
	関係演算子	!=	両辺が異なればtrue
	関係演算子	>	左辺が右辺より大きいならtrue
	関係演算子	>=	左辺が右辺以上ならtrue
	関係演算子	<	左辺が右辺より小さいならtrue
	関係演算子	<=	左辺が右辺以下ならtrue
	関係演算子	is	オブジェクトと、指定した型との間に互換性があればtrue
	関係演算子	as	互換性のある参照型どうしの変換
	論理演算子	&&	AND(左のオペランドがfalseのとき、式はfalseを返し、右のオペランドは評価されない)
	論理演算子	||	OR(左のオペランドがtrueのとき、式はtrueを返し、右のオペランドは評価されない)
	論理演算子	!	NOT(論理否定、単項演算子)
三項演算子	条件演算子	?:	条件 ? 式1 : 式2 条件が真なら式1、偽なら式2の値となる

演算子は、オペランドの数によって、単項演算子、二項演算子、三項演算子に大別できます。演算子とオペランドを組み合わせると、**式**(expression)となります。式は、何らかの値を生成するものすべてを含みます。式にセミコロン(;)をつけると**文**になります。

演算子の優先順位

演算子が評価される順番には、**優先順位**があります。たとえば、「a = a + 2」という式なら、+の優先順位が=より高いので、a + 2が先に処理されてから、結果が代入されます。演算子の優先順位は、次表のようになり、上のものほど優先度が高くなります。

▼優先順位

優先順位	演算子
高い	( ) [ ] .
↑	++ -- ~ ! - (型)
	* / %
	+ -
	>> <<
	> >= < <= is as
	== !=
	&
	^

	|
	&&
	||
	?:
低い	= += -= *= /= %= &= ^= |= <<= >>=

同じ優先順位のものが複数ある場合は、原則として左側から順に演算されます。例外は、代入演算子と条件演算子「?:」です。このふたつの演算子では、右側の演算が先になります。

サンプル ▶ **OperatorPrimary.cs**

```
a = a * 2 - b;       // a * 2の次にbが減算される
x = x >> y + 3;      // y + 3が先に処理される
```

インクリメント／デクリメント演算子

インクリメント(++)、**デクリメント**(--)演算子は、オペランドに1を加算または減算する演算子です。これらの演算子はオペランドの前または後に記述できますが、動作が異なります。

サンプルの(1)は、変数yにxが代入されてからインクリメントしますが、(2)はインクリメントした後の値が変数yに代入されます。

サンプル ▶ **OperatorInc.cs**

```
int x,y;
x = 5;
y = x++;                // (1)
Console.WriteLine(y); // 結果：5

x = 5;
y = ++x;                // (2)
Console.WriteLine(y); // 結果：6
```

算術演算子

+や-など、数学的に値を変化させる演算子のことを**算術演算子**と呼びます。

なお、算術演算子の除算の場合、整数どうしであれば、結果は小数点以下が切り捨てられた整数となります。一方、除算の余りを求める剰余演算子(%)では、整数だけでなく、小数もあつかえます。

サンプル ▶ OperatorArith.cs

```
int   x = 15, y = 16;

Console.WriteLine(( x + y ) / 2);  // 結果：15 (15.5ではない)

x = 17;
y = 4;

Console.WriteLine(x % y);          // 結果：1
Console.WriteLine(x % 4.5);        // 結果：3.5
```

代入演算子

代入演算子(=)は、右辺の値を左辺のオペランドに代入します。値をデータ型が異なるオペランドに代入する場合、暗黙的な型変換が行われます。ただし、左辺のデータ型より大きいデータ型の値を代入するには、**キャスト**が必要となります。

また、refキーワードをつけた参照を代入できます (= ref)。

サンプル ▶ OperatorSubs.cs

```
int   x = 15;
long  y = x;

// byte  z = x; では「暗黙的に変換できません」と表示される
byte  z = (byte)x;
var ary = new int[] { 0, 1, 2 };
// ary[1] の参照
ref var ix1  = ref ary[1];
ix1 = -1; // ary[1] に代入される
```

複合代入演算子

複合代入演算子とは、代入演算子と他の演算子を組み合わせた演算子です。

サンプル ▶ OperatorComp.cs

```
x += 2;   // x = x + 2 と同じ
x *= y;   // x = x * y と同じ
```

ビット演算子

ビット演算とは、数値を2進数としてあつかう演算です。整数型のオペランド間で、各ビット単位に計算します。

▼ビット演算子

X	Y	X | Y	X & Y	X ^ Y	~X
0	0	0	0	0	1
1	0	1	0	1	0
0	1	1	0	1	1
1	1	1	1	0	0

整数型のデータは、2進数でも表すことができます。たとえば、15であれば、2進数では1111となります。上の表は、各ビット演算子の演算結果をまとめたものです。

&は、**AND演算**(**論理積**)といい、演算するビットが両方とも1であった場合に1となる演算です。

同様に、|は**OR演算**(**論理和**)といい、ビットの片方が1であった場合に1となります。

^は、**XOR演算**(**排他的論理和**)で、ビットが異なっていた場合に1となります。

~は**NOT演算**といい、各ビットの反転を行う単項演算子です。

なお、&、|、^の演算子は、論理演算子としても利用可能です。

サンプル ▶ **OperatorBit.cs**

```
int a = 3;    //    00000011
int b = 17;   //    00010001
a = a & b;    // a: 00000001
b = a | b;    // b: 00010011
```

シフト演算

シフト演算とは、整数のデータを2進数のビットパターンとしてとらえ、その全桁を左や右にずらす演算のことです。2番目のオペランドで、ずらす桁数を指定します。

<<は、左シフト演算で、シフトして空いたところには0が埋められます。同様に、>>は右シフトとなります。右シフトは、符号つき整数の場合、符号を考慮したシフトとなります。符号なし整数なら、符号を考慮せずにシフトし、先頭から0が埋められます。

サンプル ▶ **OperatorShift.cs**

```
int x = 5;      // 0101
int y = x << 1; // 1010 (10進数なら10)
```

関係演算子

関係演算子は、ふたつのオペランドを比較して、その結果をbool型の値として返す演算子です。

サンプル ▶ OperatorRelation.cs

```
int x = 5;
int y = 2;

bool  z = x < y;    // z は false となる
```

論理演算子

論理演算とは、ブール演算とも呼ばれ、真か偽かの2通りの値をもとに、ひとつのbool型を求める演算です。下の表は演算パターンを示しています。

▼論理演算子

X	Y	X | Y	X & Y	X ^ Y	! X
false	false	false	false	false	true
true	false	true	false	true	false
false	true	true	false	true	true
true	true	true	true	false	false

サンプル ▶ OperatorRelation.cs

```
bool  b = true | false;    // b は true となる
```

&&と&、||と|の演算子は、いずれもAND演算またはOR演算を行いますが、その振る舞いに違いがあります。&&と||は、**ショートサーキット演算子**とも呼ばれ、条件によっては、左辺と右辺のオペランドを評価しません。

たとえば、a && b なら、両辺とも真である場合のみ真となりますので、aが評価された時点で偽であれば、bの評価はせずに偽を返します。aが真である場合に限り、bが評価されます。

a || b なら、両辺とも偽である場合のみ偽なので、aが評価されて真であれば、bの評価はしないで真を返します。

このように、左辺のオペランドの真偽によって、右辺が評価されない場合があります。右辺に値が変化するようなオペランドがあれば、条件によって値が変わってしまいますので、注意が必要です。

条件演算子

条件演算子は、オペランドを3つ指定する演算子で、三項演算子とも呼ばれます。「条件式 ? オペランド1 : オペランド2」の形式で表します。条件式がtrueの場合、この演算子は、オペランド1の値を返します。反対に条件式がfalseなら、オペランド2の値を返します。

条件演算子のオペランド1、オペランド2には、refキーワードをつけた参照変数も使えます。

サンプル ▶ OperatorCondition.cs

```
int a = 5;
int b = 2;

int  c = ( a < b ) ? 1 : 2;    // cは、a<bがfalseなので、2となる
int x = 10;
int y = 20;
// zは、xの参照となる
var z = (y > 15) ? ref x : ref y;
```


??、??= 演算子(Null 合体演算子、Null 合体代入演算子)

??演算子(Null合体演算子)は、二項演算子で、演算子の左側のオペランドを検査し、null値でない場合にはこのオペランドを返し、null値であれば右側のオペランドを返します。??演算子は、値型でも参照型でも使用可能です。

??=演算子(Null合体代入演算子)は、左側のオペランドがnullと評価されれば、右側のオペランドの値を左側のオペランドに代入します。左側のオペランドがnullでない場合、右側のオペランドは評価されません。

サンプル ▶ OperatorNull.cs

```
string GetMethod(string? str)
{
    string def = "デフォルト値";

    // nullであれば、defを返す
    return str ?? def;
}

string str1 = "文字列";
string? str2 = null;

Console.WriteLine(GetMethod(str1)); // 結果：文字列
Console.WriteLine(GetMethod(str2)); // 結果：デフォルト値

str2 ??= GetMethod(str1);           // 代入される
Console.WriteLine(GetMethod(str2)); // 結果：文字列

str2 ??= "サンプル";                 // 代入されない
Console.WriteLine(GetMethod(str2)); // 結果：文字列
```

参照 P.126「null許容参照型を宣言する」

?. 演算子（Null条件演算子）

?.演算子（Null条件演算子）は、左側のオペランドを検査し、null値でない場合は、後続の処理結果を返し、null値だったらnull値のまま返します。

```
String str = null;
String ustr = str?.ToUpper(); // 例外が発生しない
// 以下と同じ
// String ustr = str !=null ? str.ToUpper(): null;
```

なお、この演算子は、プロパティやインデクサにも使えます。

```
var a = obj?.Count;  // プロパティ
var b = obj?.[0];    // インデクサ
```

nameof 演算子

nameof演算子は、変数やクラス、メソッド、プロパティなどの名前を**文字列リテラル**として取得します。

サンプル ▶ **NameOf.cs**

```
class Program
{
    private int field = 3;
    static void Main(string[] args)
    {
        Console.WriteLine(nameof(Program)); // 結果：Program
        Console.WriteLine(nameof(field));   // 結果：filed
    }

}
```

コメントを記述する

書式
// 1行のコメント
/* ～ */ 複数行のコメント

C#のソースコードのなかには、コメントを記述できます。コメントは、ソースコードのメモや備忘録といった役割をもつもので、プログラムのどこにでも記述可能です。

コメントには、//から行末までがコメントとなる1行コメントと、/*と*/で囲まれた部分すべてがコメントとなる、2種類の書式があります。

サンプル ▶ **BasicComment.cs**

```
/*  複数行
  コメント
*/
static void Main(string[] args)
{
    // 単一行のコメント
    int abc = 2;
    Console.WriteLine(abc);
}
```

Column **C#の名前の由来**

C#の当初のコード名は、COOL(C like Object Oriented Language)でした。のちに、その名称がすでに存在することがわかったため、代案のひとつとして、音楽の用語を借りたC#が候補になりました。最終的に決め手となったのは、「#」の文字を分解すると「C++ ++」となり、C++を進化(インクリメント)させたという意味にもなったからです。

名前空間を定義する

書式 ▶ `namespace name { クラスや名前空間の定義 }`
`namespace name;`

パラメータ ▶ name: 名前空間名

名前空間とは、ファイルをフォルダ単位で管理するように、クラスを名前で分類／管理するしくみです。ただしC#の名前空間は、フォルダのように物理的な入れ物があるのではなく、論理的な概念です。

名前空間の定義とは、そのクラスがどの名前空間に属するものなのかを宣言することで、**namespace**キーワードを用います。namespace以下にブロック{}でクラスや名前空間を定義すると、すべてその名前空間に属することになります。名前空間はネスト(入れ子)することもできます。

C# 10以降では、ブロックを使わず、namespaceキーワードと名前空間の名前だけを記述すると、そのファイル内のすべてを、1つの名前空間として宣言できます(**ファイルスコープ名前空間宣言**)。なお、ファイルスコープ名前空間宣言では、複数の名前空間の定義はできません。

名前空間は、フォルダのように階層構造で管理することもできます。たとえば、.NETクラスライブラリにある**System名前空間**は、その配下に、Text、IO、Drawingなどの名前空間があり、階層的に管理されています。名前空間を階層的に定義するには、以下の方法があります。

- ネストして定義
- ドット(.)で区切って定義

サンプル ▶ **BasicNamespace.cs**

```
namespace Chap2
{
    namespace Sub
    {
    }
}

// 次のように書いても上と同じ
namespace Chap2.sub
{
}
```

参考 明示的に名前空間を指定しないでクラスを定義した場合、コンパイラ側でデフォルトの名前空間が追加されます。このデフォルトの無名の名前空間のことを、**グローバル名前空間**と呼んでいます。

名前空間を参照する

書式 `using name;`
`global using name;` C# 10

パラメータ name: 名前空間名

usingディレクティブは、指定した名前空間に含まれるクラスをインポートするものです。本来、クラスは属している名前空間を指定しないと区別がつかないのですが、usingディレクティブで指定すると、名前空間をつけずにクラスを使用することができます。ディレクティブとは、主にコンパイラに処理方法を指示する文のことをいいます。

次のサンプルのように、usingディレクティブを記述すると、それ以降Systemという名前を省略することができ、完全な名前を記述する必要がなくなります。

なお名前空間が階層になっている場合、System.Console.Writeのように、名前空間をドット(.)でつないで指定し、参照します。

C# 10以降では、usingディレクティブの前にglobal キーワードをつけて宣言すると、そのファイルだけでなく、プロジェクト内すべてで、名前空間をつけずに参照可能になります。

サンプル ▶ **BasicUsing.cs**

```
using System;

namespace Chap2
{
    class BasicUsing
    {
        static void Main(string[] args)
        {
            // System.Console.Write("hello C#"); と同じ
            Console.Write("hello C#");
        }
    }
}
```

参考 クラスが属しているすべての名前空間のことを指して、**完全修飾名**と呼んでいます。たとえば、次のコードは完全修飾名で指定したものです。

```
System.Console.Write("hello C#");
```

参考 using staticディレクティブやusingエイリアスディレクティブにも、globalキーワードをつけて、プロジェクト全体で有効にすることができます。

参照 P.50「クラス名を省略して参照する」
P.51「エイリアス(別名)を定義する」

クラス名を省略して参照する

書式 using static name;
global using static name; C# 10

パラメータ name: 型（クラス、列挙体、構造体）

名前空間だけでなく、**using staticディレクティブ**を指定すると、型（クラスや列挙体、構造体）に対しても省略可能です。

ただし、using staticディレクティブで型名を省略できるのは、指定した型で宣言したアクセス可能な静的メンバと、入れ子になった型のみです。継承されたメンバには適用できません。

サンプル ▶ **UsingStatic.cs**

```
using static System.Console;
using static System.Math;
using static System.DateTime; // 構造体も可能

class UsingStatic
{
    static void Main(string[] args)
    {
        WriteLine(Sqrt(3 * 3 + 4 * 4));  // 結果：5
        WriteLine(Now);                  // 結果：2024/04/01 09:00:00
    }
}
```

参照 P.49「名前空間を参照する」
P.51「エイリアス（別名）を定義する」

エイリアス（別名）を定義する

書式

```
using alias = name;
global using alias = name;  C# 10
```

パラメータ

alias: エイリアス
name: 名前空間名
name: 任意の型 C# 12

using（エイリアス）ディレクティブは、名前空間またはクラスのエイリアス（別名）を定義するものです。定義した別名を使って、特定の名前空間、またはクラスを参照できるようになります。

C# 12からは、任意の型にエイリアスを設定できるようになりました。intなどのプリミティブ型や、タプル、配列などのエイリアスを作成できます。

サンプル ▶ **BasicAlias.cs**

```
namespace NameX.NameY
{
    class Sample
    {
    }
}
namespace NamesZ
{
    using MyClass = NameX.NameY.Sample;
    // 以降MyClassのみで、NameX.NameY.Sampleを参照可能
    // タプル型のエイリアス
    using Member = (int no, string name, int age);
    class Sample
    {
        static void Main()
        {
            Member m1 = (1, "souta", 25);
            Member m2 = (2, "takumi", 30);
            Console.WriteLine($"{m1.name} vs {m2.name}");
            // 結果：souta vs takumi
        }
    }
}
```

参照 P.50「クラス名を省略して参照する」
P.49「名前空間を参照する」

エイリアスとクラスを区別する

書式 ▶ alias::

パラメータ ▶ alias: エイリアス

同一の名前空間内で、エイリアスとクラス名が重複した場合、それを区別して指定するには、**エイリアス修飾子**(::)を利用します。エイリアス修飾子は、ドットと同じ意味となりますが、エイリアスの後ろにしか指定できません。このため、エイリアス修飾子の直前は、かならずエイリアスとなり、同名のクラスと区別できるようになります。

なお、エイリアス名をglobalとすると(global::)、**グローバル名前空間エイリアス**となり、グローバル名前空間を指定したことになります。

サンプル ▶ **BasicAlias2.cs**

```
namespace Name1.Name2
{
    class Sample1{ }
}

namespace NamesZ
{
    using MyName = Name1.Name2;

    // エイリアスと同名のクラス
    class MyName { }

    class Sample2
    {
        public void test()
        {
            // エイリアス MyName の指定
            MyName::Sample1 a = new MyName::Sample1();
        }
    }
}
```

参照 P.48「名前空間を定義する」

最上位レベルのステートメントを利用する

書式 ファイルにステートメントのみを記述する

最上位レベルのステートメントは、プログラムのエントリーポイントとなるMainメソッドと、Mainメソッドを含むクラス定義を不要にする機能で、C# 9.0(.NET 6)から導入されました。ステートメントのみのファイルがあれば、最低限必要なクラス定義などが自動で補われるため、ステートメントのみでエントリーポイントとして扱われます。

.NET 6以降のプロジェクトテンプレートでは、この最上位レベルのステートメントを利用するか否かを、オプションで選択できるようになっています。最上位レベルのステートメントを利用する場合は、テンプレートで作成されるProgram.csには、(コメント除く)1行のみのコードになります。名前空間の宣言も不要です。

参考 名前空間の宣言が不要なのは、プロジェクト全体に適用される、暗黙的なglobal usingディレクティブが使われているためです。

参照 P.49「名前空間を参照する」
P.52「エイリアスとクラスを区別する」

Column 暗黙的なglobal using

.NET 6以降のプロジェクトテンプレートでは、既定で暗黙的なglobal usingを利用します。これは、プロジェクトの種類に応じてよく使われる名前空間のセットが自動的に追加される機能です。各ソースファイルでusingディレクティブを追加しなくても、特定の名前空間の型が使用できるようになります。

コンソールアプリのプロジェクトテンプレートでは、次のような内容のファイルが自動生成されます。

```
global using global::System;
global using global::System.Collections.Generic;
global using global::System.IO;
global using global::System.Linq;
global using global::System.Net.Http;
global using global::System.Threading;
global using global::System.Threading.Tasks;
```

変数を宣言する

書式 type name1[[= value1], name2[= value2],…];

パラメータ type: データ型
name1,name2: 変数名
value1,value2: 初期値

C#で変数を使用するためには、かならず**宣言**が必要です。宣言で記述するデータ型には、組み込みのデータ型や**クラス**などの名称を指定します。

変数の宣言と同時に、**初期化子**と呼ばれる=記号を用いて、**初期値**を設定することもできます。なお、複数の変数をコンマで区切って、まとめて宣言することもできます。

サンプル ▶ **BasicDeclare.cs**

```
int a, b, c;              // int 型変数の宣言
ushort d = 5;             // 初期値の設定
double pi = 3.14159;      // double 型変数の宣言
char x = 'A';             // 文字型変数の宣言
```

注意 C#では、初期化する前の変数を参照することができません。たとえば、ローカル変数を初期化する前に参照すると、コンパイルエラーとなります。なお、クラスのフィールドや静的変数は、自動的にデータ型に応じた**既定値**で初期化されます。

▼データ型の既定値

値の種類	既定値	値の種類	既定値
bool	false	ushort	0
char	'¥0'	uint	0
sbyte	0	ulong	0
short	0	float	0.0F
int	0	double	0.0D
long	0L	decimal	0.0M
byte	0	参照型	null

暗黙的型指定の変数を宣言する

書式 `var name = value;`

パラメータ name: 変数名
value: 初期値

var キーワードは暗黙の型指定です。メソッド内のローカル変数の宣言と初期化を行う際に、特定のデータ型ではなくvarを指定すると、コンパイラがデータ型を推論して決定します。

varキーワードによって推論される型は、以下の4種類です。

- 組み込みのデータ型
- 匿名型
- ユーザー定義型
- .NETクラスライブラリで定義されている型

フィールドで使用することはできません。

サンプル ▶ **BasicVar.cs**

```
var i = 123;                    // int 型
var str = "Sampl";              // string
var a = new[] { 0, 1, 2 };      // 配列
var list = new List<int>();     // int 型の List
```

参考 通常の変数とは異なり、複数の変数を同じ文で宣言することはできません。また、初期化が必須です。

注意 もし、同じスコープにvarという名称のクラスがあれば、varはその定義が優先され、クラス名として認識されます。

定数を宣言する

書式

```
const type name1 = value1[[ ,name2 = value2]…];
```

パラメータ

type: データ型(数値型、bool、string、列挙型、nullへの参照型)
name1,name2: 定数名
value1,value2: 初期値

定数は、変数とは反対に、変更できない値のことです。プログラムのなかで何度も使用する値などに用います。

定数の宣言は、先頭に**const**キーワードを付加します。定数は自動で初期化されることはありませんので、初期値の設定が必要です。カンマで区切って、複数の定数を1行で宣言することもできます。

宣言の以降では、宣言した定数に値を代入しようとするとコンパイルエラーとなります。

サンプル ▶ **BasicVar.cs**

```
const float PI = 3.14159f;
const int CELSIUS = 273;
```

注意 定数として宣言できるデータ型には制約があり、以下のいずれかである必要があります。

- 数値型
- bool型
- string型
- 列挙型
- 参照型(ただし値はnullのみ)

参考 定数名は、一般に大文字で記述し、変数と区別するようにします。

読み取り専用のフィールドを宣言する

書式 `readonly type name[ = value];`

パラメータ type: データ型
name: 定数名
value: 初期値

クラスのフィールドに対して、**readonly** キーワードを付加すると、フィールドは読み取り専用の変数となります。constを用いた定数では、宣言時の初期値で値を設定する必要がありますが、readonlyを付加した変数は、同じクラスのコンストラクタ内でも値を設定可能です。したがって、インスタンスによって異なる値を設定できます。一方のconstを用いた定数では、コンパイル時に決定するため、すべてのインスタンスで同じ値になります。

サンプル ▶ **BasicVar.cs**

```
class BasicReadonly
{
    readonly int val;

    BasicReadonly(int arg)
    {
        this.val = arg;
    }

    void method()
    {
        // エラーとなる
        // val= 123;
    }
}
```

注意 readonlyキーワードは、constと異なり、ローカル変数に用いることはできません。

動的型付け変数を定義する

書式 `dynamic name[ = value];`

パラメータ name: 変数名
value: 初期値

動的型付け変数とは、コンパイル時には型が確定されずに、プログラムの実行に応じて型を変更できるオブジェクトをアクセスするための変数です。

動的型付け変数では、コンパイル時に構造がわからない型でもアクセスが可能です。

サンプル ▶ **BasicDynamic.cs**

```
class BasicDynamic_sub
{
    // obj はどんな型でもコンパイル可能
    public void Sample(dynamic obj)
    {
        obj.Method(); // obj 型に Method があるかどうかは実行時に検査される
    }
}
class BasicDynamic
{
    public void Method() { }

    static void Main(string[] args)
    {
        var tmp1 = 1;           // int 型
        dynamic tmp2 = 1;       // dynamic 型
        var cls1 = new BasicDynamic();
        var cls2 = new BasicDynamic_sub();
        cls2.Sample(cls1);
        cls2.Sample(cls2); // コンパイル可能だが、実行時に例外が発生する
    }
}
```

参考 変数にdynamicを指定する書き方は、型推論のvarと同じです。

型を変換する

書式 (type)name

パラメータ name: 変数名
type: データ型

C#では、異なる基本データ型の間で、データ型を変換(**型変換**)できます。型変換は、変換するデータ型によって、**拡張変換**と**縮小変換**に大別されます。

拡張変換とは、表現できるサイズの小さいデータ型から、大きいデータ型に変換することです。拡張変換は自動的(暗黙的)に行われるため、特別な表記は不要です。

反対に縮小変換とは、サイズの大きいデータ型から、サイズの小さいデータ型に変換することです。縮小変換では、元のデータ情報を失う可能性があるため、明示的な指定がない場合はエラーとなります。明示的に変換を行うには、変換したいデータ型名を、**キャスト演算子**と呼ばれる()で囲んで変数の前に付加します。

次の表は、組み込みデータ型の変換ルール一覧です。

▼組み込みデータ型の変換ルール

→	sbyte	byte	short	ushort	int	uint	long	ulong	char	float	double	decimal
sbyte		△	○	△	○	△	○	△	△	○	○	○
byte	△		○	○	○	○	○	○	△	○	○	○
short	△	△		△	○	△	○	△	△	○	○	○
ushort	△	△	△		○	○	○	○	△	○	○	○
int	△	△	△	△		△	○	△	△	○	○	○
uint	△	△	△	△	△		○	○	△	○	○	○
long	△	△	△	△	△	△		△	△	○	○	○
ulong	△	△	△	△	△	△	△		△	○	○	○
char	△	△	△	○	○	○	○	○		○	○	○
float	△	△	△	△	△	△	△	△	△		○	△
double	△	△	△	△	△	△	△	△	△	△		△
decimal	△	△	△	△	△	△	△	△	△	△	△	

○ 自動変換
△ 変換にはキャストが必要

サンプル ▶ **BasicCast.cs**

```
float x = 1f;
long y = 2;
int z = 3;
y = z;          // long型← int型の拡張変換
x = y;          // float型← long型の拡張変換

int a = 123;
long b = a;
short d = (short)a;       // short d = aはエラーだがキャストすればOK

int xx = 123456789;
float yy = xx;            // 拡張変換なのでエラーにならない
decimal zz = (decimal)yy;

Console.WriteLine(xx); // 結果：123456789
Console.WriteLine(yy); // 結果：1.234568E+08
Console.WriteLine(zz); // 結果：123456800
```

注意 整数どうしの拡張変換では、データ情報を失うことはありませんが、整数を浮動小数点数に変換するときは、有効桁数が落ちることがあります。たとえば、float型はint型より大きな数を表現できますが、int型の123456789を正しく表現できません。

Column アプリケーション独自の例外クラス

アプリケーション独自の例外クラスを作る場合は、System.ApplicationExceptionクラスを継承するのではなく、直接、System.Exceptionから継承するようにします。次のサンプルのような基本クラスを作り、catchブロックで基本クラスを指定すれば、ユーザー定義例外だけを処理することができます。

サンプル ▶ **ExceptionCustom.cs**

```
// 基本の例外クラス
public class BaseCustomException : Exception {}
public class CustomException : BaseCustomException {}
public static void Main()
{
    try
    {
        throw new CustomException();
    }
    catch (BaseCustomException e)
    {
        // ユーザー定義例外の処理
    }
}
```

配列（1次元）を宣言する

書式
```
type[] name = new type [ max-elements ];
type[] name = new type []{ value1, …valueN };
type[] name = { value1, …valueN };
var name = new []{ value1, …valueN };
```

パラメータ
type: データ型
name: 変数名
max-elements: 要素数
value1,valueN: 要素の値

配列は、同種の値を複数まとめて管理できるデータ構造です。それぞれの値が保管される位置には、**インデックス**と呼ばれる0から始まる番号が対応しています。この値を[]のなかに指定して特定の要素の値を取り出したり変更したりすることができます。

配列を宣言するには、データ型の後に[]という記号を付加します。ただし配列は宣言のみでは使えず、new演算子を用いて実体を定義しなければなりません。実体の定義も、宣言と同時に記述でき、初期値を指定することもできます。初期値を指定した場合、要素数の指定は省略可能で、初期値の数にあわせた配列が定義できます。

なお、varキーワードを用いれば、データ型を省略して配列を定義できます。

サンプル ▶ **BasicArray.cs**

```
int[] array1;              // 宣言のみ
array1 = new int[5];       // 実体の生成

// いずれも同じ内容の配列
int[] array2 = new int[] { 2, 4, 6 };
int[] array3 = { 2, 4, 6 };
var array4 = new[] { 2, 4, 6 };

array1[0] = 5;

Console.WriteLine(array2[2] + array1[0]); // 結果：11
Console.WriteLine(array4[2]);             // 結果：6
```

参照 P.55「暗黙的型指定の変数を宣言する」
P.63「多次元配列を宣言する」

配列に範囲アクセスする

書式 `name[^i]`
`name[i..j]`

パラメータ `name`: 配列名
`i,j`: インデックス

C# 8.0以降では、配列の値の参照で、末尾を示す「**^**」と範囲を示す「**..**」という演算子が使えます。配列[i]では、0から数えてi番目になりますが、配列[^i]では、末尾から数えて、i-1番目を指定したことになります。

..演算子は、左右のオペランドで指定した範囲の配列を返します。「i..j」とすると、i番目からj-1番目の配列となり、j番目が含まれません。

..演算子と^演算子は、組み合わせて使うことができます。また..演算子は、オペランドの省略が可能で、左辺を省略すると0、右辺を省略すると、^0を指定したことになります。

サンプル ▶ **BasicRange.cs**

```
var week = new[] { "日", "月", "火", "水", "木", "金", "土" };
Console.WriteLine(week[2]);                          // 結果：火

// 最後から2つ前
Console.WriteLine(week[^3]);                         // 結果：木

// 2番目から4番目まで
Console.WriteLine(string.Join(",", week[2..5]));  // 結果：火，水，木

// 5番目から末尾の1つ前まで
Console.WriteLine(string.Join(",", week[5..^1])); // 結果：金

// 5番目以降すべて
Console.WriteLine(string.Join(",", week[5..]));   // 結果：金，土
// week[5..^0]と同じ

// 末尾から2つめ（0から数えて）以降すべて
Console.WriteLine(string.Join(",", week[^3..]));  // 結果：木，金，土

// すべて
Console.WriteLine(string.Join(",", week[..]));     // 結果:日，月，火，水，木，
金，土

// 実行時例外（System.IndexOutOfRangeException）が発生する
// Console.WriteLine(week[^0]);
// Console.WriteLine(week[7]);
```

多次元配列を宣言する

書式

```
type[,] name = new type[max-elm1,max-elm2];
type[,] name  = {{value1,value2} …{valueN1,valueN2}};
type[][] name = new type[max-elm1][max-elm2];
```

パラメータ

type: データ型
name: 変数名
value1,value2,valueN1,valueN2: 要素の値
max-elm1,max-elm2: 要素数

配列は、単純に1列に並んだデータだけでなく、画像の画素のような、個々の行が同じ長さで多次元に並んだデータも格納することができます。C#では、そのような**多次元配列**を表現するために、専用の表記が用意されています。

C#で多次元配列を定義するには、データ型のあとの[]のなかに、カンマを書いて次元を指定します。カンマがひとつで2次元、2つであれば3次元、という具合に、「カンマの数+1」次元の配列が定義できます。1次元配列と同様、宣言のほかに実体の作成が必要で、また実体の定義時に初期値を指定することが可能です。その場合、初期値は行単位で{}で囲みます。

C#の多次元配列は、このような個々の行が同じ長さの配列のことを指しますが、C#では、配列のそれぞれの要素が配列になっているデータ(**配列の配列**)もあつかうことできます。なお、これらを区別するために、前者の配列のことを、**四角配列**(rectangular array)、後者を**ジャグ配列**と呼ぶこともあります。

配列の配列を宣言するには、カンマを使わず、[]をならべて表記します。

サンプル ▶ **BasicRect.cs**

```
// 2次元配列（四角配列）
int[,] matrix = { { 1, 2 }, { 3, 4 } };

// 要素として配列を2つ持つ配列
int[][] jagArray = new int[2][];
jagArray[0] = new int[] { 1, 2 };
jagArray[1] = new int[] { 1, 2, 3 };
```

参照 P.61「配列(1次元)を宣言する」

列挙型（enum）を定義する

書式

```
enum ename[: type] {
  name1[ = value1][, name2[ = value2]…] }
```

パラメータ

ename: 列挙型の名前

type: 整数型(sbyte、short、int、long、byte、ushort、uint、ulong)

name1,name2: 識別子

value1,value2: 初期値

列挙型(enum)とは、整数の定数をまとめて取り扱うためのデータ型です。enumキーワードに続けて列挙型の名称を指定し、その後の{}に識別子をカンマで区切って記述します。

デフォルトでは、それぞれの識別子には、自動的に0、1、2…と設定され、int型と見なされます。また明示的に、定義と同時に値を割り当てることもできます。さらに、int型以外の整数型をベースにした列挙型も指定可能です。その場合、列挙型の名称のあとにコロン(:)をつけて、データ型を記述します。

サンプル ▶ **BasicEnum.cs**

```
class BasicEnum
{
    enum Signal { BLUE,YELLOW,RED }

    void sample(Signal s)
    {
        if ((int)s == 0) Console.WriteLine("進め");
        switch (s)
        {
            case Signal.RED:
            case Signal.YELLOW:
                Console.WriteLine("停止");
                break;
        }
    }
    static void Main(string[] args)
    {
        new BasicEnum().sample(Signal.RED);   // 結果：停止
        new BasicEnum().sample(Signal.BLUE); // 結果：進め
    }
}
```

注意 列挙型と整数型との間では、明示的なキャストによる型変換が必要です。

参照 P.67「複数の条件で処理を分岐する」

処理を分岐する

書式

```
if ( condition )
{
    条件式がtrueと評価されたときに実行する処理
}
[ else
{
    条件式がfalseとなるときに実行する処理
} ]
```

パラメータ condition：条件

制御文とは、プログラムの流れ（**フロー**、flow）を制御するための構文です。プログラムは、原則として上から下に流れるように実行されますが、くり返しや条件に応じて処理を切り替えたい場合には、制御文を用います。

if文は、ある条件を判定して処理を分岐します。ifキーワードのあとに、カッコ()で囲んだ条件式を書きます。次に、その条件式がtrueのときに実行される処理を、文またはブロックで記述します。実行される処理がひとつの文で済む場合は、ブロックの{}は省略可能です。

if文の条件式に許されるのはbool型として評価される式で、条件式がfalseと評価されると、直下の処理はスキップされ、elseキーワード以下の文が実行されます。ただし、else部は省略可能です。

サンプル ▶ **BasicIf.cs**

```
int x = 5;

// xが正数であれば表示する
if (x > 0)
    Console.WriteLine(x); // 結果：5
else
    x *= 2;
```

処理を複数に分岐する

書式

```
if ( condition1 )
{
    条件式1がtrueと評価されたときに実行する処理
}
else if ( condition2 )
{
    条件式2がtrueとなるときに実行する処理
} …
else
{
    いずれの条件式もfalseのときの処理
}
```

パラメータ condition1,condition2: 条件

if文は、条件式が複数ある場合、elseブロックにif文をつなげて、いくらでも連続して記述することができます。ただし、条件式が複数あっても、順に評価され、はじめて条件式がtrueとなったところのみ、1度だけ実行されます。

また、if文のブロックのなかに、if文を記述すること(入れ子)も可能です。

サンプル ▶ **BasicIf2.cs**

```
string  str= "テスト文字列";

// この例の結果では、「あり」「長」が表示される
if (str == null)
{
    Console.WriteLine("なし");
}
else if (str.Length > 1)
{
    Console.WriteLine("あり");

    if (str.Length > 5)
    {
        Console.WriteLine("長");
    }
}
else
{
    Console.WriteLine("処理しない");
}
```

複数の条件で処理を分岐する

書式

```
switch ( expression )
{
        case const1: 処理1 break;
      [ case constN: 処理n break; ]
      [ default : どのcaseでも一致しない処理 break; ]
}
```

パラメータ

expression: 式
const1,constN: 定数

switch文は複数の処理を分岐するのに便利な制御文です。switchキーワードの後の、式の値に従って分岐します。式に指定可能なものは、整数型と文字型(char)として評価される式、列挙型、タプルです。

caseキーワードの後には、定数(タプルも含む)のみ記述可能で、値のあとには、コロンをつけて終端を指定します。この値と、switch式の値が一致したときだけ、該当のswitch部の処理が実行されます。いずれの式とも合致しない場合には、default部が処理されます。default部は不要であれば省略可能です。なお、同じ定数値を、異なるcase部に指定することはできません。

サンプル ▶ **BasicSwitch.cs**

```
switch(value)
{
    case 1:                               // value が 1 の場合
        Console.WriteLine("first");
        break;

    case 2:                               // value が 2 の場合
        Console.WriteLine("second");
        break;
}
```

注意 switch文の処理はbreak文で終える必要があります。ただし、case部の処理とbreak文の両方とも省略すれば、複数の条件で処理を共有できます。

参照 P.69「複数の条件で値を返す」
P.70「パターンマッチングでデータを識別する」

使用しない変数／引数を破棄する

書式 変数／引数に、アンダースコア(_)を使用する

C# 8.0以降では、意図的に使用しない変数や引数がある場合、変数名の代わりに、アンダースコアを使って**破棄**することができます。

破棄は、未割り当ての変数と同等に扱われます。破棄を用いることで、その変数を使用しないことが明示できるため、コードが読みやすくなり、保守性が向上します。

破棄は、メソッドやラムダ式で使用しない引数、LINQやタプルの使用しない要素などに利用できます。

サンプル ▶ **ClassDisposable.cs**

```
// 文字列と整数のタプルを返す
static (string,int) hex2int(string s)
{
    return (s,Convert.ToInt32(s, 16));
}

// 使用しない要素を破棄する
(_, int x) = hex2int("CD");

Console.WriteLine(x);          // 出力値：205
```

参照 P.129「ラムダ式を利用する」

複数の条件で値を返す

書式 変数 switch { パターン1 => expression1 [, …パターンN => expressionN] };

パラメータ expression1,expressionN: 式

switch文を簡略化した**switch式**という記法を使えば、複数の条件で判定した結果を、値として直接返すことができます。構文は、従来のswitch文とは少し異なっており、判定したい式の直後にswitchキーワードを書き、その後に{}で囲んだブロック内に、switch文のcase部に相当する処理を記述します。ブロックには、=>キーワードの左辺に条件、右辺には、条件に合致した場合に返す値を記述します。条件は、従来の単なる値の比較だけでなく、**パターンマッチング**と呼ばれる判定処理が利用できます。

サンプル ▶ **BasicSwitchExp.cs**

```
var val = 123;

string ans = val switch
{
    0 => "zero",
    var n => $"{n}",     // 0以外のとき
};
Console.WriteLine(ans); // 結果：123
```

注意 switch式では、switch文と異なり、必ず値を返す必要があります。

参照 P.67「複数の条件で処理を分岐する」
P.70「パターンマッチングでデータを識別する」

パターンマッチングでデータを識別する

書式 expression is パターン
case パターン

パラメータ expression: 式

C#の**パターンマッチング**は、指定された特性(**パターン**)を持つデータを識別判定するための機能です。パターンマッチングを利用すると、switch文やswitch式、is演算子での条件分岐を、従来の書き方に比べて簡潔に記述することができます。

パターンマッチングには、主に次のような種類があります。

▼パターンマッチングの種類

種類	概要
型パターン	式の型を判定する
プロパティパターン	式のプロパティの値を、{プロパティ名:判定式}という構文で判定する
リレーショナルパターン	式の結果と定数式を、関係演算子で比較して判定する
論理パターン	論理演算子のnot、and、orを使用して複数のパターンで判定する
varパターン	式の型を判定し、一致した場合は、宣言された変数に式の結果を代入する
リストパターン	式のリスト要素を判定する
破棄パターン	破棄(_)を使って、switch文のdefault部と同様の判定をする
タプルパターン	タプルを使って複数の値を分解して判定する

サンプル ▶ **CaseWhen.cs**

```
object obj = "abde";

Console.WriteLine(
    obj switch
    {
        // int型かつ10より大きい
        int n and < 10 => n,
        // 値を使わないなら、< 10 => "small" と書ける

        // string型かつプロパティLengthが3より大きい
        string { Length: > 3 } => "sample",

        // 破棄パターン
        _ => "その他"
    }
); // 結果：sample
```

```
// リストパターンの使用例
List<int> numbers = [1, 2, 3, 10];

Console.WriteLine(
    numbers switch
    {
        { Count: 0 } => "empty",
        [1, .., 10] x => $"{x[0]}で始まり{x[^1]}で終わる",
        _ => "other"
    }
); // 結果：1で始まり10で終わる

(int id, int age) m1 = (1, 48);
(int id, int age) m2 = (2, 50);

// タプルパターンの使用例
Console.WriteLine(
    (m1.age, m2.age) switch
    {
        // いずれかが50以上なら"50割引"を返す
        ( >= 50, _) => "50割引",
        (_, >= 50) => "50割引",
         _ => "通常"
    }
); // 結果：50割引
```

注意 C#のパターンマッチング機能は、C# 7.2以降、バージョン毎に拡張されています。ここでの説明は、C# 12時点のものです。

参照 P.111「is演算子で指定の型の変数を作成する」
P.67「複数の条件で処理を分岐する」
P.69「複数の条件で値を返す」

処理をくり返す

書式
```
while ( condition )
{
    くり返したい処理
}
```

パラメータ condition: ループ判定式

while文は、同じ処理をくり返し行う構文です。くり返し処理は、**ループ**処理とも呼ばれます。

while文は、もっとも基本的なループ処理で、ループ判定式(condition)がtrueの間、処理をくり返します。判定式には、bool型しか使用できません。

なお処理が1文であれば、{}は省略可能です。

サンプル ▶ **BasicWhile.cs**

```
int n = 3;

while (n > 0)
{
    Console.WriteLine(n);
    n--;
}
```

⬇

```
3
2
1
```

処理をくり返す（ループ後に条件判定）

書式

```
do
{
    くり返したい処理
}
while ( condition );
```

パラメータ condition: ループ判定式

ループの判定を最初に判定するのではなく、ブロックの後に行いたい場合には、**do…while文**を用います。whileループでは、まったく処理が実行されないケースがありましたが、do…whileループでは、少なくとも1度は処理を行います。

do…while文の表記では、ループ判定式(condition)のカッコのあとに、セミコロンをつけます。セミコロンは、ループ判定式のwhileキーワードが、do…whileループのwhileであることを示すものです。

while文同様、くり返しの処理が1文であれば、{}は省略できます。while文との違いは、ループ判定式を評価するタイミングだけです。

サンプル ▶ **BasicDowhile.cs**

```
int n = 0;

do
{
    Console.WriteLine(n);  // 結果：0（必ず1回は実行される）
    n--;

} while(n > 0);
```

決まった回数の処理をくり返す

書式

```
for ( initialization; condition; iteration )
{
    くり返したい処理
}
```

パラメータ

initialization: **初期化**
condition: **ループ判定式**
iteration: **更新処理**

for文は、一般に、くり返し処理の回数を指定したいときに使われるループ構文です。for文の処理の流れは、次のようになります。

1. 初期化(initialization)が実行される
2. ループ判定式(condition)が評価される
3. 2の結果がtrueなら、くり返し処理が続行され、falseならループ処理が終わる
4. 更新処理(iteration)が実行される
5. 2の処理へ戻る

for文の、最も一般的な使い方は、次のように、**ループカウンタ**と呼ばれる変数を用いて、くり返しの回数を制御するものです。

サンプル ▶ **BasicFor.cs**

```
// 変数iがループカウンタ。値が3になるまでループする
for (int i = 0; i < 3; i++)
{
    Console.Write(i);
}
```

⬇

```
012
```

参考 for文の初期化、ループ判定式、更新処理は、不要であればそれぞれ省略可能です。すべてを省略した場合は**無限ループ**となり、くり返し処理が永久に終わらないものになります。ただし通常は、break文などを使ってループを終了します。

すべての要素を順番に参照する

書式
```
foreach ( type itr-var in collection )
{
    くり返したい処理
}
```

パラメータ
type: データ型
itr-var: 変数
collection: コレクション／配列

foreach文は、**配列**や**コレクション**の全要素を順番に取り出して処理する場合に使用され、for文に比べてシンプルに記述できます。

foreach文の()内で指定したコレクション(collection)から順に要素を取り出し、宣言した変数(itr-var)へ値を代入します。その値を用いて、処理文が実行されます。宣言する変数のデータ型(type)は、コレクションの要素の型に合わせる必要があります。

サンプル ▶ **BasicForeach.cs**

```
// int 型の配列定義
int[] data = { 10, 15, 20 };

foreach (int val in data)
{
    Console.WriteLine(val);
}
```

⬇

```
10
15
20
```

参照 P.61「配列(1次元)を宣言する」

無条件に制御を分岐する

書式
```
break;
continue;
```

無条件に制御を分岐させる構文を**ジャンプ**、あるいは**無条件分岐**と呼びます。**break文**は、forやwhileループ、またはswitch文から抜けでて処理を中断するための制御文です。実行された時点でループから脱して、次の処理に移ります。

continue文は、その時点のループ内の処理のみ中断し、ループから脱出しないで次のループを先頭から継続します。

サンプル ▶ **BasicJump.cs**

```
for (int i = 0 ; ; i++)
{
    if (i < 8) {
        continue;            // (i++ の後に) ループの先頭に戻る
    }
    else if (i == 10) {
        break;               // ループ中断
    }
    Console.WriteLine(i);
}
```

⬇

```
8
9
```

参照 P.72「処理をくり返す」
P.74「決まった回数の処理をくり返す」

複数のデータ型をまとめて定義する

書式 (type v1, …type vN)

パラメータ type: データ型
v1,vN: 変数名

2つ以上の複数のデータ型をまとめて、1つの型(**タプル**)としてあつかうことができます。タプルは、メソッドの引数と同じように、かっこのなかにカンマ区切りでデータ型と変数名を記述します。タプルは、他のデータ型と同様にあつかうことができ、リテラルの記述が可能で、名前つき引数と同様の書き方もできます。

また、タプルを戻り値に使った場合など、複数の値のうち任意のものを、変数の宣言と同時に受け取ることができます(**分解宣言**)。もちろん、すでに宣言済みの変数に代入することも可能です(**分解代入**)。なお、変数の代わりに、_を記述すると、不要な値を破棄することができます。

タプルは変数名を省略することもできます。その場合は、Item1、Item2...というメンバ名で参照可能です。ただし、タプルの定義に使った変数からタプルの要素名を推論できる場合は、その変数名で参照できます。

タプル同士は、要素数が同じであれば、==または!=演算子で比較することができます。タプルの要素毎の比較となり、ひとつでも要素の値が違うと異なるタプルと判定されます。なお、要素の型は異なっていても暗黙的に変換されます。

サンプル ▶ **TupleSample.cs**

```
(double bmi, double ideal) BMI(float height, float weight)
{
    var h = Math.Pow(height / 100, 2);
    return (weight / h, h * 22);                    // BMI 値と適正体重のタプルを返す
}

(var bmi, var w1) = BMI(170, 78);                   // タプルで受け取る
Console.WriteLine($"{bmi:F2}, {w1:F2}kg");          // 結果：26.99, 63.58kg

(_, var w2) = BMI(160, 50);                         // 不要な値を _ で受け取る
Console.WriteLine($"{w2:F2}kg");                    // 結果：56.32kg

(int a, int b) tuple1 = (1, 2);               // タプル型の定義
Console.WriteLine(tuple1);                    // 結果：(1, 2)

var tuple2 = (a:1, b:2);                      // タプル型の定義（名前つき）
Console.WriteLine(tuple2.b);                  // 結果：2

var tuple3 = (3, 4);                          // タプルのリテラル
Console.WriteLine(tuple3.Item1);              // 結果：3
```

```
int x = 3;
var tuple4 = (x, 4);                    // 要素名の推論
Console.WriteLine(tuple4.x);            // 結果：3

// タプルの比較
Console.WriteLine(tuple1 == tuple2); // 結果：True
Console.WriteLine(tuple3 != tuple4); // 結果：False
```

注意 new演算子、is演算子、usingディレクティブでは、タプルを利用できません。
参照 P.95「オプション引数／名前付き引数を定義する」

Column オーバーフローの値

符号なしの整数型で、値がオーバーフローすると、あふれたぶんは切り捨てられます。符号つきの整数型の場合は、負の数になってしまいます。これは、補数という考え方を使って負を表現しているため、あふれた部分が符号を示す領域と重なっているためです。

浮動小数点数型では、オーバーフローすると、値は無限大になります。また計算の結果、値の絶対値が小さくなって浮動小数点数では表現できなくなった場合は(アンダーフロー)、値は0になります。なお浮動小数点数型は、checked文の中でもオーバーフローの例外は発生しません。

サンプル ▶ BasicOverflow.cs

```
byte b = byte.MaxValue;
b += 10;
Console.WriteLine(b);                   // 結果：9

sbyte sb = sbyte.MaxValue;
sb+=2;
Console.WriteLine(sb);                  // 結果：-127

checked
{
    float f1 = float.MaxValue;
    float f2 = 1e-20f;
    Console.WriteLine(f1 * 2);    // 結果：∞
    Console.WriteLine(f2 / f1);   // 結果：0
}
```

クラスを定義する

書式
```
class name
{
    フィールドの宣言
    メソッドの宣言
}
```

パラメータ name:クラス名

C#のプログラムは、**クラス**という単位で構成されます。クラスをそのまま利用することもありますが、クラスは設計図のようなものなので、多くは定義を元にメモリ上に実体を作成して利用します。この実体のことを、**インスタンス**といいます。

クラスの定義は、**class**キーワードを用います。クラスを構成しているものを、**メンバ**と呼び、{}内のブロックで定義します。メンバは、大きく分けると、データを定義した部分と、機能を定義したコード部分とになりますが、どちらか片方だけのクラスも可能です。データの部分は、**フィールド**と呼び、変数や定数となります。機能の部分は、**メソッド**と呼ばれます。

一般にクラスやメソッドの名称は、先頭を大文字にし、意味のある単語を組み合わせる場合は、StreamingVideoといった具合に区切りとなる文字を大文字にします。

サンプル ▶ **ClassFirst.cs**

```
public class ClassFirst
{
    // フィールド
    float x;
    float y;

    // メソッド
    float GetArea( float height, float bottom ) { }
}
```

参考 オブジェクト指向では、この世界に存在するあらゆるもの(概念的なものでも)を、**オブジェクト**とみなします。この考え方をソフトウェア開発に応用したのが、**オブジェクト指向開発**です。オブジェクト指向開発では、オブジェクトとなるものを抽象化し、クラスとして定義します。

メソッドを定義する

書式

```
retType name( [type arg1, …argN] )
{
    処理の定義
    [ return retValue; ]
}
```

パラメータ

retType: 戻り値のデータ型
name: メソッド名
type: データ型
arg1,argN: 引数
retValue: 戻り値

メソッドとは、クラスの実際の動作や処理、ふるまいを定義したものです。メソッドを実行する際には、同時に値を与えることができます。これを、**引数**(または**パラメータ**)と呼びます。引数は、コンマで区切って複数指定が可能です。

またメソッドには、**戻り値**が指定できます。**戻り値**は、メソッドの処理の結果として、メソッドを呼び出した側に返す値です。戻り値を指定するには、**return文**を用います。**return文**はメソッドから明示的に抜け出るための制御文で、ただちにメソッドの処理を中断して、制御をメソッドの呼び出し元に返します。

戻り値がない場合には、return文は省略可能です。ただし、メソッドの途中で処理を終えるときには、戻り値のないreturn文を用います。

メソッド名の前には、戻り値のデータ型を記述します。戻り値がない場合には、データ型の代わりに**void**キーワードを指定します。

サンプル ▶ **ClassFirst.cs**

```
float GetArea(float height, float bottom)
{
    return height * bottom / 2;
}

void GetArea2(float height, float bottom)
{
    this.area = height * bottom / 2;
}
```

参考 本書では特に区別していませんが、メソッドの定義として記述する引数を**仮引数**、メソッドを呼び出す際に指定する値を**実引数**と呼ぶ場合があります。

イテレーターを使って反復処理を行う

書式 ▶
```
yield return value;
yield break;
```

パラメータ ▶ value:値

イテレーターとは、コレクションや配列などの要素を、1つずつ取り出すオブジェクトのことです。C#のイテレーターでは、IEnumerable<T>インターフェースの実装とし、主にforeach文で使われます。

イテレーターは、yield文を利用すれば、簡単に実装することができます。yield return文では、コレクションの次の要素を返します。yield returnが呼ばれるたびに一時停止し、反復処理(**イテレーション**)の現在の位置が内部的に記憶され、呼び出し元に制御を戻します。次の呼び出しでは、記憶した位置から再開されます。yield break文は、イテレーションを中断する際に利用します。

サンプル ▶ **BasicYield.cs**

```
// 全曜日の文字列
var names = "日月火水木金土";

// 曜日名をカンマ区切りで列挙するオブジェクト
IEnumerable<string> DaysWeek()
{
    for (int i = 0; i < names.Length; i++)
    {
        yield return names.Substring(i, 1); // 文字列から1文字を返す

        if (i == (names.Length - 1))
        {
            yield break; // 最後はカンマ不要
        }
        yield return ",";
    }
}

// 曜日名とカンマを表示する
foreach (var w in DaysWeek())
{
    Console.Write(w);
}
//  結果:日,月,火,水,木,金,土
```

参照 P.82「非同期イテレーターで反復処理を行う」

非同期イテレーターで反復処理を行う

書式 ▶ `await foreach ( 取得処理 ) { }`

C# 8.0以降では、非同期のイテレーターを作成して、非同期に参照可能です。この機能を**非同期ストリーム**と呼びます。非同期のイテレーターとして、IAsyncEnumerable<T>インタフェースを実装すると、イテレーターの要素を、await foreach文を使って非同期で取得できます。Webサイトからデータを順次取得する場合など、時間のかかる処理に非同期ストリームを使用すれば、効率的に処理を行うことができます。

サンプル ▶ **BasicYieldAsync.cs**

```
static readonly HttpClient client = new();

public static async Task Main()
{
    // 非同期で WebAPI を 3 回実行する
    async IAsyncEnumerable<string> GenerateAdvice()
    {
        for (int i= 0; i < 3; i++){
            // JSON 文字列を返す WebAPI を呼び出す
            var response =
                await client.GetAsync("https://api.adviceslip.com/advice");
            // 取得した JSON 文字列を返す
            yield return await response.Content.ReadAsStringAsync();
        }
    }

    // WebAPI の取得結果を表示する
    await foreach (var advice in GenerateAdvice())
    {
        Console.WriteLine(advice);
    }
}
```

参照 P.81「イテレーターを使って反復処理を行う」

ローカル関数を定義する

書式
```
retType name( [type arg1, …argN] )
{
    処理の定義
    [ return retValue; ]
}
```

パラメータ
retType: 戻り値のデータ型
name: メソッド名
type: データ型
arg1,argN: 引数
retValue: 戻り値

メソッドの中でさらに関数(**ローカル関数**)を定義することができます。ただし、その関数は、定義されているメソッドの中でしか利用できません。

サンプル ▶ **LocalMethod.cs**

```
static void Main(string[] args)
{
    // ローカル関数（Mainメソッドのみで利用可能）
    int multi(int x, int y)
    {
        return x * y;
    }
    // ラムダ式を使って以下のようにも書ける
    // int multi(int x, int y) => x * y;

    Console.WriteLine(multi(3, 5)); // 結果：15
}
```

参照 P.129「ラムダ式を利用する」
P.131「クラスの定義でラムダ式を利用する」
P.84「静的ローカル関数を定義する」

静的ローカル関数を定義する

書式 ▶ static ローカル関数の定義

C# 8.0以降では、ローカル関数にstaticキーワードを付加して、静的ローカル関数にすることができます。静的ローカル関数が通常のローカル関数と異なるのは、外側の関数のローカル変数をキャプチャできない点です。**変数のキャプチャ**とは、ローカル関数やラムダ式内で、より上位のスコープの変数を参照することです。

静的ローカル関数にすれば、意図しない変数のキャプチャを防ぐことができます。

サンプル ▶ LocalMethod.cs

```
var x = 10;

int multinormal(int p)
{
    x *= p;     // ローカル変数 x をキャプチャしている
    return x;
}

// 静的なローカル関数では、外部の変数は参照できない
// static int multistatic(int p)
// {
//      x *= p;     エラー
//      return x; エラー
// }

Console.WriteLine(multinormal(x)); // 結果：100
Console.WriteLine(x);              // 結果：100
```

参照 P.83「ローカル関数を定義する」

インスタンスを生成する

構文

```
clazz obj;
obj = new clazz();
clazz obj = new();
clazz obj = new clazz( [type arg1, …argN]);
```

パラメータ

clazz: クラス名
obj: インスタンス名
type: データ型
arg1,argN: 引数

クラスからインスタンスを生成するには、**new演算子**を用います。生成されたインスタンスは、変数として利用します。この変数は、**参照型**の変数となり、**オブジェクト変数**とも呼ばれます。

参照型の変数は、値型の変数とは異なり、データ値そのものを格納しているわけではありません。格納している値は、生成されたオブジェクトのメモリ上に存在する場所(アドレス)になります。

なおクラスの参照変数の定義と、インスタンス生成は、同時に書くことも、分けて書くこともできます。

サンプル ▶ **ClassInstance.cs**

```
ClassFirst sample;
sample = new ClassFirst();

// var キーワードを使った場合
var sample2 = new ClassFirst();

// 型がわかっている場合は、new 演算子の型が省略可能
ClassFirst sample3 = new();
```

参考 C# 9.0以降では、代入の左辺で型を指定した場合は、new演算子の型名を省略できます(**ターゲット型のnew式**)。ただし()は必要です。

クラスのメンバにアクセスする

書式
```
obj.method( [type arg1, …argN] );
obj.name;
```

パラメータ
obj: インスタンス名
method: メソッド名
type: データ型
arg1,argN: 引数

インスタンス生成されたオブジェクトのメンバ、フィールドとメソッドにアクセスするには、オブジェクト変数にドット(.)をつけて、メンバを指定します。

サンプル ▶ **ClassMember.cs**

```
class Square
{
    // フィールド
    public float width;
    public float height;

    // 面積を求めるメソッド
    public float GetArea() { return this.width * this.height; }
}
class ClassMember
{
    static void Main(string[] args)
    {
        var sqar = new Square();
        sqar.width = 10;
        sqar.height = 5;
        Console.WriteLine("面積：" + sqar.GetArea());
    }
}
```

⬇

```
面積：50
```

参考 クラス定義のなかでは、オブジェクト変数を指定せずに、メンバの名前だけでアクセスできます。ただし他の変数と区別するために、クラスのメンバであることを**this**キーワードを用いて明示的に指定するのが一般的です。

コンストラクタを定義する

書式
```
clazz([type arg1, …argN])
{
    コンストラクタ処理の定義
}
```

パラメータ
clazz: クラス名
type: データ型
arg1,argN: 引数

コンストラクタとは、クラスがインスタンス化されるときに、自動的に実行されるメソッドのことで、主にクラスの初期化に利用されます。

メソッドをコンストラクタとして定義するには、クラス名と同じ名前とし、戻り値を指定しません。またコンストラクタは、メソッドと同じように引数の指定も可能です。引数を指定した場合は、クラスのインスタンスを作成する際に指定する必要があります。

サンプル ▶ **ClassConstructor.cs**

```
class Square2
{
    public float width;    // フィールド
    public float height;   //

    // コンストラクタ
    public Square2(float width, float height)
    {
        this.width = width;
        this.height = height;
    }
}
```

参考 コンストラクタを定義しない場合、自動的に、引数のないコンストラクタが生成されます。このコンストラクタのことを、**デフォルトコンストラクタ**と呼びます。ただしデフォルトコンストラクタは、引数を指定したコンストラクタを定義した場合には生成されません。したがって、サンプルのSquareクラスでは、デフォルトコンストラクタは生成されません。また引数のないコンストラクタも明示的に定義していませんので、「Square2 sqar = new Square2();」ではコンパイルエラーとなります。

プライマリコンストラクタを定義する C# 12

書式

```
class name ( [type arg1, …argN] )
struct name ( [type arg1, …argN] )
```

パラメータ

name: クラス名
type: データ型
arg1,argN: 引数

C# 12から、クラスと構造体で、型名の後に()を付加する、**プライマリコンストラクタ**と呼ばれる構文が導入されました。この構文を使うと、()内の引数を利用して、同時にプロパティを宣言、初期化できます。ただし、クラスと構造体のプライマリコンストラクタでは、record型のプライマリコンストラクタとは異なり、プロパティの自動生成はされず、明示的な宣言が必要です。

なお、プライマリコンストラクタは、1つしか定義できず、複数のコンストラクタを定義した場合は、必ずプライマリコンストラクタを呼び出す必要があります。

サンプル ▶ **ClassPrimary.cs**

```
// 従来のクラス定義
class Product
{
    public string Name { get; set; }
    public int Price { get; set; }

    public Product(string name, int price)
    {
        Name = name;
        Price = price;
    }
}

// プライマリコンストラクタを使用した場合
class ProductPrimary(string name, int price)
{
    public string Name { get; set; } = name;
    public int Price { get; set; } = price;
}
```

参照 P.121「レコード型を定義する」

オブジェクト初期化子を利用する

書式

```
new clazz
{
    field1 = value1[, …fieldN = valueN]
}
```

パラメータ

clazz: **クラス名**
field1,fieldN: **フィールドまたはプロパティ**
value1,valueN: **初期値**

オブジェクト初期化子の構文では、インスタンスの生成と、フィールドやプロパティの初期化をまとめて行うことができます。

インスタンスの生成の際に、{ }のなかにフィールドやプロパティを初期化する構文を指定します。カンマで区切って複数を指定することもできます。

コンストラクタを用いた初期化と異なり、任意のメンバを初期化することが可能です。

C# 11以降では、プロパティとフィールドに、**required**キーワードが付加可能です。requiredキーワードが付加されたプロパティやフィールドは、オブジェクト初期化子で初期化することが求められます。

サンプル ▶ **ClassInit.cs**

```
class Square3
{
    // フィールド
    public float width;
    public float height;
    public required String name;
}
class ClassInit
{
    static void Main()
    {
        var s1 = new Square3 { width = 10, height = 5, name = "" };
        var s2 = new Square3 { width = 50, name = "init" };
        // nameの初期化が必要
    }
}
```

参照 P.107「プロパティを定義する」

インデックス初期化子を利用する

書式

```
new clazz
{
    [index1] = value1[, …[indexN] = valueN]
};
```

パラメータ

clazz: クラス名
index1,indexN: インデクサ
value1,valueN: 値

インデクサでデータを追加できるクラスなら、オブジェクト初期化子にインデクサが利用できます。インスタンスの生成の際に、{}のなかに、インデクサ = 値 の代入式を指定します。代入式は、カンマで区切って複数を指定することもできます。

サンプル ▶ **IndexInitializer.cs**

```
// インデックス初期化子
var dic = new Dictionary<int, string>
{
    [0] = "first",
    [1] = "second"
};

// 従来の書き方
var old = new Dictionary<int, string>();
old[0] = "first";
old[1] = "second";
```

参照 P.89「オブジェクト初期化子を利用する」
P.99「インデクサを定義する」

デストラクタを定義する

書式

```
~ clazz()
{
    デストラクタ処理の定義
}
```

パラメータ clazz: クラス名

デストラクタとは、コンストラクタとは反対に、インスタンスが破棄されるときに呼び出されるメソッドです。デストラクタの定義は、クラス名の前に~をつけ、つづく{}ブロックにインスタンスが破棄される際に行いたい処理を記述します。

ただし.NETでは、インスタンスの管理は自動で行われるため、実際にインスタンスがいつ破棄されるのかを知ることができません。そのため、通常はあえてデストラクタを定義する必要はありません。

サンプル ▶ **ClassDestructor.cs**

```
class Square4
{
    public Square4() // コンストラクタ
    {
        Console.WriteLine(" コンストラクタ ");
    }

    ~Square4() // デストラクタ
    {
        Console.WriteLine(" デストラクタ ");
    }
}
class ClassDestructor
{
    static void Main(string[] args)
    {
        Square4 tmp = new Square4();
    }
}
```

```
コンストラクタ
デストラクタ
```

参考 **using文**を利用することで、明示的にオブジェクトの破棄のタイミングを制御できます。

参照 P.139「usingを用いてリソースを破棄する」

引数を参照渡しする

書式

```
retType method(ref type arg1[, …] ) { }
retType method(in type arg1[, …] ) { }
```

パラメータ

retType: 戻り値のデータ型
method: メソッド名
type: データ型
arg1: 引数

メソッドを呼びだす際、引数に何も指定しなければ、**値渡し**(call by value)とみなされます。値渡しでは、渡した値が複製されて、メソッドの引数にコピーされます。

値渡しに対して、**参照渡し**(call by reference)とは、値を指し示すアドレスをメソッドに渡すものです。参照渡しでは、渡された先のメソッドで値を加工すると、元の引数にも反映されます。

メソッドの宣言で参照渡しとするには、**ref**キーワードを各引数の先頭につけます。さらに呼び出す側にもrefキーワードは必要で、実際の引数の頭に付加して呼び出します。C#では、参照渡しの引数であることを明確にするため、両方の引数にキーワードが必須となっています。

メソッドに参照渡しした変数を、メソッド内で変更してほしくない場合、refキーワードの代わりに、**in**キーワードを使います。inキーワードでは、読み取り専用の引数になり、変更するようなコードはコンパイルエラーとなります。また、inキーワードでは、メソッドでの呼び出し時、refキーワードの省略が可能で、リテラルや式を渡すこともできます。

サンプル ▶ **ClassRef.cs**

```
void Triple(ref int a) => Console.WriteLine(a *= 3);
void Readonly(in int a) => Console.WriteLine(a);

int a = 5;                // 初期化が必要
Triple(ref a);            // 出力値：15

// ref キーワードが不要
Readonly(a);              // 出力値：15
Readonly(10);             // 出力値：10
```

注意 refキーワードをつけた引数に渡す値は、あらかじめ初期化しておく必要があります。また、リテラルや式は参照渡しには使用できません。

メソッドの結果を引数で受け取る

書式 `retType method(out type arg1[, …] ) { }`

パラメータ
retType: 戻り値のデータ型
method: メソッド名
type: データ型
arg1: 引数

outキーワードは、**ref**キーワードと同様メソッドの宣言で参照渡しとするためのもので、各引数の先頭に付加します。呼び出す側でも、outキーワードは必要です。

refキーワードと異なるのは、引数に渡す値を、あらかじめ初期化しておく必要がないことです。out(出力)という名前が示すとおり、outキーワードは、メソッドに値を渡すのではなく、メソッドから値をもらうためにあります。たとえ引数を初期化していても、その値をメソッド内では参照できません。

サンプル ▶ **ClassOut.cs**

```
class ClassOut
{
    // aの2乗と3乗を求める
    public void TestFunc(int a, out int b, out int c)
    {
        b = a * a;
        c = a * a * a;
    }
    static void Main()
    {
        int x, y;
        new ClassOut().TestFunc(3, out x, out y);
        Console.WriteLine(x);      // 出力値：9
        Console.WriteLine(y);      // 出力値：27
    }
}
```

注意 outキーワードがついた引数は、必ずメソッド内で値を代入する必要があります。未設定の場合はコンパイルエラーとなります。

参照 P.92「引数を参照渡しする」

参考 従来、メソッドから値をもらうための変数は、事前に定義する必要がありましたが、C# 7からは、メソッドを呼び出す際に、同時に変数の定義ができるようになりました。次のように、outキーワードに続いてデータ型(varも可能)を記述します。

```
// int x, y; は不要
new ClassOut().TestFunc(3, out int x, out var y);
```

可変長引数を利用する

書式 retType method(params type[] arg) { }

パラメータ retType: 戻り値のデータ型
method: メソッド名
type: データ型
arg: 引数

メソッドの宣言時に、引数に**params**キーワードをつけて配列を指定すると、可変数の引数とすることができます。引数を配列として宣言することで、引数を固定の数ではなく、任意の数とすることが可能になります。

サンプル ▶ **ClassParams.cs**

```
class ClassParams
{
    // 合計求めるメソッド
    public int SumValues(params int[] values)
    {
        int sum = 0;

        foreach (int v in values)
        {
            sum += v;
        }
        return sum;
    }

    static void Main(string[] args)
    {
        var sum = new ClassParams();
        Console.WriteLine(sum.SumValues(1, 2));         // 結果：3
        Console.WriteLine(sum.SumValues(1, 2, 5, 10)); // 結果：18
    }
}
```

参照 P.61「配列(1次元)を宣言する」

オプション引数／名前付き引数を定義する

書式

```
retType method(type arg1 = default, …){ }
retType method( arg1 : value );
```

オプション引数
名前つき引数

パラメータ

retType: 戻り値のデータ型
method: メソッド名
type: データ型
arg1: 引数
default: デフォルト値
value: 引数値

オプション引数とは、メソッドの定義で、引数のデフォルト値を同時に記述するものです。また、デフォルト値が定義してあることから、このメソッドを呼び出す場合に、オプション引数は省略可能となります。

名前付き引数とは、メソッドの呼び出し時に引数名を指定するものです。引数名とコロンをつけることで、どの引数に渡す値なのかを明示できます。そのため、任意の順序で引数を渡すことができます。

サンプル ▶ **ClassOption.cs**

```
class ClassOption
{
    public void Method(int a, string b = "default", int c = 10)
    {
        Console.WriteLine("{0},{1},{2}", a, b, c);
    }
    static void Main()
    {
        new ClassOption().Method(5);                    // 結果：5,default,10
        new ClassOption().Method(b:"sample",a:1); // 結果：1,sample,10
    }
}
```

参考 名前付き引数は、Visual Basicでは従来から提供されていた機能です。

参照による戻り値や変数を定義する

書式

```
ref [readonly] retType method() {}
ref [readonly] type variable
scoped ref [readonly] type variable  C# 11
return ref variable;
```

パラメータ

retType: 戻り値のデータ型
method: メソッド名
variable: 変数名

メソッドの戻り値を**参照渡し**にするには、メソッド定義の戻り値の型と、値を戻す際の変数の先頭に、**ref**キーワードをつけます。参照による戻り値は、ローカル変数として受け取ることができます。

refキーワードをつけたローカル変数は、別に定義されている変数の参照も可能です。参照を受け取る側、参照される側それぞれの先頭に、refキーワードを付加します。この参照のローカル変数は、違う参照を再割り当てすることができます。

ref readonlyは、引数のinキーワードと同じで、値を読み取り専用にします。

scopedキーワードは、参照可能な範囲をメソッド内に明示的に制限するものです。メソッド外に、scoped refを付加した変数を返すコードはエラーとなります。

サンプル ▶ **MethodRef.cs**

```
ref int SetValue(in int[] p_ary)
{
    p_ary[0] = 5;
    return ref p_ary[0]; // 引数の配列の参照先を返す
}
ref readonly int SetValue2(ref int p) => ref p;

var ary = new int[] { 1, 2, 3 };

ref int a0 = ref SetValue(ary);                   // a0 は、ary[0] の参照
a0 = ary[2];                                       // ary[0] を書き換えている
Console.WriteLine(string.Join(",", ary));         // 結果：3,2,3

ref readonly int b = ref SetValue2(ref a0);
// b = 10;                                         // エラー
b = ref ary[2];                                    // 再代入は可能
```

参考 ref(out、in)キーワードをつけた引数やローカル変数を**参照変数**と呼びます。

参照 P.92「引数を参照渡しする」

静的メンバを定義／利用する

書式
```
static type var;
static retType method([type arg1, …argN]){ }
clazz.member(…);
```

パラメータ
type: データ型
retType: 戻り値のデータ型
var: 変数名
method: メソッド名
arg1,argN: 引数
clazz: クラス名
member: 静的メンバ名

クラスのメンバに**static**キーワードを付加すると、**静的メンバ**となります。静的メンバは、クラスをインスタンス化しなくてもアクセスできます。staticで修飾されたフィールドを**静的変数**、メソッドを**静的メソッド**と呼びます。

静的メンバは、プログラムが実行されると、クラスから生成されるインスタンスとは別に、クラス単位にひとつだけ自動的に生成されます。そのためstatic変数は、クラスに属する変数となり、各インスタンスを複数生成してもひとつだけしか存在しません。

なお、静的メンバにアクセスするには、クラス名にドット(.)をつけてメンバを指定します。

サンプル ▶ **ClassStatic.cs**
```
// 静的メソッド
static void print()
{
    Console.WriteLine("静的メソッド");
}
static void Main(string[] args)
{
    // クラス名.メソッド名でアクセスできる
    ClassStatic.print(); // 結果：静的メソッド
}
```

参考 静的ではない通常のフィールドやメソッドは、それぞれ**インスタンス変数**、**インスタンスメソッド**と呼びます。

演算子をオーバーロードする

書式 public static retType operator ope
([type arg1, …argN]) { }

パラメータ retType: 戻り値のデータ型
ope: 演算子
type: データ型
arg1,argN: 引数

演算子のオーバーロードとは、+や=などの演算子を、ユーザーが定義したクラスに対しても作用するように定義することです。

operatorキーワードのあとに、オーバーロードしたい演算子を指定し、つづく{}ブロックのなかに、演算子のふるまいを記述します。引数には、少なくともひとつは、演算子を定義するクラス自身を含めます。

サンプル ▶ **ClassOperator.cs**

```
class ClassOperator
{
    public string msg;
    public ClassOperator(string msg) { this.msg = msg; }

    // *演算子のオーバーロード
    public static ClassOperator operator *(ClassOperator c1, int n)
    {
        return new ClassOperator(c1.msg + " × " + n);
    }
    static void Main(string[] args)
    {
        tmp = new ClassOperator("sample") * 5;
        Console.WriteLine(tmp.msg);      // 結果：sample × 5
    }
}
```

注意 演算子の定義には、publicとstaticの指定が必要です。

参考 オーバーロードできない演算子は、=、.、?:、->、new、is、sizeof、typeofです。

インデクサを定義する

書式

```
retType this [type index]
{
    set { }
    get { }
}
```

パラメータ
retType: 戻り値のデータ型
type: 添え字のデータ型、
index: 添え字

インデクサとは、ユーザーが定義したクラスに対しても、配列と同様に[]を用いて要素の読み書きが行えるようにするしくみです。

インデクサの定義は、プロパティと同様に**setアクセサ**、**getアクセサ**を定義して、それぞれ、要素の更新処理、要素の取得処理を記述します。なお、インデクサ定義の添え字は、カンマで区切って複数の指定も可能です。

サンプル ▶ **ClassIndexer.cs**

```
class ClassIndexer
{
    string[] array = new string[10];
    public string this[int index]     // インデクサの定義
    {
        set
        {
            if (index < array.Length) { array[index] = value; }
        }
        get
        {
            return (index < array.Length) ? array[index]:"なし";
        }
    }
    static void Main(string[] args)
    {
        var tmp = new Class10();
        tmp[0] = "あ";                    // 配列のように代入できる
        tmp[1] = "い";
        Console.WriteLine(tmp[1]);    // 結果：い
    }
}
```

参照 P.107「プロパティを定義する」

クラスを継承する

書式
```
class child : parent
{
    クラス定義
}
```

パラメータ
child: 派生クラス名
parent: 基本クラス名

継承(inheritance)とは、あるクラスをベースとして、新たなクラスを作ることです。元のクラスのことを、**基本クラス**や**親クラス**といい、新たなクラスのほうは、**派生クラス**や**子クラス**と呼びます。

継承を定義するには、クラスの定義にコロン(:)をつけて、基本クラスを指定します。指定できるのは、ひとつの基本クラスだけで、**単一継承**と呼ばれるものです。C#では、複数の基本クラスを継承する**多重継承**は許されていません。ただし、派生クラスから、さらに継承することは可能です。

サンプル ▶ **ClassInheritance.cs**
```
class BaseClass              // 基本クラス
{
    public int SumValues(params int[] values)
    {
        int sum = 0;
        foreach (int v in values) { sum += v; }
        return sum;
    }
}
class ClassInheritance : BaseClass  // BaseClassを継承した派生クラス
{
    public void DispSumValues(params int[] values)
    {
        // SumValuesは、基本クラスから引き継いだメソッド
        Console.WriteLine(SumValues(values));
    }
    static void Main(string[] args)
    {
        new ClassInheritance().sum.DispSumValues(1, 2, 3); // 結果：6
    }
}
```

基本クラスのコンストラクタを実行する

書式 child : base([type arg1, …argN]) { }

パラメータ child: 派生クラス名
type: データ型
arg1,argN: 引数

基本クラスのメソッドは、アクセスレベルがprivate以外であれば、派生クラスへ引き継がれます。ただしコンストラクタは継承されず、各クラスごとに独立したものになります。

派生クラスがインスタンス化され、コンストラクタが処理される際には、自動的に基本クラスのデフォルトコンストラクタが実行されます。デフォルトコンストラクタ以外を実行したい場合には、**base**キーワードを用いて明示的に指定してください。

サンプル ▶ **ClassBase.cs**

```
// 基本クラス
class BaseClass2
{
    public BaseClass2(string s) { Console.WriteLine(s); }
}
class ClassBase : BaseClass2
{
    // base キーワードで、パラメータを指定
    public ClassBase(string s1, string s2)
        : base(s2)
    {
        Console.WriteLine(s1);
    }
    static void Main()
    {
        var c = new ClassBase("Derived", "Base");
    }
}
```

⬇

```
Base
Derived
```

クラスの継承を禁止する

書式 `sealed class clazz { }`

パラメータ clazz: クラス名

sealed(封印された)キーワードをつけてクラスを定義すると、継承が許されないクラスとなります。したがってこの場合は、基本クラスとして使用できません。シールされたクラスは、abstract修飾子を使用できません。

なお、sealedキーワードはメソッドの宣言に付加することもできます。ただし、その場合は同時にoverrideキーワードも必要で、それらを付加したメソッドは、これ以上オーバーライドできないようになります。

サンプル ▶ **ClassSealed.cs**

```
// 基本クラス
sealed class BaseClass3
{
}
// エラーとなってコンパイル不可
//    class Class13 : BaseClass3
//    {
//    }

class BaseClass3_2
{
    public virtual void M()
    {
    }
}
class C : BaseClass3_2
{
    sealed override public void M()
    {
    }
}
class D : C
{
// エラーとなってコンパイル不可
//    override public void M()
//    {
//    }
}
```

参考 構造体は暗黙的にシールされており、継承できません。

参照 P.119「構造体を定義する」

オーバーライドを定義する

書式 override retType method([type arg1, …argN]){ }

パラメータ
retType: 戻り値のデータ型
method: メソッド名
type: データ型
arg1,argN: 引数

　基本クラスで定義したメソッドを、派生クラスで再定義して拡張することを**オーバーライド**と呼びます。メソッドをオーバーライドするには、親クラスのメソッドと同じ名称、同じ引数とした上で、**override**キーワードを先頭に付加します。
　なおオーバーライドできる親クラスのメソッドには制限があり、親クラスで**virtual**、**abstract**、または**override**キーワードが付加されたものに限ります。virtualキーワードを付加したメソッドを**仮想メソッド**、abstractキーワードがついたメソッドは**抽象メソッド**と呼びます。仮想メソッドとは、派生クラスでオーバーライドされることを許可したメソッドのことです。

サンプル ▶ **ClassOverride.cs**

```
class BaseClass4    // 基本クラス
{
    public virtual void SampleMethod(int n)
    {
        Console.WriteLine(n);
    }
}
class ClassOverride : BaseClass4
{
    // オーバーライド
    public override void SampleMethod(int n)
    {
        Console.WriteLine(n*2);
    }
    static void Main()
    {
        var c = new ClassOverride();
        c.SampleMethod(10);     // 結果：20
    }
}
```

参照 P.109「抽象メソッド／クラスを定義する」

メンバを隠蔽する

書式 new メンバ定義

隠蔽とは、基本クラスと同じ名前のメンバを派生クラスで定義することで、基本クラスのメンバを見えなくすることです。

隠蔽したメンバを定義するには、フィールドであれば、同じデータ型の同じ名前、メソッドであれば同じパラメータの同じメソッド名を定義し、先頭に**newキーワード**を付加します。メソッドを隠蔽した場合は、インスタンスにしたがって、呼び出される**仮想メソッド**が決まる**ポリモーフィズム**(多態性)の性質も隠蔽されます。

サンプル ▶ **ClassNew.cs**

```
class Music  // 基本クラス
{
    public virtual void Play() { Console.WriteLine("Music"); }
}
class NewMusic : Music      // 派生クラス
{
    new public void Play() // 隠蔽
    {
        Console.WriteLine("NewMusic");
    }
}
class ClassNew
{
    static void Main()
    {
        Music m;
        m = new NewMusic();      // NewMusic クラスのインスタンスを代入
        m.Play();                // 結果：Music（宣言時の Music の Play）

        var nm = new NewMusic();
        nm.Play();               // 結果：NewMusic
    }
}
```

参照 P.103「オーバーライドを定義する」

アクセス制御する

書式 modifier フィールド定義
modifier メソッド定義
modifier クラス定義

パラメータ modifier: アクセス修飾子

オブジェクト指向の考え方のひとつに、**カプセル化**があります。カプセル化とは、データや処理をクラス内部に隠蔽して、外部からは公開された手段のみでアクセスするというものです。

カプセル化を実現するために、C#では外部からのアクセスを制御するための**アクセス修飾子**が用意されています。アクセス修飾子は、アクセスのレベルに応じて次のような種類があります。

▼アクセス修飾子

アクセス修飾子	アクセスのレベル
public	どのクラスでも可能
protected	同じクラスまたは派生クラスからのみ可能
private	同じクラスでのみ可能
internal	現在のアセンブリでのみ可能
protected internal	現在のアセンブリまたは派生クラスからのみ可能
private protected	現在のアセンブリ、かつ派生クラスからのみ可能
file C# 11	現在のファイル内のみ

アクセス修飾子は、クラスの定義やメンバなどに付加することができます。もし明示的に指定しない場合は、デフォルトのアクセスレベルとなります。たとえば、クラスのメンバは、デフォルトではprivateとなります。

▼デフォルトのアクセスレベル

要素	デフォルトのアクセスレベル	指定可能なアクセスレベル
名前空間	public	なし
型(クラスや構造体)	internal	public、internal
クラスのメンバ	private	public、protected internal、protected、internal、private
構造体のメンバ	public	public、internal、private
インタフェース	public	なし
enum	public	なし

C# 11から、型(クラス、インタフェース、列挙型、デリゲートなど)に、fileキーワードを付加することで、**fileローカル型**という制限をつけることが可能になり

ました。fileローカル型は、定義されたファイル内だけで参照可能な型になります。つまり、同一のプロジェクトで同じ名前のクラスであっても、fileローカル型であれば、エラーとはならず、そのファイル内に限定された型になります。なお、fileキーワードは、他のアクセス修飾子とは併用できません。

サンプル ▶ **ClassAccess.cs**

```
class Music2
{
    int songs = 0; // デフォルトはprivate

    protected void Play()
    {
        Console.WriteLine(songs); // songsは参照可能
    }
    public void Play(int n)
    {
        Console.WriteLine(n);
    }
}
class ClassAccess
{
    static void Main()
    {
        var c = new Music2();

        c.Play(1); // 結果：1

        // 以下はエラーとなる
        // c.songs = 1;
        // c.Play();
    }
}
```

参考 **アセンブリ**とは、.NET環境における、アプリケーションなどの管理単位となるプログラムコード（exeやdllファイル）の一群のことです。Visual Studioでは、基本的にひとつのプロジェクトが、ひとつのアセンブリとなります。したがって、アクセスレベルinternalは、同じプロジェクトでのみアクセス可能ともいえます。

プロパティを定義する

書式

```
type prop
{
    set { }
    get { }
}
```

パラメータ prop: プロパティ名
type: データ型

プロパティ（property：所有物、特性）は、フィールドへのアクセスを制御するための特殊なメソッドです。クラスの外部からはフィールドに見え、クラスの内部ではふるまいを定義することができます。プロパティのふるまいの定義は、**setアクセサ**、**getアクセサ**を定義して、それぞれ、値の更新／取得処理を記述します。

setアクセサは、setキーワードにつづく{}ブロックに要素を変更するための処理を定義します。setアクセサの定義のなかでは、**value**というあらかじめ定義された変数に、指定された値が格納されています。このvalueを使って、変更処理を記述します。またgetアクセスは、同様に{}のブロックのなかで、**return**キーワードを使って、要素を返す処理を記述します。

サンプル ▶ **ClassProp.cs**

```
class ClassProp
{
    // 以下は public int TypeProp { get; set; } とも書ける
    int val = 0;
    public int TypeProp
    {
        // アクセスレベルの個別指定も可
        private set { this.val = value; }
                get { return this.val;  }
    }
    static void Main()
    {
        var c = new ClassProp();
        c.TypeProp = 5;                     // set が呼ばれる
        Console.WriteLine(c.TypeProp);  // get が呼ばれる
    }
}
```

参考 setアクセサは**setter**、getアクセサは**getter**とも呼ばれます。

参照 P.108「自動プロパティを定義する」

自動プロパティを定義する

書式 type prop { get; [set;] } [= value]
type prop { get; [init;] } [= value]

パラメータ prop: プロパティ名
type: データ型
value: 初期値

プロパティの定義として、get;とset;(またはinit;)だけを書けば、フィールドの定義、単純な値の代入／取得処理は、自動的に生成されます(**自動実装プロパティ**)。自動実装プロパティには、**初期化子**(Auto-property initializers)が使え、プロパティ名の定義に続けて、初期値の設定が可能です。

getアクセサのみの自動プロパティも定義できます。getアクセサのみのプロパティ(**get-onlyプロパティ**)は、readonlyプロパティとなり、コンストラクタ以外では値の取得しかできません。また初期値の設定はコンストラクタでの設定が優先されます。

C# 9以降では、getの代わりに、**init**と記述すると、コンストラクタだけでなくオブジェクト初期化子で値が設定できるプロパティ、**init-onlyプロパティ**になります。get-onlyプロパティとの違いは、オブジェクト初期化子で値を設定できるかどうかです。

サンプル ▶ **AutoProperty.cs**

```
class AutoProperty
{
    // 初期化可能
    public string Name { get; set; } = "sample";
    // getterのみ
    public int No { get; } = 1;
    // コンストラクタでの設定も可能
    // public AutoProperty() { this.No = 2; }
    // 参照専用ながら初期化子で設定可能
    public string Name2 { get; init; } = "sample";
}
```

参照 P.107「プロパティを定義する」

抽象メソッド／クラスを定義する

書式 abstract retType method([type arg1, …argN]);
abstract クラス定義

パラメータ retType: 戻り値のデータ型
method: メソッド名
type: データ型
arg1,argN: 引数

抽象メソッドを定義するには、**abstract**キーワードを付加して、戻り値の型と引数だけを宣言します。処理は、派生クラスで実装するようにします。仮想メソッドの場合は基本クラスにも処理を定義できましたが、抽象メソッドは宣言だけとなります。

なお抽象メソッドを含むクラスでは、そのクラス自体もabstractキーワードをつけ、**抽象クラス**として定義する必要があります。

サンプル ▶ **ClassAbstract.cs**

```
abstract class Music3                    // 抽象クラス
{
    public abstract void Play();         // 抽象メソッド
}

class ClassAbstract : Music3
{
    public override void Play() { Console.WriteLine("Play"); }
    static void Main()
    {
        new ClassAbstract().Play(); // 結果：Play
    }
}
```

参考 抽象メソッドや抽象クラスは、一般に複数の派生クラスで共通するメソッドを定義する場合に用います。

注意 抽象クラスを継承したクラスは、抽象メソッドの処理を必ずオーバーライドする必要があります。

オブジェクトが指定の型に変換可能かチェックする

書式 obj **is** type

パラメータ obj: 変数名
type: 参照型

is演算子は、そのオブジェクトが指定の型であるか、あるいはその型に**変換**できるかどうかをチェックする演算子です。型があっているか変換可能であればtrueを返し、そうでなければfalseを返します。

サンプル ▶ **ClassIs.cs**

```
class Sample
{
}
class ClassIs : Sample
{
    public static void Main()
    {
        var c1 = new ClassIs();
        Console.WriteLine(c1 is Sample); // 結果：True
        Console.WriteLine(c1 is null); // 結果：False
    }
}
```

参考 クラスは、継承関係のあるクラスであれば変換可能です。派生クラスのインスタンスは、基本クラスのインスタンスとしても利用できると見なされるため、基本クラスへの型変換が可能です。この変換を**アップキャスト**と呼び、暗黙的に行うことができます。
反対に、基本クラスを派生クラスに型変換することを**ダウンキャスト**と呼びます。ダウンキャストは、アップキャストのように常にできるとは限らないため、明示的に行う必要があります。

is演算子で指定の型の変数を作成する

書式 obj **is** type newobj

パラメータ obj,newobj: 変数名
type: データ型

is演算子を利用すると、型が変換可能かどうかをチェックするだけでなく、変換可能な場合に、変換した型の新しい変数を新規作成(**型スイッチ**)することができます。

なお、is演算子で作成された変数は、if文の条件式内での宣言の場合、その文を囲うブロックがスコープになります(if文の外側のブロック)。ただし、while、for、foreach、using、case文の式で宣言した場合は、スコープはその文のブロック内になります。

サンプル ▶ **IsOperator.cs**

```
string str = "abc";

// 変数strがstringの場合、string型の変数sを作成する
if (str is string s)
{
    Console.WriteLine(s); // 結果：abc
}

// 文字列strがnullでない場合、その長さを変数lenに代入する
if (str?.Length is int len)
{
    Console.WriteLine(len); // 結果：3
}
len = 1;                    // エラーにならない
```

注意 for文の更新処理で宣言された変数のスコープは例外で、更新処理内だけのスコープになります。そのfor文のブロック内でも参照することができません。

参照 P.46「?.演算子(Null条件演算子)」
P.110「オブジェクトが指定の型に変換可能かチェックする」

as演算子でオブジェクトを変換する

書式 `obj as type`

パラメータ obj: 変数名
type: 参照型

as演算子は、参照型への変換を行う演算子です。変数の後にasをつけ、変換先のデータ型を指定します。as演算子は、参照型への変換のみ可能で、値型を指定するとコンパイルエラーになります。また、as演算子で変換できなかった場合、nullが返されます。成功した場合は、その型の参照となります。

サンプル ▶ **ClassAs.cs**

```
class ClassAs : Sample
{
    public static void Main()
    {
        var c1 = new ClassAs();
        object c2 = c1 as Sample;         // 変換可能
        object c3 = (Sample)c1;           // 変換可能
        object? c4 = c2 as string;        // 変換不可
        Console.WriteLine(c4 == null);    // 結果：True
        object c5 = (string)c2;           // キャスト演算子は例外が発生する
    }
}
```

参考 C#では、System名前空間にあるObjectというクラスが、すべてのクラスの基本クラスになっており、object型として組み込みデータ型と同様に使用することができます。

参考 objectには、どんなクラスでもアップキャスト可能で、値型であってもobjectに変換できます。このように、値型をobjectに変換することを、**ボックス化**といいます。逆に、ボックス化されたobjectを値型に戻すことを、**ボックス化解除**と呼びます。

インタフェースを定義する

書式 ▶ interface name { 抽象メンバの定義 }

パラメータ ▶ name: インタフェース名

インタフェースとは、ある特定の機能の概要を定義したものです。抽象クラスと同様に処理の中身がなく、メソッド名や引数だけを定義します。実際の処理は、インタフェースを継承したクラスで定義します。この定義のことを、インタフェースの**実装**といいます。実装は複数のインタフェースを同時に指定することも可能です(**多重実装**)。またインタフェースは継承も可能で、複数のインタフェースも指定できます(**多重継承**)。

インタフェースの抽象メンバは、通常のメソッドの他に、プロパティ、インデクサ、イベントの指定が可能です。またそれらは、アクセス修飾子やabstractキーワードは不要で、すべてpublic abstractであると見なされます。

サンプル ▶ **ClassInf.cs**

```
interface IGetInfo
{
    void getInfo();
    int px { get; set; }    // プロパティ
}
class ClassInf : IGetInfo    // インタフェースの実装
{
    int x = 0;
    public void getInfo() { Console.WriteLine("Sample"); }
    public int px
    {
        get { return x; }
        set { x = value; }
    }
    static void Main()
    {
        new ClassInf().getInfo(); // 結果：Sample
        var c = new ClassInf();
        c.px = 10;
        Console.WriteLine(c.px); // 結果：10
    }
}
```

参考 C# 8.0からは、抽象メンバにアクセス修飾子を明示的に指定できます。またstaticを付加した静的メンバも定義可能です。

参考 インタフェースは、クラスの継承のような親子関係ではなく、あくまでも共通の機能をまとめる定義です。

インタフェースの既定の動作を定義する

書式 interface name { 既定メソッドの定義 }

パラメータ name: インタフェース名

C# 8.0から、インタフェースの定義で、メソッドの既定の動作が実装可能です。このようなメソッドを、**デフォルトメソッド**と呼びます。デフォルトメソッドは、インタフェースを実装するクラスでのオーバーライドは必須ではありません。

デフォルトメソッドを使用すると、インタフェースに新しいメソッドを追加しても、インタフェースを実装している既存のクラスのコードに影響はありません。必要に応じて、デフォルトメソッドをそのまま使用するか、オーバーライドすることができます。

サンプル ▶ **ClassInfDefault.cs**

```
interface IGetInfoDefault
{
    void getInfo()
    {
        Console.WriteLine("Sample");
    }
}

// インターフェースの実装
class ClassInfDefault : IGetInfoDefault
{
    static void Main()
    {
        var c = new ClassInfDefault();

        // キャストが必要
        ((IGetInfoDefault)c).getInfo(); // 結果：Sample
    }
}
```

注意 インタフェースを実装したクラスで、デフォルトメソッドをオーバーライドせずにそのまま呼び出す場合、元のインタフェースの型にキャストする必要があります。

ジェネリックでクラス／メソッドを定義する

書式

```
class clazz<T>
{
    T var;
    T method( T arg ) {}
}
```

パラメータ

clazz: **クラス名**
T: **型パラメータ**
var: **フィールド名**
method: **メソッド名**
arg: **引数**

ジェネリックとは、クラスやメソッドで、仮の型名(**型パラメータ**)を用いて宣言することです。この機能により、型をパラメータとして渡すことができ、コンパイル時に特定の型に対応づけることが可能になります。

宣言に用いる型パラメータには、任意の文字が利用できますが一般的には、Tの1文字、もしくは先頭Tの後にクラスの使用目的などを示す名称をつなげます。

サンプル ▶ **ClassGsample.cs**

```
class GenericClass<T> // 型パラメータを使ったクラス定義
{
    T? value;
    public void SetValue(T val) { value = val; }
    public T? GetValue() { return value; }
}
class ClassGsample
{
    static void Main()
    {
        // Integer クラスの GenericClass
        var gc1 = new GenericClass<int>();
        gc1.SetValue(123);
        Console.WriteLine(gc1.GetValue()); // 結果：123

        // String クラスの GenericClass
        var gc2 = new GenericClass<String>();
        gc2.SetValue("文字列");
        Console.WriteLine(gc2.GetValue()); // 結果：文字列
        // gc2.SetValue(123); 型が異なるのでコンパイル不可
    }
```

参考 型パラメータは、カンマで区切って複数定義することもできます。

ジェネリックを制約つきで宣言する

書式 where T : constraint

パラメータ T: 型パラメータ
constraint: 各種制約

型パラメータにwhereをつけて**制約**を加えることができます。型パラメータには任意のクラスも指定可能なため、たとえば特定のメソッドを持つクラスを想定していても、他の型を指定して呼び出すコードが記述可能です。これではコンパイル時にエラーを検出できず、実行時にエラーとなってしまいます。そのような状況を回避するには、whereをつけて、型パラメータを制約します。制約の種類には、次のようなものがあります。

▼制約の種類

制約の指定方法	許される型
where T : クラス名	クラス、その派生クラス
where T : インタフェース名	インタフェース、その派生インタフェース
where T : new()	引数なしのコンストラクタを持つクラス
where T : class	参照型
where T : struct	値型

サンプル ▶ **ClassGsample2.cs**

```
class SampleGeneric { public int Value { get; set; } }
class GenericClassSub<T> where T : SampleGeneric

// SampleGeneric またはその派生クラスのみ
{
    public int Sample(T t) { return t.Value; }
}
class ClassGsample2
{
    static void Main()
    {
        var s = new SampleGeneric();
        var gc = new GenericClassSub<SampleGeneric>();
        // var gc = new GenericClassSub<int>(); コンパイル不可
    }
}
```

ジェネリックの型を初期化する

書式 default(T);

パラメータ T: 型パラメータ

defaultキーワードを用いると、ジェネリックの型でも、既定値を設定できます。

普通に型パラメータの変数に初期値を設定すると、不都合なケースが発生します。たとえばnullを割り当てると、参照型以外では有効ではありません。0を割り当てた場合でも、構造体では正しく設定できません。

defaultキーワードであれば、参照型はnull、数値なら0、構造体であれば各メンバを型に合わせて0またはnullに初期化します。

サンプル ▶ **ClassDefault.cs**

```
class CDefault<T>
{
    public T? Tmp()
    {
        return default;
    }
}
class ClassDefault
{
    static void Main()
    {
        Console.WriteLine(
            new CDefault<int>().Tmp());             // 出力値：0

        Console.WriteLine(
            new CDefault<string>().Tmp() == null); // 出力値：True
    }
}
```

参照 P.119「構造体を定義する」

クラス／メソッドを分割して定義する

書式

```
partial class clazz
{
    partial void method() { }
    partial void method();
}
```

パラメータ
clazz: クラス名
method: メソッド名

クラスの定義時に、**partial**キーワードをつけることで、クラス定義を複数のファイルに分割して作成できます。ただし、同一のクラスと認識されるためには、どの定義にもpartialキーワードが必要です。

また、このパーシャルクラス内のメソッドに限定で、メソッドの宣言と定義を分けて書くことも可能です(**パーシャルメソッド**)。なおパーシャルメソッドとするには、**partial**キーワードを付加する他、アクセスレベルはprivateのみ、戻り値はvoidのみ、引数にoutキーワードは不可といった制約があります。

サンプル ▶ **ClassPartial.cs**

```
partial class ClassPartial { int a = 3; }
partial class ClassPartial
{
    public void Test() { Console.WriteLine(this.a); }
    static void Main()
    {
        new ClassPartial().Test(); // 結果：3
    }
}
```

参考 partialキーワードによるクラスの分割は、主に、自動生成されたコードとユーザーのコードを区別するために用いられます。

構造体を定義する

書式

```
[readonly [ref]] struct name
{
    メンバの定義
}
```

パラメータ name: 構造体名

構造体は、クラスと同様、フィールドやメソッド、プロパティ、コンストラクタを持つことができます。ただし構造体は**値型**です。一般に構造体は、継承の必要のないデータ構造に用います。

構造体のインスタンス化には、newキーワード、またはdefaultを用います。型のみの宣言でも使用可能ですが、別途メンバーの初期化が必要です。newキーワード以外のインスタンス化では、コンストラクタは呼ばれません。なお、メンバにフィールド初期子を持つ場合は、明示的なコンストラクタが必要です。

構造体の宣言にreadonlyキーワードを付加すると、書き換えできない構造体となります。ただし、構造体のフィールドにreadonlyキーワードが必須で、プロパティも読み取り専用とする必要があります。

サンプル ▶ **ClassStruct.cs**

```
struct Simple
{
    public int Number;
    public string Name;
    public Simple() { Name = "no name"; }
}

// 読み取り専用の構造体
readonly struct ReadonlySimple
{
    public int Number { get; init; }
    public string Name { get; init; } = "no name";
    public ReadonlySimple() { } // 明示的なコンストラクタ
}

static void Main()
{
    // 構造体のインスタンス化
    Simple ss = new() { Number = 0 };
    // Simple ss = default; では、コンストラクタは呼ばれない

    Simple s1 = ss;        // 値のコピーになる
```

```
    s1.Name = "test";

    // 値型なのでコピー元は変わらない
    Console.WriteLine(ss.Name);      // 結果：no name

    ReadonlySimple rs = new();

    // with式での複製
    var crs = rs with { Number=10, Name = "test" };
    // crs.Number = 5; 書き換え不可でエラーとなる

    Console.WriteLine(crs.Number);  // 結果：10
}
```

参考 refキーワードを付加して構造体を宣言すると、参照型の構造体(**ref構造体**)となります。C# 11以降では、ref構造体に、refキーワードを付けたrefフィールドを含めることが可能です。ref構造体は、多くの制限があり、主に、ref構造体であるSystem.Span<T>やSystem.ReadOnlySpan<T>を利用する際に用いられます。

注意 構造体は、継承はできないもののインタフェースの実装は可能です。またC# 5.0までの構造体は、引数のないコンストラクタが作れませんでしたが、その制限はなくなりました。さらにC# 11からは、構造体のフィールド、プロパティは、自動で既定値で初期化されるようになり、コンストラクタでの全メンバの初期化は、必須でなくなりました。

参照 P.117「ジェネリックの型を初期化する」
P.121「レコード型を定義する」
P.122「レコード型や構造体、匿名型を複製する」

Column メソッドのオーバーロード

C#では、同一のクラス内に同じ名前のメソッドやコンストラクタを複数定義することができます。これをメソッド(コンストラクタ)の**オーバーロード**と呼びます。ただしオーバーロードできるのは、引数の数や順序、引数の型が異なるメソッドです。戻り値は、型が同じでも異なっていても問題ありません。なお、戻り値だけが異なる同じ名前のメソッドを複数定義することはできません。

サンプル ▶ **ClassOverload.cs**

```
class ClassOverload
{
    // オーバーロード
    public int Add(int a, int b) => a + b;
    public string Add(string a, string b) => a + b;

    // 定義できない
    // public int Add(int c, int d) => c + d;
    // public float Add(int a, int b) => a + b;
}
```

レコード型を定義する

書式
```
record [class] name ( type property1[, …type propertyN] )
record struct name ( type property1[, …type propertyN] )
```
C# 10

パラメータ
name: レコード名
type: データ型
property1,propertyN: プロパティ名

C# 9から導入された**レコード型**は、データのカプセル化やデータモデルの操作に適した参照型のデータ型です。レコード型は、クラス同様{}内にメンバを定義できますが、**プライマリコンストラクタ**を使って宣言するのが一般的です。レコード型のプライマリコンストラクタでは、パラメータと同じ名前のプロパティが自動的に作られ、アクセサーは、getアクセサーと、初期化時以外に書き換えできない、**不変**(**イミュータブル**)なinitアクセサーとなります。

レコード型同士の比較では、通常のクラスと異なり、レコード型の定義が同じで、すべてのフィールドの値が等しい場合に、等しいとみなされます。

C# 10から値型のレコード型(**レコード構造体**)が追加されました。レコード構造体は、record structというキーワードを用いて宣言します。単にrecordと宣言すると、record classとみなされます。レコード構造体では、プロパティが既定で書き換え可能です。

サンプル ▶ **ClassRecord.cs**
```
record Person(string Name, int Age);  // プライマリコンストラクタでの定義
record struct PersonS(string Name, String Address, DateTime Birthday);

public static void Main()
{
    var p1 = new Person("Mr.X", 37);
    var p2 = new Person("Mr.X", 37);
    var p3 = new PersonS { Name = "Mr.Y" };

    Console.WriteLine(p1 == p2); // 結果：True  // メンバーの値で比較する

    // p1.Name = "who"; 既定で変更不可のためエラーとなる
    var p = p1 with { Name ="Mr.Y" }; // with式でオブジェクトを作成する
    Console.WriteLine(p); // 結果：Person { Name = Mr.Y, Age = 37 }

    p3.Birthday = new DateTime(1980, 12, 31); // 既定で上書き可能
}
```

参照 P.88「プライマリコンストラクタを定義する」

レコード型や構造体、匿名型を複製する C# 10

書式 var destination = origin with { field1 = value1[, …fieldN = valueN] }

パラメータ
origin: コピー元変数
destination: コピー先変数
field1,fieldN: フィールドまたはプロパティ
value1,valueN: 値

C# 10以降では、レコード型や構造体、匿名型のオブジェクトで、メンバの値を変更して複製したい場合、**with式**を用いることができます。with式を使用すると、既存のオブジェクトの値を変えた、新しいオブジェクトを作成することができ、元のオブジェクトは変更されません。

with式の左辺のオペランドには、レコード型や構造体型、または匿名型の変数を指定します。右辺には、オブジェクト初期化子の構文を使用して、変更したメンバと設定したい値を指定します。

サンプル ▶ ClassWith.cs

```
record Person(string Name, int Age);

static void Main()
{
    var p1 = new Person("Taro", 30);
    var p2 = p1 with { Name = "Jiro" };  // レコード型の複製
    Console.WriteLine(p2);
    // 結果：Person { Name = Jiro, Age = 30 }

    var a1 = new { Name = "Taro", Age = 30 };
    var a2 = a1 with { Name = "Jiro", Age = 40 };  // 匿名型の複製
    Console.WriteLine(a2);
    // 結果：{ Name = Jiro, Age = 40 }
}
```

注意 C# 9.0では、レコード型のみwith式が利用できます。

参照 P.121「レコード型を定義する」
P.119「構造体を定義する」

拡張メソッドを定義する

書式

```
public static retType method(
  this clazz arg1 [,type arg2, …argN] ) { }
```

パラメータ

retType: 戻り値のデータ型
method: 拡張メソッド名
clazz: 拡張すべき型
type: データ型
arg1,arg2,argN: 引数

拡張メソッドを使うと、すでにあるクラスに、継承しなくてもメソッドを追加することができます。派生クラスとして機能を追加するのではなく、初めからそのメソッドが存在していたかのように、拡張メソッドを呼び出せるようになります。

拡張メソッドは、ユーザー定義のクラスだけでなく、.NETの標準クラスに対しても定義できます。さらに、継承できないシールクラス(sealed修飾子が指定されたクラス)でも、拡張メソッドを定義できます。

拡張メソッドの定義は、独立した静的クラスの静的メソッドとする必要があります。また、追加するメソッドの最初のパラメータには、thisキーワードを使って拡張すべきクラスを指定します。

サンプル ▶ **ClassExt.cs**

```
public static class StringExtender
{
    // 拡張メソッド (16 進文字列を数値型に変換 )
    public static int Hex2Int(this string s)
    {
        return Convert. ToInt32(s, 16);
    }
}
class ClassExt
{
    static void Main()
    {
        string s = "CD";
        Console.WriteLine(s.Hex2Int()); // 出力値：205
    }
}
```

注意 拡張メソッドはあくまでもクラスの外部から機能を拡張するものなので、アクセスレベルがpublicのデータ以外はアクセスできません。

匿名型の変数を定義する

書式 `var name = new initial;`

パラメータ name: 変数名
initial: オブジェクト初期化子

匿名型(anonymous type)とは、class定義を記述せずに動的にインスタンスを生成できるクラスのことです。ただしメンバとして許されるのは読み取り専用のプロパティだけです。

匿名型を生成するには、new演算子のあとにオブジェクト初期化子を記述します。

サンプル ▶ **ClassAnonymous.cs**

```
var top1 = new { Name = "MAEDA", Age = 20 };
Console.WriteLine(top1.Age);         // 出力値：20

string ID = "0002";
var member = new { Name = "OHSHIMA", ID, ID.Length };

// 識別子は推論される
Console.WriteLine(member.ID);        // 出力値：0002
Console.WriteLine(member.Length);    // 出力値：4
```

補足 オブジェクト初期化子には、他のクラスやそのプロパティを用いることができます。その場合、匿名型のプロパティの識別子を省略すれば、指定したプロパティの識別子がそのまま適用されます。

注意 匿名型の宣言には、必ずvarキーワードを用います。

null許容型を宣言する

書式 `type? name`

パラメータ `type`: 値型
`name`: 変数名

null許容型(Nullable Type)とは、null値をあつかうために追加された型です。旧来のC#では、値型にnull値を設定することができず、値型でデータがまだ存在しない状態であることを利用したければ、何らかの方法でnullを表現する必要がありました。たとえば、-1やint.MinValueなどをnullの代わりに使うといったものです。

null許容型の変数を宣言するには、値型のデータ型に、**?**記号をつけます。この?記号での表記は、System.Nullable<データ型>の省略表現です。null許容型の実体は、System.Nullable<T>構造体型となっています。

null許容型には、**HasValue**と**Value**という読み取り専用のプロパティが提供されています。HasValueプロパティは、変数に値が含まれる場合は真となり、nullの場合は偽となります。Valueプロパティは、値が割り当てられている場合はその値を返し、それ以外の場合はSystem.InvalidOperationExceptionという例外をスローします。

サンプル ▶ **ClassNullable.cs**

```
// nullの代入可能
int? x = null;

if (!x.HasValue) // 値がないなら
    Console.WriteLine(x == null);   // 出力：True

x = 5;
if (x.HasValue) // 値があれば
    Console.WriteLine(x.Value);   // 出力：5
```

参考 null許容型の変数の既定値は、HasValueがfalseで、Valueは未定義です。

null 許容参照型を宣言する

書式 `type? name`

パラメータ `type`: 参照型
`name`: 変数名

C# 8.0で**null許容参照型**(Nullable Reference Types)が導入され、参照型でも、nullを明示的に許容するかどうかを指定可能です。そのため、null許容参照型として宣言しない場合、null値が参照される可能性があると、warning(警告)が発生します。これにより、nullの可能性がある変数を誤って使用することを防ぎ、コードの安全性を高めることができます。

null許容参照型を宣言するには、型名の後に、**?**をつけます。例えば、string?とすると、null許容のstring型の宣言になります。?をつけずに宣言すると、nullが許容されない参照型となり、nullを代入するコードでは警告が発生します。

null許容参照型を有効にすると、既存のコードが影響を受ける可能性があるため、コードの行単位で有効無効の切り替えを行うことができます。#nullableディレクティブで、enableを指定すると、null許容参照型が有効、disableを指定すると無効(従来どおり)となります。

サンプル ▶ **ClassReferenceNullable.cs**

```
string? nullableString = null;         // null が許容される
string nonNullableString = "sample"; // null が許容されない

if (nullableString != null)
{
    Console.WriteLine("");
}

// 警告となる
nonNullableString = null;

// 警告とならない
#nullable disable
nonNullableString = null;
```

参照 P.125「null許容型を宣言する」

注意 .NET 6以降では、新規プロジェクトを作成すると、プロジェクトファイル(.csproj)の設定に <Nullable>enable</Nullable> が追加され、既定でnull許容参照型が有効となります。

デリゲートを定義する

書式 ▶ delegate retType name([type arg1, …argN]);

パラメータ ▶ retType: 戻り値のデータ型
name: デリゲート型名
type: データ型
arg1,argN: 引数

デリゲート(delegate)とは、異なる複数のメソッドを同じ形式で呼び出すためのしくみです。デリゲートの定義は、**delegate**キーワードを用いて、戻り値の型と引数リストを指定します。つまり戻り値の型と引数リストが同じメソッドであれば、このデリゲートを介して呼び出せることになります。

なおデリゲートには、複数のメソッドを登録しておき、一度の呼び出しで、まとめて実行する機能(**マルチキャスティング**)があります。メソッドを追加するには、+=演算子を用います。また特定のメソッドを削除するには、-=演算子を利用します。

サンプル ▶ **DelegateFirst.cs**

```
delegate void SampleDelegate(int x); // デリゲートの宣言
class DelegateFirst
{
    static void Reverse(int n) { Console.Write(-n);     }
    static void Double(int n)  { Console.Write(n * 2); }
    void Triple(int n)         { Console.Write(n * 3); }
    static void Main()
    {
        // デリゲート型変数の宣言とメソッドの登録
        // SampleDelegate d = new SampleDelegate(Reverse) の省略形
        SampleDelegate d = Reverse;
        d(3);                             // 結果：-3
        d = Double;
        d(3);                             // 結果：6
        d += Reverse;                     // 複数メソッドの登録
        d(3);                             // 結果：6-3
        d = new DelegateFirst().Triple;   // インスタンスメソッドの例
        d(3);                             // 結果：9
    }
}
```

注意 デリゲートに複数登録されたメソッドは、順番にすべて実行されますが、戻り値のあるメソッドのデリゲートでは、最後に実行されたメソッドの戻り値のみ返されます。

匿名メソッドを定義する

書式
```
delegate[(type arg1, …argN)]
{
    デリゲートに登録する処理
}
```

パラメータ
type: データ型
arg1,argN: 引数

匿名メソッドとは、デリゲートの定義で、メソッドそのものをブロックとして記述するものです。ブロックだけで固有の名称がないため、匿名メソッドと呼びます。匿名メソッドであれば、独立したメソッドとしてデリゲートを定義する必要がありません。

匿名メソッドの定義は、**delegate**キーワードのあとに{}ブロックをつづけ、登録したい処理を記述します。匿名メソッドに引数を渡す場合は、delegateに()をつけて引数リストを指定します。

サンプル ▶ **DelegateAnonymous.cs**

```
delegate int SampleDelegate2(int x); // デリゲートの宣言
class DelegateAnonymous
{
    static void Main()
    {
        // 匿名メソッドによるデリゲート
        SampleDelegate2 d = delegate(int n)
        {
            return -n;
        };                          // ；が必要
        Console.WriteLine(d(3)); // 結果：-3
    }
}
```

参考 匿名メソッドは、**イベントハンドラー**としてよく利用されます。

参照 P.133「イベントを宣言する」

ラムダ式を利用する

書式 (type arg1, …argN) => 式またはステートメント

パラメータ type: データ型

arg1,argN: 引数

ラムダ式は、デリゲートやメソッド、プロパティなどに適用できる簡略した書き方で、**ラムダ演算子**と呼ばれる=>記号を用いて定義します。ラムダ演算子の左辺に、引数のリスト、右辺には式またはステートメントを記述します。引数がない場合は、左辺に()だけを記述します。なお、引数がひとつであれば()は省略可能で、引数の型が推論できる場合は、型を省略できます。

サンプル ▶ **DelegateLambda.cs**

```
// Func<string, int>は、int型の戻り値と引数ひとつの定義済み汎用デリゲート
Func<int, int> d = static n => -n;
Console.WriteLine(d(3)); // 結果：-3

// Action<int>は、戻り値のない引数ひとつの定義済み汎用デリゲート
Action<int> disp = Console.WriteLine; // 結果：123
disp(123);

// Func<string, int>は、int型の戻り値と引数2つの定義済み汎用デリゲート
// C# 10では、ラムダ式の戻り値の型（ここではint）を明示可能
Func<string, int> hex2int = int (string s) => Convert.ToInt32(s, 16);
Console.WriteLine(hex2int("CD"));          // 出力値：205

// C# 12以降では、引数に既定値が使用可能
var Multiply = (int x, int y = 1) => x * y;
Console.WriteLine(Multiply(5));       // 結果：5
Console.WriteLine(Multiply(5, 2));  // 結果：10
```

参考 .NETのSystem名前空間には、ジェネリックを利用した汎用デリゲート型が定義されています。

参考 C# 10からは、ラムダ式の戻り値の型を引数の前に明示可能です。明示する際には、引数を()で囲む必要があります。またC# 12以降では、引数に既定値を指定できます。指定方法はメソッドの既定値と同様です。

参照 P.84「静的ローカル関数を定義する」

静的匿名関数／静的ラムダ式を定義する

書式 ▶ static 匿名関数／ラムダ式の定義

C# 9.0以降では、匿名関数やラムダ式にstaticキーワードを付加して、静的な匿名関数、ラムダ式にすることができます。静的匿名関数／静的ラムダ式は、静的ローカル関数と同じように、外側の関数の変数がキャプチャできなくなります。このようにすれば、意図しない変数のキャプチャを防ぐことができます。

サンプル ▶ **ClassStaticDelegate.cs**

```
int a = 5;

// a を含めるとエラーとなる
// Func<int, int, int> square = static (x, y) => x * a;
// a を含めてもエラーとならない
Func<int, int, int> square = (x, y) => x * a;

Console.WriteLine(square(3, 4)); // 結果：15%
```

参照 P.84「静的ローカル関数を定義する」
P.129「ラムダ式を利用する」

Column ソースジェネレーターとパーシャルメソッド

C# 9.0で追加されたソースジェネレーターは、コンパイル時に自動でソースコードを生成する機能です。ソースジェネレーターを用いれば、ユーザーのC#コードに対して、定型的なコードを自動生成して追加することができます。従来のパーシャルクラスやパーシャルメソッドは、ひな形となるクラスやメソッドの宣言を自動生成し、実装をユーザーが行う、という形で利用されるのが一般的でした。それに対してソースジェネレーターでは、メソッドの宣言だけをユーザーが行い、その実装が自動生成で追加されます。

ソースジェネレーターの機能を実現するために、パーシャルメソッドの機能が拡張されました。明示的にアクセス修飾子を付加したパーシャルメソッドでは、戻り値や引数に制限なく実装が可能になりました(実装は必須)。ただし、明示的なアクセス修飾子を付けないパーシャルメソッドには、従来の制限が適用されます。

クラスの定義でラムダ式を利用する

書式 (type arg1, …argN) => 式

パラメータ type: データ型
arg1,argN: 引数

メソッドやプロパティ、インデクサの定義では、**ラムダ式**が使えます。ただし、利用できるのは、**ラムダ演算子**(=>)の右側が式の場合のみです。{}でくくられるステートメントは定義できません。

サンプル ▶ **ClassLambda.cs**

```
public class Rect
{
    public int H { get; set; }
    public int W { get; set; }

    // ラムダ式での定義
    public int Area() => H * W;

    // get のみのプロパティも可能
    public int No => 1;
    // public int No { get; } = 1; の省略形
}
```

参照 P.129「ラムダ式を利用する」

共変性／反変性の型パラメータを利用する

書式 in T
out T

パラメータ T: 型パラメータ

C#での共変性／反変性とは、引数や戻り値の型での、継承関係に基づいた暗黙の型変換（変成：variance）のことです。派生クラスを、より広い基本クラスの型に代入できることを**共変性**（covariance）と呼びます。反対に、基本クラスで定義された引数に、より狭い派生クラスを渡せることを、**反変性**（contravariance）と呼びます。ジェネリックの型パラメータにおける共変性／反変性を実現するために、それぞれout／inキーワードが指定できます。

サンプル ▶ DelegateVar.cs

```
delegate void Action1<in T>(T obj); // 反変性
interface ISample<out T> { }        // 共変性
class DelegateVar
{
    class Base { }
    class Sub : Base { }
    class Im  : ISample<Sub> { }

    static void Main()
    {
        Action1<object> d1 = n => { };
        Action1<string> d2 = d1;
        // d3 = d4;  string から object の変換はコンパイル不可

        ISample<Sub> s = new Im();
        ISample<Base> b = s;
        // s = b;  Base から Sub の変換はコンパイル不可
    }
}
```

参考 共変性／反変性の型パラメータは、戻り値の型にout、引数の型にinをつけるのが一般的です。

```
// System 名前空間に定義されている汎用デリゲート Func の例
public delegate TResult Func<in T, out TResult>(T arg);
```

イベントを宣言する

書式 event dname ename

パラメータ dname: デリゲート型名
ename: イベント名

イベント(event)とは、マウスのクリックやキー入力など、プログラムが直接コントロールしていない事象のことです。そしてそのイベントが発生したときに行う処理のことを**イベントハンドラー**(event handler)と呼びます。また、イベントとイベントハンドラーを用いるプログラムのことを、**イベントドリブン**型のプログラムと呼びます。

C#の**event**は、イベントドリブンでのプログラミングに特化した機能で、特殊な形態のデリゲートと言えるものです。デリゲートと異なるのは、eventには、次のような制限があることです。

- デリゲートの呼び出しは、eventをメンバとするクラスの内部のみ
- 外部からのevent操作は、イベントハンドラーの追加と削除のみ可能

サンプル ▶ **DelegateEvent.cs**

```
delegate void SampleEventHandler();                      // デリゲート定義
class DelegateEvent
{
    public event SampleEventHandler? EventEven;   // event の宣言

    public void Sample()  // 1～5を表示。偶数のときはイベント発生
    {
        for (int i = 1; i <= 5; i++)
        {
            Console.Write(i);
            if (i % 2 == 0) EventEven?.Invoke();     // イベントを発生させる
        }
    }
    public static void Main()
    {
        DelegateEvent t = new DelegateEvent();
        t.EventEven = () => Console.Write("偶数"); // イベントハンドラ
        t.Sample();                                  // 結果：12偶数34偶数5
        t.EventEven = () => Console.Write("X");      // イベントハンドラ
        t.Sample();                                  // 結果：12X34X5
    }
}
```

参照 P.128「匿名メソッドを定義する」

async / await で非同期処理を定義する

書式
```
async Task methodAsync([type arg1, …argN]))
async Task<T> methodAsync([type arg1, …argN]))
async void methodAsync([type arg1, …argN]))
await task
```

パラメータ
methodAsync: 非同期メソッド
T: 型パラメータ
type: データ型
arg1,argN: 引数
task: Taskクラス(Awaitableパターンを実装したクラス)

asyncキーワードは、await演算子が含まれているメソッド(**非同期メソッド**)を示す宣言で必須のものです。非同期メソッドの戻り値は、void、Task型が可能です。ただし通常は、戻り値が不要ならTask型、戻り値が必要ならT<戻り値の型>を指定します。voidは、UIイベントハンドラーに非同期メソッドを適用する場合に用います。

await演算子は、非同期に行う処理本体に記述する演算子で、待機中の処理(**タスク**)が完了するまで、後続の実行を中断します。なお、await演算子で指定できるのは、Taskクラスなどの Awaitableパターンを実装したクラスです。

サンプル ▶ **AsyncAwait.cs**
```
static void Main(string[] args)
{
    Task t1 = GetWebAsync("http://www.msn.com/");
    Console.WriteLine("end");
    // "end" の出力後に非同期に実行された GetWebAsync の結果が表示される
    Thread.Sleep(5000);
}
static async Task GetWebAsync(string url) // 非同期メソッド
{
    using (var client = new HttpClient())
    {
        string c = await client.GetStringAsync(url);
        Console.WriteLine(url + " " + c.Length);
    }
}
```

参考 非同期メソッドの名称は、慣習として～Asyncとします。

参考 C# 7からは、Taskに似た性質(Task-like)のクラスであれば、非同期メソッドの戻り値に使えるようになりました。

参照 P.377「Chapter 6：非同期処理」

例外処理を定義する

書式

```
try
{
    例外を検出したい処理
}
catch (exclazz ex)
{
    例外が発生したときに行う処理
}
[finally
{
    終了処理(例外の有無に関係ない)
}]
```

パラメータ

exclazz: 例外クラス名
ex: 変数名

例外とは、プログラムの動作において、想定外の事象、エラーのことを指します。また例外が発生した際に行う処理のことを、**例外処理**と呼びます。

C#のデフォルトの例外処理では、あらかじめ用意されているエラーメッセージを表示して、プログラムを強制終了します。通常のアプリケーションでは、強制終了のかわりに、たとえばログ書き込みなど、独自の処理を追加します。

C#では、例外の発生を、エラー情報などが含まれた**例外クラス**の生成を行うことで通知します。このように例外クラスのオブジェクトを生成することを、**例外をスローする**といいます。

C#のデフォルトの例外処理ではなく、独自の例外処理を記述するには、**try…catch…finally文**を用います。

tryブロックには、例外が発生する可能性があり、例外を検出したい処理を書きます。catchブロックには、例外が発生したときの処理を記述します。また、catchブロックを複数記述することで、複数の例外処理が定義可能です。ただし処理が実行されるのは、発生した例外クラスに合致したcatchブロックひとつだけです。なおcatchブロックは、**エラーハンドラー**とも呼ばれます。

finallyブロックは、例外が発生してもしなくても、メソッドの最後に必ず実行したい処理を書きます。必要でなければ省略可能です。

サンプルのArithmeticExceptionクラスは、例外クラスのひとつで、算術演算の際に発生した例外に対応しています。このように、例外の種類によって異なる例外クラスが生成されます。そのため、複数の例外が発生する場合には、catchブロックを複数用意して、それぞれの例外処理を分けることができます。

2

基本文法

サンプル ▶ ExceptionDefault.cs

```
// デフォルトの例外処理
int a = 0;
int b = 5 / a;
```

```
ハンドルされていない例外: System.DivideByZeroException: 0 で除算しようと
しました。
```

サンプル ▶ ExceptionTry.cs

```
// 独自の例外処理
try
{
    int a = 0;
    int b = 5 / a;
}
catch (ArithmeticException e)
{
    Console.WriteLine(e.Message);
}
finally
{
    Console.WriteLine("終了処理");
}
```

⬇

```
0 で除算しようとしました。
```

参考 System.Exceptionクラスは、すべての例外の基本クラスです。例外が発生すると、例外の種類に応じてSystem.Exceptionから派生したクラスがインスタンス化されます。catchステートメントの引数の型には、System.Exceptionまたはこのクラスの派生クラスのインスタンスのみ指定可能です。

▼ .NET標準ライブラリで定義されている主な例外クラス

例外	意味
System.OutOfMemoryException	メモリを使い切ってメモリが不足した
System.NullReferenceException	nullへのオブジェクト参照にアクセスしようとした
System.InvalidCastException	キャストを間違えて無効だった
System.IndexOutOfRangeException	インデックスが範囲外だった
System.OverFlowException	オーバーフローが発生した
System.IO.IOException	ファイル処理でエラーが発生した

例外を任意に発生させる

書式 throw new exclazz;

パラメータ exclazz: 例外クラス名

throw文は、メソッドの任意の位置で、例外を発生させる場合に用います。throwキーワードの後には、newキーワードをつけて例外オブジェクトを指定します。throw文は、プログラムを中断して、指定した例外オブジェクトを処理できる最も近いエラーハンドラーに制御を移します。

サンプル ▶ **ExceptionThrow.cs**

```
class ExceptionThrow
{
    public void ThrowSample()
    {
        Console.WriteLine("throwSample");
        // 例外のスロー
        throw new Exception("demo");
    }
    public static void Main()
    {
        try
        {
            new ExceptionThrow().ThrowSample();
        }
        catch (Exception e)
        {
            Console.WriteLine(e);
        }
    }
}
```

⬇

```
throwSample
System.Exception: demo
   場所 Chap2.ExceptionThrow.ThrowSample()
…後略…
```

参考 catchブロック内でthrow文を記述する場合、該当の例外をそのまま再スローするなら、例外オブジェクトの指定を省略できます。

条件で例外を捕捉する

書式 catch (exclazz ex) when (条件式)

パラメータ exclazz: 例外クラス名
ex: 変数名

catchブロックに、whenキーワードで条件を付加することができます。whenの後のかっこ内に条件式を書き、その式がtrueなら例外をキャッチし、falseならキャッチしません。

サンプル ▶ **CatchWhen.cs**

```
try
{
    throw new Exception("test");
    // 結果：test
}
catch (Exception ex) when (ex.Message == "test")
{
    Console.WriteLine(ex.Message);
}
// Messageプロパティが"test"以外のとき
catch (Exception ex)
{
    Console.WriteLine(ex.Message);
}
```

参照 P.135「例外処理を定義する」

usingを用いてリソースを破棄する

書式 ▶ using (resource-acquisition) { }
using resource-acquisition;

パラメータ ▶ resource-acquisition: 自動で破棄するオブジェクト

using文は、try…finallyの処理を自動的に補う構文です。

usingに続くカッコ内には、対象となるオブジェクトを指定します。ただし指定できるオブジェクトは、IDisposableインタフェースを実装したものだけです。.NET標準ライブラリに含まれる、終了時に確実にリソースを解放しなければならないクラスは、このIDisposableインタフェースを実装して、解放処理を記述することになっています。

usingの次に書かれたブロックから制御が抜けるときに、IDisposableインタフェースで実装されたDisposeメソッドが呼び出されます。Disposeメソッドとは、オブジェクトの終了処理を実装したメソッドです。

C# 8.0以降では、変数定義の前にusingキーワードをつけると、その変数が定義されたブロックを抜けるときに、Disposeメソッドが呼び出されます。

サンプル ▶ **ExceptionUsing.cs**

```
try
{
    // ファイルのオープン
    using (var sr = new StreamReader("Exception4.cs"))
    {
        // ファイル処理
        string text = sr.ReadToEnd();
        Console.Write(text);
    }
}
catch (Exception e)
{
    Console.WriteLine(e.Message);
}

try
{
    // このようにも記述可能
    using var sr = new StreamReader("Exception4.cs");
    string text = sr.ReadToEnd();
    Console.Write(text);
}
```

オーバーフローをチェックする

書式 checked { statement }

checked (expression)

パラメータ statement: オーバーフローの例外を検出したい処理

expression: オーバーフローの例外を検出したい式

オーバーフロー(桁あふれ)とは、算術演算で発生する例外のひとつです。データ型にはあつかえる値の範囲が決まっていますが、それを超えた値を代入した場合などに、オーバーフロー例外(OverflowException)が発生します。

ただしC#のデフォルトでは、この例外は発生しないようになっています。オーバーフロー例外を強制的にスローしたいときは、**checked**キーワードを使った構文を用います。

サンプル ▶ **ExceptionChecked.cs**

```
checked
{
    try
    {
        byte b = byte.MaxValue;
        b++;                    // 最大値からさらに +1 することで例外が発生する
    }
    catch (OverflowException)
    {
        Console.WriteLine("byte 型のオーバーフローを検出 ");
    }
}
```

参考 checkedの対となる**unchecked**キーワードを用いると、デフォルトと同様にオーバーフローの例外は無視されます。構文はchecked文と同じです。unchecked文は、checkedブロックのなかで、部分的にオーバーフローを無視したい場合などに用います。このようにchecked文とunchecked文は、ネストさせることが可能です。

Chapter 3

基本データ型の操作

概要

本章では、C#の基本的なデータ型と、文字**エンコーディング**や**正規表現**、算術関数など、基本的なデータ型に関連するクラスを解説します。次の表は、本章で扱うクラスです。

▼第3章で扱うクラス

名前空間	クラス	概要
System	Object	すべてのクラスの継承元
	Int32、Int64、Double、Decimalなど	数値型
	Math	算術計算
	DateTime、DateOnly、TimeOnly	日時情報
	TimeSpan	時間間隔
	Char	文字型
	String	文字列型
	StringBuilder	文字列バッファ
System.Globalization	Calendar	カレンダー
	GregorianCalendar、JapaneseCalendarなど	各種の暦
	CultureInfo	カルチャ情報
System.Text	Encoding	文字列エンコーディング
System.Text.RegularExpressions	Regex	正規表現
System.Security.Cryptography	MD5CryptoServiceProvider、HMACSHA1	ハッシュ計算
System.Text.Json	JsonSerializer、System.Text.Json.JsonSerializerOptionsなど	JSON入出力
System	Random	乱数
	Environment、OperatingSystem、Version	環境情報
Microsoft.Win32	Registry、RegistryKeyなど	レジストリ

Object型

C#のすべてのクラスはSystem.Objectクラスを継承しています。本章では、すべてのクラスが継承しているObject型のメソッドについて解説します。

数値型

C#には、表現できる数値範囲の異なる複数の数値型のクラスがあります。本章では、すべての数値型に共通のメソッド、プロパティについて解説します。また、数値型に関連して、Mathクラスで定義されている算術関数についても解説します。

日時情報

C#には、日時を表す手段としてDateTime構造体があります。本章では、DateTime構造体の基本的な使用方法と、さまざまな種類のカレンダー(暦)の使用方法について解説します。

文字型、文字列型

C#の文字列型には多数のプロパティ、メソッドが用意されており、それだけでもかなりの種類の文字列操作を行えます。本章では、それらに加え、**文字列バッファ**、文字列のエンコーディングの変換、正規表現による検索、置換、JSON入出力についても解説します。

システムツール

システムツールには、システム一意のインデックスを取得するSystem.GUIDクラスや乱数を発生させるSystem.Randomクラス、暗号ハッシュを生成するSystem.Securityクラスがあります。暗号ハッシュを利用する場合のSHA1ハッシュは、System.Webクラスを利用して生成します。

環境情報

.NETでは、プログラムの実行環境のさまざまな情報を利用できます。たとえば環境変数を取得するSystem.Environmentクラス、レジストリの操作を行うMicrosoft.Win32.Registryクラス、OSのバージョンやプロセッサの数などを取得するSystem.OperatingSystemクラス、イベントログへ書き込みするSystem.Diagnosticsクラスなどがあります。

オブジェクトが等しいかどうかを判断する

≫ System.Object

メソッド

Equals	等しいかどうかを判定

書式 `public virtual bool Equals(Object obj)`

パラメータ obj: 対象のオブジェクト

Equalsメソッドは、2つのオブジェクトが等しいかどうかを判断するメソッドです。既定の実装では、以下に基づいて判断します。

- 参照型の場合は同じオブジェクトを参照しているか
- 値型の場合は値が等しいか

なお、文字列を表すStringクラスは参照型ですが、オーバーライドされたString.Equalsメソッドは、デフォルトの実装とは異なり、文字列の値で等しいかどうかを判断する実装になっています。

Column Microsoft Azureについて

Microsoft Azureはクラウドサービスの一種で、Microsoftの提供するインターネット上のサービス実行環境です。CPU時間、ストレージ、データベースなどを実際に使った量だけ料金を支払う方式なので、アクセスの急増などにも対応できます。

仮想マシンを時間単位で利用する方式のほか、Azure FunctionsやAzure App Serviceなどのサーバーレスコンピューティングサービスを利用して簡単にアプリケーションを構築できます。SQL Serverのほか、MySQLやPostgreSQLなどをサービスとして利用できるため、さまざまなアプリケーションをクラウド移行できます。

Azure DevOpsを使用してCI/CDパイプラインを構築し、Visual Studioとのシームレスな統合を実現できます。さまざまなAIをサービスとして利用可能なAzure Cognitive Servicesなどもあり、C#開発者にとって効率的で柔軟なクラウド開発環境を提供しています。

サンプル ▶ **ObjectEquals.cs**

```
// Equals メソッドをオーバーライドしたクラス
public class NameInfo
{
    public string LastName; // 姓
    public string FirstName; // 名

    public override bool Equals(object obj)
    {
        // 対象オブジェクトが NameInfo 型でなければ false
        if (!(obj is NameInfo))
            return false;

        NameInfo info = (NameInfo)obj;
        // 姓名ともに等しいかどうか
        return (this.FirstName.Equals(info.FirstName)
            && this.LastName.Equals(info.LastName));
    }
}

public static void Main(string[] args)
{
    object a = new object();
    // b は a と同じ場所を参照する
    object b = a;
    Console.WriteLine(" 同じ場所を参照しているオブジェクトの比較 :"
        + a.Equals(b));

    // person1、person2 は同じ姓名。person3 は異なる
    NameInfo person1 = new NameInfo()
     { FirstName = "Tsuyoshi", LastName = "Doi" };
    NameInfo person2 = new NameInfo()
     { FirstName = "Tsuyoshi", LastName = "Doi" };
    NameInfo person3 = new NameInfo()
     { FirstName = "Yoshihiro", LastName = "Yamada" };

    // オーバーライドした Equals メソッドにより、True となる
    Console.WriteLine(" 姓名が等しい :" + person1.Equals(person2));

    // 姓名が異なるので False となる
    Console.WriteLine(" 姓名が等しい :" + person1.Equals(person3));
```

⬇

```
同じ場所を参照しているオブジェクトの比較 :True
姓名が等しい :True
姓名が等しい :False
```

オブジェクトの文字列表現を取得する

≫ System.Object

メソッド

ToString	文字列表現を取得

書式 ▶ `public virtual string ToString()`

ToStringメソッドは、オブジェクトを表す文字列を返すメソッドです。既定では、そのオブジェクトの型の完全修飾名を返します。

Objectクラスはすべてのクラスの基底クラスであるため、ToStringメソッドをクラスごとにオーバーライドして実装することで、オブジェクトを表す文字列を自由にカスタマイズできます。

たとえば、Int32などの基本データ型のToStringメソッドはオブジェクトの持っている値を返します。

サンプル ▶ **ObjectToString.cs**

```
public class NameInfo
{
    public string LastName; // 姓
    public string FirstName; // 名

    public override string ToString()
    {
        // 姓名をスペースで連結して返す
        return LastName + " " + FirstName;
    }
}

public static void Main(string[] args)
{
    object a = new object();
    Console.WriteLine("Object 型の ToString:" + a.ToString());
    int i = 64;
    Console.WriteLine("Int32 型の ToString:" + i.ToString());
    NameInfo person1 = new NameInfo()
     { FirstName = "Tsuyoshi", LastName = "Doi" };
    Console.WriteLine("NameInfo 型の ToString:" + person1.ToString());
}
```

⬇

```
Object 型の ToString:System.Object
Int32 型の ToString:64
NameInfo 型の ToString:Doi Tsuyoshi
```

文字列から数値に変換する

≫ System.Int32、Int64、Double、Decimalなど

メソッド

Parse	文字列を数値に変換(例外あり)
TryParse	文字列を数値に変換(例外なし)

書式

```
public static T Parse(string s)
public static T Parse(string s)
public static bool TryParse(string s,out T result)
```

パラメータ

T:int/long/doubleなど数値型のいずれか
s:変換する文字列
result:変換結果の値

例外

ArgumentNullException	sがnullの場合
FormatException	sが数値に変換できない形式の場合
OverflowException	変換結果が指定の型の範囲を超える場合

Parse/TryParseメソッドは、数値型のstaticなメソッドで、文字列を各数値型に変換します。変換結果のデータ型は各数値型に対応したものになります。

Parseメソッドは、変換結果の数値を戻り値として返し、数値が変換できない場合に例外を発生させます。TryParseメソッドは、変換結果の数値を第2引数のresultに渡し、戻り値としては数値が変換できたかどうかを表すブール値を返します(変換できなかった場合にも例外を発生させません)。

サンプル ▶ **NumericParse.cs**

```
public static void Main(string[] args)
{
    string s1 = "12345";
    // 文字列から int に変換
    int i1 = int.Parse(s1);
    Console.WriteLine("Parse での変換成功 :" + i1);

    string s2 = "hello";
    try
    {
        // 数値に変換できない文字列を Parse
        int i2 = int.Parse(s2);
    }
    catch (FormatException)
    {
        // 例外が発生
        Console.WriteLine("Parse での変換失敗 :FormatException");
    }

    string s3 = "10000";
    int i3;
    // TryParse を使い、変換が成功したかどうかを確認
    bool result = int.TryParse(s3, out i3);
    if (result)
    {
        Console.WriteLine("TryParse での変換成功 :" + i3);
    }
}
```

⬇

```
Parse での変換成功 :12345
Parse での変換失敗 :FormatException
TryParse での変換成功 :10000
```

注意 Parseメソッドを使用すると、変換できなかった場合に、例外処理のオーバーヘッドが発生します。基本的に変換が成功することが期待できる場合にはParseメソッドを、ユーザーの入力など、変換が成功するかどうかわからない場合にはTryParseメソッドを推奨します。

現在の日時情報を取得する

≫ System.DateTime

プロパティ

Now	現在日時を取得
Year	年を取得
Month	月を取得
Day	日を取得
DayOfWeek	曜日を取得
DayOfYear	年初からの日数を取得
Hour	時間を取得
Minute	分を取得
Second	秒を取得
Millisecond	ミリ秒を取得
Ticks	基点からの経過時間を取得

書式

```
public static DateTime Now { get; }
public int Year { get; }
public int Month { get; }
public int Day { get; }
public DayOfWeek DayOfWeek { get; }
public int DayOfYear { get; }
public int Hour { get; }
public int Minute { get; }
public int Second { get; }
public int Millisecond { get; }
public long Ticks { get; }
```

DateTime構造体は日時情報を表す構造体です。Nowプロパティは現在の日時情報を表すDateTimeオブジェクトを返します。DateTime構造体の各種プロパティは、日時情報を個別に返します。

DayOfWeekプロパティは曜日を表すDayOfWeek列挙体を返します。DayOfWeek列挙体はそのまま文字列として表示させると英語表記となります。

Ticksプロパティは0001年1月1日午前00:00:00(DateTime構造体で表せる最小値。DateTime.MinValueの値)からの経過時間を100ナノ秒単位で返します。プログラム内で細かい経過時間を計測する際などに使用します。

サンプル ▶ **DateTimeNow.cs**

```
public static void Main(string[] args)
{
    // Nowプロパティから現在日時を取得
    DateTime now = DateTime.Now;

    // 年月日の表示
    Console.WriteLine(
        "{0}年{1}月{2}日{3}",
        now.Year, now.Month, now.Day, now.DayOfWeek);

    // 時刻の表示
    Console.WriteLine(
        "{0}時{1}分{2}秒{3}ミリ秒",
        now.Hour, now.Minute, now.Second, now.Millisecond);

    Console.WriteLine(
        "年初から{0}日目 0001/1/1 0:00からの経過時間:{1}",
        now.DayOfYear, now.Ticks
        );
}
```

⬇

```
2023年12月10日Sunday
17時48分6秒689ミリ秒
年初から344日目 0001/1/1 0:00からの経過時間:638378272866898615
```

注意 Ticksプロパティの値は100ナノ秒単位ですが、実際の精度は10ミリ秒ですので注意してください。

参照 P.151「書式付きで文字列に変換する」

書式付きで文字列に変換する

» System.DateTime

メソッド

ToString	日時文字列に変換
ToLongDateString	日付文字列に変換（長い書式）
ToShortDateString	日付文字列に変換（短い書式）
ToLongTimeString	時間文字列に変換（長い書式）
ToShortTimeString	時間文字列に変換（短い書式）

書式

```
public string ToString([string format, [IFormatProvider
  provider]])
public string ToLongDateString
public string ToShortDateString
public string ToLongTimeString
public string ToShortTimeString
```

パラメータ

provider: カルチャ情報
format: 書式指定子

例外

ArgumentOutOfRangeException　日時がカルチャ固有の暦の範囲外の場合

ToStringメソッドは日時情報を文字列に変換するメソッドです。パラメータを指定しない場合、既定のカルチャ情報に沿って文字列への変換を行います。カルチャ情報や書式指定子を指定すれば、文字列へ変換する際の書式を変更できます。

書式指定子は以下の表の書式指定文字を並べたものです。標準の書式指定文字であるF、f、D、d、T、tはカルチャ情報に基づいた書式で出力を行います。ToLongDateString、ToShortDateString、ToLongTimeString、ToShortTimeStringメソッドは、それぞれ書式指定子にD、d、T、tを指定した場合と同じ結果になります。

カスタムの書式指定文字は"yyyy-MM-dd"のように、各要素を並べて書式を指定します。多くの書式指定文字は、1文字指定すると先頭の0詰めを行わず、2文字指定すると先頭の0詰めを行います。

▼日時型の書式指定文字

分類	書式指定文字	意味
標準	F	長い形式の日時
	f	短い形式の日時
	D	長い形式の日付
	d	短い形式の日付
	T	長い形式の時刻
	t	短い形式の時刻
カスタム	y	2桁の年(0-99)
	yy	2桁の年(00-99)
	yyyy	4桁の年(0000-9999)
	gg	元号
	M	月(1-12)
	MM	月(01-12)
	d	日付(1-31)
	dd	日付(01-31)
	ddd	曜日の省略名(月、火…)
	dddd	曜日の完全名(月曜日、火曜日…)
	h	12時間形式の時間(1-12)
	hh	12時間形式の時間(01-12)
	H	24時間形式の時間(0-23)
	HH	24時間形式の時間(00-23)
	m	分(0-59)
	mm	分(00-59)
	s	秒(0-59)
	ss	秒(00-59)
	t	午前/午後の頭文字(日本語カルチャだと「午」しか表示されないことに注意)
	tt	午前/午後

サンプル ▶ **DateTimeToString.cs**

```
public static void Main(string[] args)
{
    DateTime d1 = DateTime.Now;
    // 既定のカルチャ情報で文字列化
    Console.WriteLine("既定のカルチャでToString : "
     + d1.ToString());

    // en-US(英語 - アメリカ合衆国)のカルチャ情報で文字列化
    Console.WriteLine("en-USカルチャでToString : "
     + d1.ToString(new CultureInfo("en-US")));

    // 既定のカルチャ情報でToLongDateString
    Console.WriteLine("既定のカルチャでToLongDateString : "
     + d1.ToLongDateString());

    // en-US(英語 - アメリカ合衆国)のカルチャ情報で短い日付書式
    Console.WriteLine("en-USカルチャで短い日付書式 : "
     + d1.ToString("D", new CultureInfo("en-US")));

    // カスタムの書式で文字列化
    Console.WriteLine("カスタムの書式でToString : "
     + d1.ToString("yyyy-MM-dd dddd hh時mm分ss秒"));
}
```

⬇

```
既定のカルチャでToString : 2023/12/10 17:49:05
en-USカルチャでToString : 12/10/2023 5:49:05 PM
既定のカルチャでToLongDateString : 2023年12月10日
en-USカルチャで短い日付書式 : Sunday, December 10, 2023
カスタムの書式でToString : 2023-12-10 日曜日 05時49分05秒
```

参照 P.230「カルチャ情報を取得/生成する」
P.233「カルチャ情報をカスタマイズする」

文字列から日時型を作成する

≫ System.DateTime

メソッド

Parse	日時型に変換（例外あり）
ParseExact	指定書式で日時型に変換（例外あり）
TryParse	日時型に変換（例外なし）
TryParseExact	指定書式で日時型に変換（例外なし）

書式

```
public static DateTime Parse(string s
[,
  IFormatProvider provider])
public static DateTime ParseExact(
  string s, string format, IFormatProvider provider,
  DateTimeStyles style)
public static bool TryParse(
  string s, out DateTime result)
public static bool TryParseExact(
  string s, string format, IFormatProvider provider,
  DateTimeStyles style, out DateTime result)
```

パラメータ

s: 変換する文字列
format: 書式指定子
provider: カルチャ情報
result: 変換結果の値
style: 日時の解析オプション

例外

ArgumentNullException	s が null の場合
FormatException	s が日時型に変換できない形式の場合

これらのメソッドは、DateTime構造体のstaticなメソッドで、文字列を日時型に変換します。カルチャ情報を指定することで、言語によって異なる書式に対応できます。

Parse／TryParseメソッドはカルチャごとに定められた書式の文字列のみに対応します。それに対し、ParseExact／TryParseExactメソッドは任意の書式の文字列に対応します。書式指定子の書式はStringクラスのFormatメソッドと同じです。これらのメソッドで指定するDateTimeStyles列挙体は、空白文字の扱いなど、文字列解析のオプションを指定します。

▼ DateTimeStyles列挙体の値と意味

値	意味
None	既定のオプション。空白文字を無視しない
AllowWhiteSpaces	文字列中の空白文字を無視する
NoCurrentDateDefault	文字列中に時間だけが含まれている場合、西暦1年1月1日の時間とみなす
AssumeLocal	文字列中にタイムゾーン情報が含まれていない場合、現地時間とみなす
AssumeUniversal	文字列中にタイムゾーン情報が含まれていない場合、UTC(世界協定時刻)とみなす
AdjustToUniversal	日時をUTCとして返す。文字列中にタイムゾーン情報が含まれている場合やAssumeLocalが指定されている場合は、日時をUTCへと変換した上で返す

Parse/ParseExactメソッドは、変換結果の日時を戻り値として返し、文字列が変換できない場合に例外を発生させます。

TryParse/TryParseExactメソッドは、変換結果の数値を第2引数のresultに設定し、数値が変換できたかどうかを戻り値に返します。文字列を変換できなかった場合にも例外を発生させません。

Column Visual Studioのリファクタリング - 名前の変更

リファクタリングとは、クラスの記述内容を、そのクラスの外側から見た動作を変更せず、内部処理を修正することです。データ構造やアルゴリズムをより適切なものに変更したり、変数などの名前を分かりやすいものに変更するなど、様々なリファクタリングを行うことで、読みやすくバグを発生させにくいプログラムへと品質を向上させていくことができます。

Visual Studioにはいくつかのリファクタリング機能が搭載されています。たとえば変数やメソッドなどの名前を変更する際には、変更したい名前の上にカーソルを置いた状態で、コンテストメニューから[名前の変更]を実行します。以下の図のように変更箇所を確認しながら名前変更が行えます。

▼ リファクタリング(名前の変更)

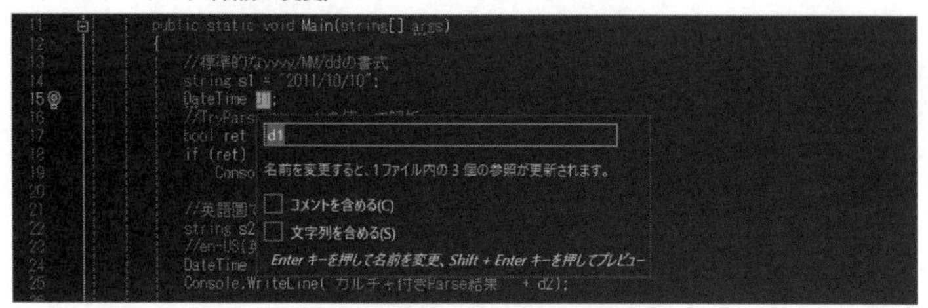

コードエディタで手動で名前を変更する場合、修正漏れなどが発生する恐れがありますが、リファクタリング機能を使用することで、一括して修正を行えます。

サンプル ▶ **DateTimeParse.cs**

```
public static void Main(string[] args)
{
    // 標準的な yyyy/MM/dd の書式
    string s1 = "2011/10/10";
    DateTime d1;
    // TryParse メソッドを使って解析
    bool ret = DateTime.TryParse(s1, out d1);
    if (ret)
        Console.WriteLine("TryParse 結果 " + d1);

    // 英語圏で一般的な書式
    string s2 = "6/1/2009 4:37:00 PM";
    // en-US(英語 - アメリカ合衆国)のカルチャ情報付きで解析
    DateTime d2 = DateTime.Parse(s2, new CultureInfo("en-US"));
    Console.WriteLine(" カルチャ付き Parse 結果 " + d2);

    // カスタムの書式例:日時情報をすべて数値で連結
    string s3 = "201102031025";
    // カスタムの書式を解析。カルチャは指定せず
    // DateTimeStyles.None は既定の解析オプションを表す
    DateTime d3 = DateTime.ParseExact(s3, "yyyyMMddhhmm"
     , null, DateTimeStyles.None);
    Console.WriteLine(" カスタムの変換結果 " + d3);
}
```

⬇

```
TryParse 結果 2011/10/10 0:00:00
カルチャ付き Parse 結果 2009/06/01 16:37:00
カスタムの変換結果 2011/02/03 10:25:00
```

参照 P.151「書式付きで文字列に変換する」
P.230「カルチャ情報を取得/生成する」

日時情報を比較する

≫ System.DateTime

メソッド

Compare　日時を比較

書式　`public static int Compare(DateTime t1, DateTime t2)`

パラメータ　t1,t2: 比較する日時情報

Compareメソッドは2つのDateTimeオブジェクトを比較するメソッドです。以下のように値を返します。

- t1がt2よりも前の日時の場合は負の値
- t1とt2が等しい日時の場合は0
- t1がt2よりも後の日時の場合は正の値

サンプル ▶ **DateTimeCompare.cs**

```
public static void Main(string[] args)
{
    DateTime t1 = DateTime.Parse("2011/4/1");
    DateTime t2 = DateTime.Parse("2012/8/1");

    // Compare メソッドでの比較 t1 の方が前なので負の値
    Console.WriteLine("t1 と t2 の比較結果 : {0}",
        DateTime.Compare (t1, t2));

    // 演算子でも比較可能
    if (t1 < t2)
    {
        Console.WriteLine("t1 の方が前の日時 ");
    }
}
```

↓

```
t1 と t2 の比較結果 : -1
t1 の方が前の日時
```

注意　DateTime構造体では==、>、>=、<、<=演算子がオーバーロードされており、これらの演算子でも比較できます。

参照　P.98「演算子をオーバーロードする」

日時情報の加算／減算を行う

≫ System.DateTime、TimeSpan

メソッド

Add、AddYears、AddMonths、AddDays、AddHours、AddMinutes、AddSeconds、AddMilliseconds、AddTicks	加算
Subtract	減算
TimeSpan	時間間隔（コンストラクタ）

書式

```
public DateTime Add(TimeSpan value)
public DateTime AddYears(int value)
public DateTime AddMonths(int value)
public DateTime AddDays(double value)
public DateTime AddHours(double value)
public DateTime AddMinutes(double value)
public DateTime AddSeconds(double value)
public DateTime AddMilliseconds(double value)
public DateTime AddTicks(long value)
public TimeSpan Subtract(DateTime value)
public DateTime Subtract(TimeSpan value)
public TimeSpan(int hours, int minutes, int seconds)
public TimeSpan(int days, int hours, int minutes, int
  seconds)
```

パラメータ

value: 加減算する値（減算する際は負の値）

days,hours,minutes,seconds: 日時間隔の日／時間／分／秒

例外

ArgumentOutOfRangeException	加減算の結果が DateTime の範囲を超える場合

Addメソッドは、日時情報の加減算を行うメソッドです。引数のTimeSpan構造体は、日時の間隔を表すオブジェクトです。

AddYearsなどのメソッドは、年、月、日、時、分など特定単位での加減算を行います。引数に負の値を指定した場合は減算され、double型の引数の場合は小数点以下も考慮されます（例：3.5日は3日と12時間）。

Subtractメソッドは日付情報の減算を行います。戻り値は引数の型によって変化します。

- DateTimeオブジェクトを引数とした場合は、戻り値は2つの日時の間隔を表すTimeSpanオブジェクト
- TimeSpanオブジェクトを引数とした場合は、戻り値は指定の間隔を減算した結果のDateTimeオブジェクト

これらのメソッドは、すべて元のDateTimeオブジェクトは変更せず、計算結果を値として持つ新しいオブジェクトを生成して返します。

日時の間隔を表すTimeSpan構造体は、コンストラクタに日／時間／分／秒を指定して作成します。

サンプル ▶ DateTimeAdd.cs

```
public static void Main(string[] args)
{
    DateTime now = DateTime.Now;
    Console.WriteLine("現在日時：" + now.ToString());
    Console.WriteLine("現在日時に1年追加：" + now.AddYears(1));
    Console.WriteLine("現在日時に-20分追加：" + now.AddMinutes(-20));

    // 小数点以下も考慮される
    Console.WriteLine("現在日時に3.5日追加：" + now.AddDays(3.5));

    // 5時間30分0秒の日時間隔を表すTimeSpanオブジェクト
    TimeSpan span1 = new TimeSpan(5, 30, 0);

    Console.WriteLine("現在日時から5時間30分減算："
        + now.Subtract(span1));

    // 21世紀最初の日
    DateTime newMillennium = DateTime.Parse("2001/1/1");
    // DateTime同士のSubtractはTimeSpanになる
    Console.WriteLine("21世紀になってからの経過日時："
        + now.Subtract(newMillennium));
}
```

⬇

```
現在日時：2023/12/10 17:54:16
現在日時に1年追加：2024/12/10 17:54:16
現在日時に-20分追加：2023/12/10 17:34:16
現在日時に3.5日追加：2023/12/14 5:54:16
現在日時から5時間30分減算：2023/12/10 12:24:16
21世紀になってからの経過日時：8378.17:54:16.4098414
```

注意 DateTime構造体では+、-演算子がオーバーロードされており、これらの演算子でも日時情報の加算、減算が可能です。

参照 P.98「演算子をオーバーロードする」

カレンダーを取得する

≫ System.Globalization.Calendar

メソッド

GregorianCalendar	グレゴリオ暦（コンストラクタ）
JapaneseCalendar	和暦（コンストラクタ）
JapaneseLunisolarCalendar	旧暦（コンストラクタ）
HebrewCalendar	ヘブライ歴（コンストラクタ）
GetYear	年を取得
GetMonth	月を取得
GetDayOfMonth	日を取得
GetMonthsInYear	年の月数を取得

書式

```
public static int GetYear(DateTime time)
public static int GetMonth(DateTime time)
public static int GetDayOfMonth(DateTime time)
public static int GetMonthsInYear(int year)
```

パラメータ

time: 対象の日時情報
year: 対象の年

Calendarクラスは、日本の和暦など、一般的な暦(グレゴリオ暦)とは異なる暦をサポートするための抽象クラスです。System.Globalization名前空間には、各種の暦に対応する、Calendarクラスを継承したクラスが定義されており、それらのクラスを使うことで、グレゴリオ暦と他の暦との変換を行えます。

GetYear／GetMonth／GetDayOfMonthメソッドは、それぞれ引数に指定したDateTimeオブジェクトから、その暦での年／月／日を取得するメソッドです。

GetMonthsInYearメソッドは、主に太陰暦など、年によって閏月が発生して月数が異なる暦において、特定の年の月数を取得するメソッドです。

サンプル ▶ **DateTimeCalendar.cs**

```
public static void Main(string[] args)
{
    // 各種暦を作成
    GregorianCalendar gre = new GregorianCalendar();
    JapaneseCalendar jpn = new JapaneseCalendar();
    JapaneseLunisolarCalendar jpnLun =
        new JapaneseLunisolarCalendar();
    HebrewCalendar heb = new HebrewCalendar();

    // 各暦での現在の日付を表示
    WriteCalendar(gre);
    WriteCalendar(jpn);
    WriteCalendar(jpnLun);
    WriteCalendar(heb);
}

// 現在の日付を表示するメソッド
private static void WriteCalendar(Calendar cal){
    DateTime now = DateTime.Now;
    Console.WriteLine("{0} {1}年{2}月{3}日 1年の月数:{4}",
        cal.ToString(), cal.GetYear(now),cal.GetMonth(now),
        cal.GetDayOfMonth(now),cal.GetMonthsInYear(cal.GetYear(now))
        );
}
```

⬇

```
System.Globalization.GregorianCalendar 2023年12月10日 1年の月数:12
System.Globalization.JapaneseCalendar 5年12月10日 1年の月数:12
System.Globalization.JapaneseLunisolarCalendar 5年11月28日 1年の月数:13
System.Globalization.HebrewCalendar 5784年3月27日 1年の月数:13
```

元号を表示する

≫ System.Globalization.JapaneseCalendar

メソッド

GetEra　　元号を取得

書式 `public int GetEra(DateTime time)`

パラメータ time: 対象の日時情報

例外

ArgumentException　　time がサポートされている範囲外の場合

Calendarクラスには、指定された日時が特定の暦のどの元号に相当するかを取得するためのGetEraメソッドが準備されています。和暦を表すJapaneseCalendarクラスでは、戻り値が以下の表のように対応します。

▼JapaneseCalendarクラスのGetEraメソッドの戻り値

戻り値	元号
1	明治
2	大正
3	昭和
4	平成
5	令和

残念ながら、元号自体(平成/昭和などの文字列)はサポートされていませんので、別途プログラム側で文字列を定義した上でGetEraメソッドの結果と組み合わせる必要があります。

なお、DateTime構造体のToStringメソッドで書式指定子を使うことで、年号を出力できます。

サンプル ▶ **DateTimeEra.cs**

```
public static void Main(string[] args)
{
    // 元号のリストを配列で定義
    string[] eras = { "明治", "大正", "昭和", "平成", "令和" };
    DateTime now = DateTime.Now;
    JapaneseCalendar jpn = new JapaneseCalendar();

    // 指定日時の元号を取得
    int era = jpn.GetEra(now);

    // 元号と年を出力
    Console.WriteLine(
        "元号：{0} {1}年",
        eras[era - 1],jpn.GetYear(now)
        );

    // 日本のカルチャを作成
    CultureInfo culture = new CultureInfo("ja-JP");
    // カルチャのカレンダーを和暦に設定
    culture.DateTimeFormat.Calendar = new JapaneseCalendar();
    // ToStringで元号と年を出力
    Console.WriteLine("ToStringでの出力：" +
        now.ToString("gg yy年",culture));
}
```

⬇

```
元号：令和 5年
ToStringでの出力：令和 05年
```

参照 P.180「文字列を整形する」
P.230「カルチャ情報を取得／生成する」

日付のみ／時刻のみのデータを扱う .NET 6

≫ System.DateOnly / System.TimeOnly

メソッド

DateOnly	日付（コンストラクタ）
DateOnly.Parse	日付解析
TimeOnly	時刻（コンストラクタ）
TimeOnly.Parse	時刻解析

プロパティ

DateOnly.Year	年を取得
DateOnly.Month	月を取得
DateOnly.Day	日を取得
TimeOnly.Hour	時間を取得
TimeOnly.Minute	分を取得
TimeOnly.Second	秒を取得

書式

```
public DateOnly(int year, int month, int day)
public DateOnly Parse(string dateString)
public DateOnly AddDays(int value)
public int Year { get; }
public int Month { get; }
public int Day { get; }
public TimeOnly(int hour, int minute, int second)
public TimeOnly Parse(string timeString)
public int Hour { get; }
public int Minute { get; }
public int Second { get; }
```

パラメータ

year, month, day: 年／月／日
dateString: 日付文字列
value: 加算する日数
hour, minute, second: 時／分／秒
timeString: 時刻文字列

DateOnly／TimeOnlyは日付のみ／時刻のみの情報を表す構造体です。DateTimeは日時両方の情報を表すため、日付のみ、あるいは時刻のみを扱いたい場合でも、本来不要なもう片方の情報が必要になり、それに伴い意図しないバグを発生させることもありました。.NET 6からDateOnly／TimeOnlyが追加され、よりシンプルに日付のみ／時刻のみの情報を扱えるようになりました。

DateOnlyのコンストラクタは年、月、日の整数値からDateOnlyオブジェクトを返します。Parseメソッドは日付を表す文字列からDateOnlyオブジェクトを返します。AddDaysメソッドは指定した日数を加算したDateOnlyオブジェクトを返します。Year、Month、Dayプロパティは、年、月、日情報を返します。

TimeOnlyのコンストラクタは時、分、秒の整数値からTimeOnlyオブジェクトを返します。Parseメソッドは時刻を表す文字列からTimeOnlyオブジェクトを返します。Hour、Minute、Secondプロパティは、時、分、秒情報を返します。TimeOnly型には-演算子が定義されていて、2つのTimeOnlyオブジェクトの差をTimeSpanオブジェクトとして返します。

サンプル ▶ **DateTimeOnly.cs**

```
public static void Main(string[] args)
{

    //日付だけの計算をしたい
    var dateOnly1 = new DateOnly(2001,1,1);

    //21世紀最初の日から1万日経過した日は？
    Console.WriteLine(dateOnly1.AddDays(10000));

    var dateOnly2 = DateOnly.Parse("1999/12/31"); //日付だけの文字列を解析
    Console.WriteLine($"{dateOnly2.Year}年{dateOnly2.Month}月{dateOnly2.↵
Day}日");

    //時刻計算をしたい
    var timeOnly1 = new TimeOnly(15,20,00); //15:20:00
    var timeOnly2 = TimeOnly.Parse("19:15:23"); //文字列から解析

    //2つの時間の差を計算
    Console.WriteLine(timeOnly2 - timeOnly1);
}
```

⬇

```
2028/05/19
1999/12/31
03:55:23
```

参照 P.158「日時情報の加算／減算を行う」

文字の種類を判定する

≫ System.Char

メソッド

IsDigit	10進数値を判定
IsNumber	数字を判定
IsLetter	文字を判定
IsControl	制御文字を判定
IsUpper	大文字を判定
IsLower	小文字を判定
IsWhiteSpace	空白文字を判定

書式

```
public bool IsDigit(char c)
public bool IsNumber(char c)
public bool IsLetter(char c)
public bool IsControl(char c)
public bool IsUpper(char c)
public bool IsLower(char c)
public bool IsWhiteSpace(char c)
```

パラメータ c: 判定対象文字

Char構造体はUnicode文字を表す構造体で、文字の種類を判定する各種メソッドを持っています。

IsDigitメソッドは、指定された文字が10進数の数値かどうかを返します。半角の数字だけでなく、全角の数字も10進数の数値とみなされます。

IsNumberメソッドは、指定された文字がUnicodeで数字として定義されている文字かどうかを返します。IsDigitメソッドよりも範囲が広く、ローマ数字や丸付き数字なども含まれます。

IsControlメソッドは、指定された文字が改行文字などの制御文字かどうかを返します。

IsUpper／IsLowerメソッドは大文字／小文字を判定して返します。

IsWhiteSpaceメソッドは空白文字かどうかを返します。空白文字には半角スペース／全角スペース／タブ／改行などが含まれます。

サンプル ▶ **CharIs.cs**

```
public static void Main(string[] args)
{
    char digit = '１';     //全角数字
    Console.WriteLine("{0} IsDigit : {1}", digit, char.
      IsDigit(digit));

    char number1 = 'Ⅱ';  //ローマ数字
    char number2 = '③';  //丸付き数字
    //ローマ数字、丸付き数字はIsDigitではfalseだが、IsNumberならばtrue
    Console.WriteLine(
        "{0} IsDigit : {1}, IsNumber : {2}"
        , number1, char.IsDigit(number1), char.IsNumber(number1));
    Console.WriteLine(
        "{0} IsDigit : {1}, IsNumber : {2}"
        , number2, char.IsDigit(number2), char.IsNumber(number2));

    char cr = '¥n';       //改行コード
    Console.WriteLine("¥¥n IsControl : {0}"
        , char.IsControl(cr));

    char lowerChar = 'l';// 小文字
    Console.WriteLine("{0} IsLower : {1}"
        , lowerChar, char.IsLower(lowerChar));

    char upperChar = 'U';// 大文字
    Console.WriteLine("{0} IsUpper : {1}"
        , upperChar, char.IsUpper(upperChar));

    char zenspace = '　';    //全角スペース
    Console.WriteLine("{0} IsWhiteSpace : {1}"
        , zenspace, char.IsWhiteSpace(zenspace));

    Console.ReadKey();
}
```

⬇

```
１ IsDigit : True
Ⅱ IsDigit : False, IsNumber : True
③ IsDigit : False, IsNumber : True
¥n IsControl : True
l IsLower : True
U IsUpper : True
　IsWhiteSpace : True
```

文字を大文字／小文字にする

≫ System.Char

メソッド

ToUpper	大文字に変換（カルチャ依存）
ToUpperInvariant	大文字に変換（カルチャ非依存）
ToLower	小文字に変換（カルチャ依存）
ToLowerInvariant	小文字に変換（カルチャ非依存）

書式

```
public static char ToUpper(char c[, CultureInfo cul])
public static char ToUpperInvariant(char c)
public static char ToLower(char c[, CultureInfo cul])
public static char ToLowerInvariant(char c)
```

パラメータ

c：対象文字
cul：カルチャ情報

ToUpper／ToLowerメソッドは、カルチャに基づいて指定された文字を大文字化、小文字化します。半角アルファベットだけでなく、全角アルファベットも適切に大文字化／小文字化します。

ToUpperInvariant／ToLowerInvariantメソッドは、「インバリアント カルチャ」と呼ばれる、特定のカルチャに依存しない方法で大文字化／小文字化します。

ある言語では、アルファベットの大文字／小文字の変換規則に特例があります。たとえばトルコ語においては、アルファベットiの大文字はIではなくİになります。インバリアント カルチャを用いるToUpperInvariant／ToLowerInvariantメソッドを使うことで、一般的な規則に基づいてアルファベットを大文字化／小文字化できます。

サンプル ▶ **CharToUpLow.cs**

```
public static void Main(string[] args)
{
    // 小文字化
    Console.WriteLine(char.ToLower('A'));

    // トルコ語のｉの大文字化
    CultureInfo tr = new CultureInfo("tr-TR");
    char trI = char.ToUpper('i',tr);
    Console.WriteLine(trI);

    // インバリアント カルチャで大文字化
    char invariantI = char.ToUpperInvariant('i');
    Console.WriteLine(invariantI);

    // インバリアント カルチャでの大文字化は結果が異なる
    Console.WriteLine(invariantI.Equals(trI));
}
```

```
a
İ
I
False
```

参照 P.190「大文字化／小文字化する」

文字列を連結する

≫ System.String

メソッド

Concat	文字列を連結

書式
```
public static string Concat(string str0, string str1
[,
  string str2[, string str3]])
public static string Concat(object obj0, object obj1)
```

パラメータ str0, str1, str2, str3: 連結する文字列
obj0, obj1: 連結するオブジェクト

Concatは文字列の連結を行うメソッドです。2～4つの引数を取るメソッドが定義されており、すべて順番に文字列の連結を行います。

Concatメソッドにオブジェクトを指定した場合、それぞれのオブジェクトのToStringメソッドが呼び出され、その結果が連結されます。

サンプル ▶ **StringConcat.cs**

```
public static void Main(string[] args)
{
    string s1 = "abc";
    string s2 = "defg";
    // 文字列の連結
    Console.WriteLine(string.Concat(s1,s2));
    DateTime d1 = DateTime.Now;
    int i1 = 64;
    // 日時情報と数値の連結
    Console.WriteLine(string.Concat(d1,i1));
}
```

⬇

```
abcdefg
2023/12/10 18:00:5664
```

注意 文字列の連結は+演算子でも行えます。

参照 P.39「演算子」

文字列の長さを取得する

≫ System.String、System.Globalization.StringInfo

プロパティ

String.Length	文字列の長さ
StringInfo.LengthInTextElements	文字列の長さ（サロゲートペア対応）

書式

```
public int Length { get; }
public int LengthInTextElements { get; }
```

StringクラスのLengthプロパティは、文字列に含まれる文字数を返します。

厳密にいえば、Lengthプロパティは文字数ではなく、Charオブジェクト(Unicodeの通常の1文字。2バイトに相当)の数を返します。そのため、サロゲートペアと呼ばれる、4バイト長の文字などが出現する場合、Lengthプロパティは正しい文字数を返しません。

一方、StringInfoクラスのLengthInTextElementsプロパティはサロゲートペアを含めた正しい文字数を返します。

サンプル ▶ StringLength.cs

```
public static void Main(string[] args)
{
    string s1 = "abcde";
    Console.WriteLine(s1.Length);

    // サロゲートペアを含む文字列。本来 6 文字
    string s5 = "𩸽(ほっけ)";
    Console.WriteLine("Length:" + s5.Length);
    // StringInfo クラスの LengthInTextElements プロパティ
    StringInfo strInfo = new StringInfo(s5);
    Console.WriteLine("StringInfo.LengthInTextElements:"
      + strInfo.LengthInTextElements);
}
```

⬇

```
5
Length:7     ←サロゲートペアを認識できず、7 文字になってしまう
StringInfo.LengthInTextElements:6    ←正しく 6 文字になる
```

文字列から文字や部分文字列を取得する

» System.String

プロパティ

Chars	指定位置の文字を取得（インデクサ）

メソッド

Substring	部分文字列を取得

書式

```
public char this[int index] { get; }
public string Substring(int startIndex[, int length])
```

パラメータ

index: 文字の取得位置
startIndex: 部分文字列の開始位置
length: 部分文字列の長さ

例外

IndexOutOfRangeException	startIndexが文字列の範囲外の場合
ArgumentOutOfRangeException	startIndexとlengthが文字列の範囲外の場合

Charsプロパティは、文字列に含まれる各文字を返します。取得する位置は、indexパラメータで指定します。CharsプロパティはStringクラスの**インデクサ**のため、文字列を文字の配列のように扱えます。Charsプロパティは読み取り専用で書き換えはできません。

Substringメソッドは、文字列中の部分文字列を返します。長さを表すlengthパラメータを省略した場合は、開始位置以降の文字列を返します。

サンプル ▶ **StringSubstring.cs**

```
public static void Main(string[] args)
{
    string s1 = "abcdEFG";
    // 文字列の3番目の文字（インデックスは2）を取得
    Console.WriteLine(s1[2]);
    // 文字列の2番目以降3文字分の部分文字列を取得
    Console.WriteLine(s1.Substring(1,3));
}
```

⬇

```
c
bcd
```

参照 P.99「インデクサを定義する」

指定文字列を挟んで連結する

≫ System.String

メソッド

Join	文字列を連結

書式

```
public static string Join(
  string separator, string[] values)
public static string Join(
  string separator, object[] values)
public static string Join(
  string separator, IEnumerable<T> values)
```

パラメータ

separator: 挟む文字
values: 連結対象
T: 任意の型

例外

ArgumentNullException	values が null の場合

Joinメソッドは、複数の文字列を、指定された区切り文字を挟みながら連結して返します。複数の項目を列挙して表示する場合などに有用なメソッドです。

連結対象として、文字列の配列だけでなく、オブジェクトの配列や、IEnumerableインタフェースを実装したコレクションなども指定できます。

separatorパラメータがnullの場合、空の文字列が代わりに使用され、純粋に文字列の連結のみが行われます。

サンプル ▶ StringJoin.cs

```
public static void Main(string[] args)
{
    // 文字列の配列
    string[] strings = new string[]{"abc","DEF","123","999"};
    // ,（カンマ）を挟んで連結
    Console.WriteLine(string.Join(",",strings));
    // 文字列のリスト
    var list = new List<string>(){"aaa","BBB","xyz"};
    // separator に null を指定したので単純に文字列連結
    Console.WriteLine(string.Join(null,list));
}
```

⬇

```
abc,DEF,123,999
aaaBBBxyz
```

文字列を分割する

≫ System.String

メソッド

Split 文字列を分割

書式

```
public string[] Split(
  char[] separator[, StringSplitOptions options])
public string[] Split(
  string[] separator, StringSplitOptions options)
```

パラメータ

separator: 区切り文字
options: 分割オプション

Splitメソッドは、文字列を指定した文字や文字列で区切り、文字列の配列を返します。

区切り文字が連続した場合、分割結果に空の文字列が含まれることになります。

optionsパラメータには、以下のようにStringSplitOptions列挙体の値を指定します。

- Noneを指定した場合、空の文字列を含めた配列を返す
- RemoveEmptyEntriesを指定した場合、空の文字列を除いた配列を返す
- optionsを省略した場合、Noneを指定した場合と同じ

separatorがnullの場合、CharクラスのIsWhiteSpaceメソッドで空白文字として定義されている文字(半角スペース/全角スペース/タブ/改行など)が指定されたものとして文字列を分割します。

サンプル ▶ **StringSplit.cs**

```
public static void Main(string[] args)
{
    string s1 = "abcZdefZZZZ123Z";
    // 'Z' で分割
    string [] results1 = s1.Split(new char[]{'Z'});
    // 分割結果をスペースとカンマで挟んで表示
    Console.WriteLine(string.Join(" , " , results1));

    // 空の文字列を結果から除去
    string[] results2 = s1.Split(
        new char[] { 'Z' },StringSplitOptions.RemoveEmptyEntries);
    // 結果から空文字列が消える
    Console.WriteLine(string.Join(" , ", results2));

    // ZZ で分割
    string[] results3 = s1.Split(
        new string[] { "ZZ" }, StringSplitOptions.None);
    Console.WriteLine(string.Join(" , ", results3));

    string s2 = "abc¥tdef GHI¥njkl";
    // 何も指定しないので、空白文字で分割
    string[] results4 = s2.Split();
    Console.WriteLine(string.Join(" , ", results4));
}
```

⬇

```
abc , def , , , , 123 ,
abc , def , 123
abcZdef , , 123Z
abc , def , GHI , jkl
```

参照 P.166「文字の種類を判定する」

文字列を含むかどうかを判定する

» System.String

メソッド

Contains	文字列を含むか判定

書式
```
public bool Contains(string value)
public bool Contains(char value)
```

パラメータ value: 検索する文字／文字列

例外

ArgumentNullException	value が null の場合

Containsメソッドは、指定した文字／文字列がこの文字列中に存在するかどうかを以下のように返します。

- valueが文字列中に存在する場合はtrueを返す
- valueが空文字列の場合はtrueを返す
- それ以外の場合はfalseを返す

valueにchar型の値を指定した場合は、文字単位での検索を行います。
なお、検索の際は大文字と小文字を区別します。

サンプル ▶ StringContains.cs

```
public static void Main(string[] args)
{
    string s1 = "abcDEFghi";
    // 文字列を含むか
    Console.WriteLine(s1.Contains("abc"));

    // 文字単位での検索
    Console.WriteLine(s1.Contains('a'));

    // 検索は大文字小文字を区別
    Console.WriteLine(s1.Contains("def"));
}
```

⬇

```
True
True
False
```

文字列を検索する

≫ System.String

メソッド

IndexOf	先頭から検索
IndexOfAny	先頭から検索（いずれかの文字）
LastIndexOf	末尾から検索
LastIndexOfAny	末尾から検索（いずれかの文字）

書式

```
public int IndexOf(
  char value[, int startIndex[, int count]])
public int IndexOf(
  string value[, int startIndex[, int count]])
public int IndexOfAny(
  char[] anyOf[, int startIndex[, int count]])
public int LastIndexOf(
  char value[, int startIndex[, int count]])
public int LastIndexOf(
  string value[, int startIndex[, int count]])
public int LastIndexOfAny(
  char[] anyOf[, int startIndex[, int count]])
```

パラメータ

value: 検索する文字／文字列
startIndex: 検索開始位置
count: 検索する文字数
anyOf: 検索する文字の配列

例外

ArgumentNullException	value、anyOf が null の場合
ArgumentOutOfRangeException	startIndex と count が文字列の範囲を超える場合

IndexOf／LastIndexOfメソッドは、指定された文字、または文字列が出現する位置を返します。IndexOfメソッドは文字列の先頭から、LastIndexOfメソッドは文字列の末尾から検索を行います。出現位置は0で始まるインデックスで、見つからなかった場合は-1を返します。検索開始位置と文字数を指定することで、検索範囲を指定できます。

IndexOfAny／LastIndexOfAnyメソッドは、指定された文字配列のいずれかが出現する位置を返します。

サンプル ▶ StringIndexOf.cs

```
public static void Main(string[] args)
{
    string s1 = "abcDEFghi123-999";

    Console.WriteLine("文字列で検索:" + s1.IndexOf("123"));
    Console.WriteLine("文字で検索:" + s1.IndexOf('E'));

    Console.WriteLine("4文字目以降で検索:" + s1.IndexOf("abc", 3));
    Console.WriteLine("6文字目以降から5文字の範囲を検索:"
        + s1.IndexOf('F',5,5));

    Console.WriteLine("先頭から9を検索:" + s1.IndexOf('9'));
    Console.WriteLine("末尾から9を検索:" + s1.LastIndexOf('9'));

    Console.WriteLine("1-5いずれかの出現位置:"
        + s1.IndexOfAny(new char[]{'1','2','3','4','5'}));
}
```

⬇

```
文字列で検索:9
文字で検索:4
4文字目以降で検索:-1
6文字目以降から5文字の範囲を検索:5
先頭から9を検索:13
末尾から9を検索:15
1-5いずれかの出現位置:9
```

先頭／末尾の文字列を検索する

≫ System.String

メソッド

StartsWith	指定文字列で始まるか
EndsWith	指定文字列で終わるか

書式 public bool StartsWith(string value)
public bool EndsWith(string value)

パラメータ value: 検索する文字列

例外

ArgumentNullException　value が null の場合

StartsWith／EndsWithメソッドは、文字列が指定された文字列で始まるか、終わるかを返します。

サンプル ▶ StringStartsEndsWith.cs

```
public static void Main(string[] args)
{
    string s1 = "abcDEFghi123-999";

    // 指定文字列で始まるか、終わるか
    Console.WriteLine("StartsWith:" + s1.StartsWith("abc"));
    Console.WriteLine("EndsWith:" + s1.EndsWith("999"));
}
```

⬇

```
StartsWith:True
EndsWith:True
```

文字列を整形する

» System.String

メソッド

Format	指定した書式に整形

書式

```
public static string Format([IFormatProvider provider,]
  string format, params Object[] args)
```

パラメータ

format: 書式
args: 埋め込むオブジェクト
provider: カルチャ情報

例外

ArgumentNullException	format、args が null の場合
FormatException	format が正しくない書式の場合

Formatメソッドは、指定された書式に任意の数のオブジェクトを埋め込んで整形した文字列を返します。providerパラメータによりカルチャ情報を指定した場合は、オブジェクトを埋め込む際にカルチャ情報を反映します。

formatパラメータには、「書式指定項目」と呼ばれる、オブジェクトを埋め込む場所(プレースホルダとも呼ぶ)を指定します。formatパラメータの書式指定項目以外の部分はそのままの文字列が出力されます。書式指定項目は以下のように{}で囲んだ書式で記述します。

```
{index [,alignment] [:formatString [precision]]}
```

indexは、argsパラメータに並べられたオブジェクトのうち、何番目のオブジェクトを個々に埋め込むかを表す0で始まるインデックスです。複数の書式指定項目で同じインデックスを指定して複数回同じオブジェクトを参照することも可能です。

alignmentは、オブジェクトを埋め込む文字列の幅です。正負両方の値を指定可能で、正の場合は右詰め、負の場合は左詰めで出力します。なお、alignmentよりも埋め込むオブジェクトの方が長い場合、alignmentの指定は無視されます。alignmentの値は省略可能で、省略した場合は左詰め、右詰めは行われません。

formatStringは、オブジェクトの種類に応じて出力方法を指定する書式指定文字列です。数値についての書式指定文字列には、次ページの表のような書式指定文字を使用します。日時型の書式指定文字についてはStringクラスのFormatメソッドで使用するものと同様です。formatStringは省略可能で、省略した場合はG(全般表記)で出力されます。

formatStringの後ろのprecisionは、数値の桁数などを指定する精度指定子です。同じく次ページの表に各書式の指定文字での意味を記します。precisionは省略可能です。

▼数値についての書式指定文字

分類	書式指定文字	意味	精度指定子の意味
標準	C、c	通貨表記	小数部の桁数(省略時はカルチャの既定の桁数)
	D、d	10進数表記	変換後の文字列の最小桁数。短い場合は0で右詰め(省略時は数値を表現できる最小の幅となり、右詰めなし)
	E、e	指数表記	小数部の桁数(省略時は6桁)
	F、f	固定小数点表記	小数部の桁数(省略時はカルチャ情報に基づく既定の桁数)
	G、g	全般表記。指数表記か固定小数点表記のいずれか簡潔な形式	有効桁数(省略時はintが10桁、doubleが15桁、decimalが29桁など、データ型ごとの既定の有効桁数)
	N、n	桁区切りつき表記	小数部の桁数(省略時はカルチャの既定の桁数)
	P、p	パーセント表記。100をかけてパーセント記号付きで出力	小数部の桁数(省略時はカルチャの既定の桁数)
	X、x	16進数表記	変換後の文字列の最小桁数。短い場合は0で右詰め(省略時は数値を表現できる最小の幅となり、右詰めなし)
カスタム	0	0詰め出力。桁数分の0を並べると、数値で0が置き換えられる	なし
	#	桁数の指定。#に1桁ずつ数値が出力される	なし
	.	小数点の位置を指定。0や#と組み合わせて指定	なし
	,	桁区切りを挿入。0や#に挟んで指定。挿入位置はカルチャ情報に依存	なし
	E+0、E-0、E0	指数表記。0の部分の数値で指数部の最小桁数を指定	なし

サンプル ▶ StringFormat.cs

```
public static void Main(string[] args)
{
    int i1 = 12345678;
    double percent1 = 0.2432;
    double d1 = 12345.678901234;
    DateTime now = DateTime.Now;
    string s1 = "あいうえお";

    // 3つのオブジェクトを{0}、{1}、{2}に埋め込み
    Console.WriteLine(string.Format(
        "複数のオブジェクト埋め込み {0},{1},{2}",s1,i1,now));
    // s1を{0}で2回参照
    Console.WriteLine(string.Format(
        "同じオブジェクトを複数回指定可能 {0},{1},{0}",s1,i1));

    // 数値：標準
    Console.WriteLine(string.Format("数値デフォルト:{0}",i1));
    Console.WriteLine(string.Format("数値10進表記:{0:D}", i1));
    Console.WriteLine(string.Format("数値全般表記:{0:G}", i1));
    Console.WriteLine(string.Format("数値桁区切り表記:{0:N}", i1));
    Console.WriteLine(string.Format("数値パーセント表記:{0:P}",
        percent1));
    Console.WriteLine(string.Format(
        "数値16進表記8桁右詰め:{0:X8}",i1));
    Console.WriteLine(string.Format("数値指数表記:{0:E}",d1));
    Console.WriteLine(string.Format(
        "数値固定小数点表記小数点4桁:{0:F4}", d1));

    // 数値：通貨。既定は日本カルチャで¥表記3桁区切り
    Console.WriteLine(string.Format("数値通貨表記:{0:C}", i1));
    // en-US（米国）カルチャでの表記。$表記3桁区切り
    Console.WriteLine(string.Format(
        new CultureInfo("en-US"), "数値通貨表記 en-US:{0:C}", i1));
    // hi-IN（インド）カルチャでの表記。,区切りがかなり特殊
    Console.WriteLine(string.Format(
        new CultureInfo("hi-IN"), "数値通貨表記 hi-IN:{0:C}", i1));

    // alignment指定
    Console.WriteLine(string.Format(
        "数値10進表記15桁右詰め:{0,15:D}", i1));
    // alignmentの方が必要桁数より小さい場合は無視される
    Console.WriteLine(string.Format(
        "数値10進表記5桁:{0,5:D}", i1));

    int i2 = 123;
    // 数値：カスタム
```

```
    Console.WriteLine(string.Format("数値0詰め5桁:{0:00000}", i2));
    Console.WriteLine(string.Format(
        "数値小数表記カスタム指定:{0:###.###}", d1));
    Console.WriteLine(string.Format("数値桁区切り指定:{0:#,#}", i1));

    // 日時
    Console.WriteLine(string.Format("日付長い形式:{0:D}", now));
    Console.WriteLine(string.Format(
        "日付カスタム形式:{0:yyyy/MM/dd hh:mm:ss}", now));
}
```

⬇

```
複数のオブジェクト埋め込み あいうえお,12345678,2024/01/12 13:42:27
同じオブジェクトを複数回指定可能 あいうえお,12345678,あいうえお
数値デフォルト:12345678
数値10進表記:12345678
数値全般表記:12345678
数値桁区切り表記:12,345,678.00
数値パーセント表記:24.32%
数値16進表記8桁右詰め:00BC614E
数値指数表記:1.234568E+004
数値固定小数点表記小数点4桁:12345.6789
数値通貨表記:¥12,345,678
数値通貨表記 en-US:$12,345,678.00
数値通貨表記 hi-IN:₹ 1,23,45,678.00
数値10進表記15桁右詰め:       12345678
数値10進表記5桁:12345678
数値0詰め5桁:00123
数値小数表記カスタム指定:12345.679
数値桁区切り指定:12,345,678
日付長い形式 :2024年1月12日
日付カスタム形式 :2024/01/12 01:42:27
```

注意 Formatメソッドでの数値や日付の書式指定はカルチャ情報に強く依存しています。既定の出力内容が国ごとにかなり異なる点に注意してください。

参照 P.230「カルチャ情報を取得/生成する」

文字列を比較する

≫ System.String

メソッド

Compare	文字列を比較（静的メソッド）
CompareTo	文字列を比較

書式

```
public static int Compare(string strA, string strB)
public int CompareTo(string value)
```

パラメータ strA, strB, value: 比較する文字列

Compare／CompareToメソッドは文字列の比較を行うメソッドです。

比較の大小は、どちらの文字列が辞書順で後に出現するかに基づき、後に出現する方を大とみなします。それぞれ以下のように値を返します。

- strAがstrBよりも後に出現(CompareToの場合は、呼び出し元のstringオブジェクトが引数valueよりも後に出現)する場合、正の値を返す
- 前に出現する場合、負の値を返す
- 文字列が等しい場合、0を返す

サンプル ▶ **StringCompare.cs**

```
public static void Main(string[] args)
{
    string s1 = "abc";
    string s2 = "123";
    Console.WriteLine("辞書順比較 :" + string.Compare(s1,s2));
    Console.WriteLine("CompareTo メソッドも同様 :" + s1.CompareTo(s2));
}
```

⬇

```
辞書順比較 :1
CompareTo メソッドも同様 :1
```

文字列を置換する

≫ System.String

メソッド

Replace	文字列を置換

書式
```
public string Replace(string oldValue, string newValue)
public string Replace(char oldChar, char newChar)
```

パラメータ
oldValue, oldChar: 置換元の文字列／文字
newValue, newChar: 置換先の文字列／文字

例外

ArgumentNullException	oldValue が null の場合
ArgumentException	oldValue が空文字列の場合

Replaceメソッドは文字列ないしは文字を置換して返します。

文字列置換の場合、置換元文字列と置換先文字列の長さは異なっていても構いません。置換元の文字列ないしは文字が複数回出現する場合には、置換も複数回行われます。

サンプル ▶ StringReplace.cs

```
public static void Main(string[] args)
{
    string s1 = "abcDEFghiZZZ123abc";

    // 文字単位の複数回置換
    Console.WriteLine(s1.Replace('Z', 'y'));

    // 文字列単位の複数回置換。異なる長さの文字列で置換
    Console.WriteLine(s1.Replace("abc","あいうえお"));
}
```

```
abcDEFghiyyy123abc
あいうえおDEFghiZZZ123あいうえお
```

注意 呼び出し元の文字列オブジェクトは変更されず、置換した結果を新しい文字列オブジェクトとして返すことに注意してください。

文字列を挿入する

≫ System.String

メソッド

Insert	文字列を挿入

書式 public string Insert(int startIndex, string value)

パラメータ startIndex: 挿入する位置
value: 挿入する文字列

例外

ArgumentNullException	value が null の場合
ArgumentOutOfRangeException	startIndex が文字列の範囲外の場合

Insertメソッドは文字列の指定位置に文字列を挿入したものを返します。startIndexは0で始まるインデックスとして指定します。

サンプル ▶ StringInsert.cs

```
public static void Main(string[] args)
{
    string s1 = "abcDEF";

    // 3文字目に文字列を挿入
    Console.WriteLine(s1.Insert(2, "999"));
}
```

```
ab999cDEF
```

注意 呼び出し元の文字列オブジェクトは変更されず、挿入した結果を新しい文字列オブジェクトとして返すことに注意してください。

文字列を削除する

» System.String

メソッド

Remove　文字列を削除

書式 `public string Remove(int startIndex, int count)`

パラメータ startIndex: 開始位置
count: 削除する文字数

例外

ArgumentOutOfRangeException　startIndex と count が文字列の範囲外の場合

Removeメソッドは文字列の一部分を削除して返します。startIndexは0で始まるインデックスとして指定します。

サンプル ▶ **StringRemove.cs**

```
public static void Main(string[] args)
{
    string s1 = "abcDEF123";

    // 3文字目から3文字削除
    Console.WriteLine(s1.Remove(2, 3));
}
```

⬇

```
abF123
```

注意 呼び出し元の文字列オブジェクトは変更されず、削除した結果を新しい文字列オブジェクトとして返すことに注意してください。

文字列が空かどうかを判定する

» System.String

メソッド

IsNullOrEmpty	null／空文字列かを判定
IsNullOrWhiteSpace	null／空文字列／空白文字かを判定

書式

```
public static bool IsNullOrEmpty(string value)
public static bool IsNullOrWhiteSpace(string value)
```

パラメータ value: 対象文字列

IsNullOrEmptyメソッドは文字列がnullか空文字列（長さ0の文字列）かどうかを返します。IsNullOrWhiteSpaceメソッドは文字列がnullか空文字列（長さ0の文字列）か、空白文字だけの文字列かどうかを返します。

文字列が空かどうかは、Lengthプロパティの値が0かどうかで判定できます。ただし、文字列がnullの場合、Lengthプロパティを参照すると例外が発生してしまいます。そのため、文字列がnullの可能性がある場合にはIsNullOrEmptyメソッドを使うべきです。

サンプル ▶ **StringIsEmpty.cs**

```
public static void Main(string[] args)
{
    string s1 = ""; // 空文字列
    Console.WriteLine("IsNullOrEmpty:" + string.IsNullOrEmpty(s1));

    string s2 = null; // null
    Console.WriteLine("IsNullOrEmpty:" + string.IsNullOrEmpty(s2));

    string s3 = " ¥t　¥n"; // 半角スペース／全角スペース／タブ／改行
    Console.WriteLine("IsNullOrWhiteSpace:" +
        string.IsNullOrWhiteSpace(s3));
}
```

⬇

```
IsNullOrEmpty:True
IsNullOrEmpty:True
IsNullOrWhiteSpace:True
```

左寄せ／右寄せする

≫ System.String

メソッド

PadLeft	右寄せ
PadRight	左寄せ

書式

```
public string PadLeft(
  int totalWidth[, char paddingChar])
public string PadRight(
  int totalWidth[, char paddingChar])
```

パラメータ

totalWidth: 結果の文字列長
paddingChar: 埋め込む文字

例外

ArgumentOutOfRangeException　totalWidth が 0 未満の場合

PadLeft／PadRightメソッドは、文字列全体の長さが指定長になるまで文字列の先頭または末尾に指定した文字を埋め込むことにより、右寄せ、左寄せした文字列を返します。

paddingCharを省略すると、空白文字を埋め込みます。

totalWidthが現在の文字列長以下の場合は、現在の文字列をそのまま返します。

サンプル ▶ StringPadLeftRight.cs

```
public static void Main(string[] args)
{
    string s1 = "abcDEF123";
    // 先頭に空白を入れて右寄せ
    Console.WriteLine(s1.PadLeft(12));
    // 末尾に . を入れて左寄せ
    Console.WriteLine(s1.PadRight(18, '.'));
    // 現在の文字列より短い場合は、現在の文字列を返す
    Console.WriteLine(s1.PadLeft(3));
}
```

⬇

```
   abcDEF123
abcDEF123.........
abcDEF123
```

注意 totalWidthは埋め込む文字数ではなく、元の文字列に埋め込む文字数を加えた最終的な文字数を指定することに注意してください。

大文字化／小文字化する

≫ System.String

メソッド

ToUpper	大文字化（カルチャ依存）
ToUpperInvariant	大文字化（カルチャ非依存）
ToLower	小文字化（カルチャ依存）
ToLowerInvariant	小文字化（カルチャ非依存）

書式

```
public string ToUpper([CultureInfo cul])
public string ToUpperInvariant()
public string ToLower([CultureInfo cul])
public string ToLowerInvariant()
```

パラメータ cul: カルチャ情報

例外

ArgumentNullException　　cul が null の場合

ToUpper／ToLowerメソッドは、カルチャに基づいて文字列を大文字化、小文字化して返します。

ToUpperInvariant／ToLowerInvariantメソッドは、「インバリアント カルチャ」と呼ばれる、特定のカルチャに依存しない方法で大文字化／小文字化します。

サンプル ▶ **StringToUpLow.cs**

```
public static void Main(string[] args)
{
    string s1 = "abcDEFghi ＪＫＬｍｎｏ";
    // トルコ語でのｉの大文字化
    CultureInfo tr = new CultureInfo("tr-TR");
    Console.WriteLine(s1.ToUpper(tr));
    // インバリアント カルチャで大文字化
    Console.WriteLine(s1.ToUpperInvariant());
}
```

⬇

```
ABCDEFGHİ ＪＫＬＭＮＯ
ABCDEFGHI ＪＫＬＭＮＯ
```

参照 P.168「文字を大文字／小文字にする」

前後の空白を削除する

» System.String

メソッド

Trim	前後の空白を削除
TrimStart	先頭の空白を削除
TrimEnd	末尾の空白を削除

書式

```
public string Trim([ params char[] trimChars ])
public string TrimStart([ params char[] trimChars ])
public string TrimEnd([ params char[] trimChars ])
```

パラメータ trimChars: 削除する文字群

これらのメソッドは、文字列の前後から、指定した文字または空白を削除して返します。

trimCharsを省略した場合およびnullの場合、CharクラスのIsWhiteSpaceメソッドで空白文字として定義されている文字(半角スペース/全角スペース/タブ、改行など)を削除します。

サンプル ▶ StringTrim.cs

```
public static void Main(string[] args)
{
    string s1 = " ¥tabcDEF   ¥n";

    Console.WriteLine("前後を削除:" + s1.Trim());
    Console.WriteLine("先頭を削除:" +s1.TrimStart());

    string s2 = "...  abcDEF;  ;;;....";
    Console.WriteLine("先頭のピリオドを削除:" + s2.TrimStart('.'));
    Console.WriteLine("末尾のピリオドとセミコロンを削除:"
     + s2.TrimEnd('.',';'));
}
```

⬇

```
前後を削除:abcDEF
先頭を削除:abcDEF
                ←末尾の改行コードの出力
先頭のピリオドを削除:  abcDEF;  ;;;....
末尾のピリオドとセミコロンを削除:...  abcDEF;
```

注意 呼び出し元の文字列オブジェクトは変更されず、前後を削除した結果を新しい文字列オブジェクトとして返すことに注意してください。

参照 P.166「文字の種類を判定する」

可変の文字列バッファを作成する

≫ System.StringBuilder

メソッド

StringBuilder　　文字列バッファ（コンストラクタ）

書式
```
public StringBuilder(int capacity[, int maxCapacity])
public StringBuilder(string value[, int capacity])
```

パラメータ
capacity: 推奨のバッファサイズ
maxCapacity: バッファ最大サイズ
value: 文字列バッファの初期値

例外

ArgumentOutOfRangeException　　capacity が 0 未満か、maxCapacity が 1 未満か、capacity が maxCapacity より大きい場合

StringBuilderクラスは可変の文字列バッファを表すクラスです。Stringクラスは不変の文字列のため、文字列を書き換える操作を行うと、新しい文字列オブジェクトを返しますが、StringBuilderクラスの場合は自分自身を書き換えます。

文字列バッファは動的に長さが変化するため、バッファサイズを持っています。capacityは初期のバッファサイズを、maxCapacityはこのオブジェクトで操作できる最大のサイズを指定します。

サンプル ▶ **StringBuilderSample.cs**

```
public static void Main(string[] args)
{
    // 新しい文字列バッファの作成
    StringBuilder sb1 = new StringBuilder("abcDEF");
    Console.WriteLine("文字列バッファの内容:" + sb1);

    // 文字列の連続追加
    sb1.Append("jkl").Append("MNO");
    // sb 自体が書き換わっている
    Console.WriteLine("文字列を追加したバッファの内容:" + sb1);
}
```

⬇

```
文字列バッファの内容:abcDEF
文字列を追加したバッファの内容:abcDEFjklMNO
```

参考　StringBuilderクラスの多くのメソッドは、自分自身への参照を返すため、文字列を加工するメソッドを連続して呼び出せます。

文字列バッファの末尾に追加する

» System.StringBuilder

メソッド

Append	末尾に追加
AppendLine	末尾に改行を追加
AppendFormat	書式に沿って末尾に追加

書式

```
public StringBuilder Append(T value)
public StringBuilder Append(
  char value[, int repeatCount])
public StringBuilder AppendLine([string value])
public StringBuilder AppendFormat(
  string format, params Object[] args)
```

パラメータ

T: 追加するデータ型。文字列／オブジェクト／数値型など
value: 追加する文字列／文字／オブジェクトなど
repeatCount: 文字を追加する回数
format: 書式
args: 書式に埋め込むオブジェクト

例外

ArgumentOutOfRangeException	追加すると文字列のバッファサイズがMaxCapacityを超える場合
FormatException	formatが正しくない、またはargsの数が書式に合わない場合

Appendメソッドは文字列バッファの末尾に、文字列や数値、オブジェクトなどを追加します。文字を追加する場合は、repeatCountパラメータで追加する回数を指定します。

AppendLineメソッドは、文字列バッファの末尾に、改行と指定した文字列を追加します。valueを省略した場合は改行のみを追加します。

AppendFormatメソッドは、文字列バッファの末尾に、任意のオブジェクトを書式に沿った文字列として追加します。書式設定の方法はStringクラスのFormatメソッドと同様です。

サンプル ▶ **StringBuilderAppend.cs**

```
public static void Main(string[] args)
{
    // 新しい文字列バッファの作成
    StringBuilder sb1 = new StringBuilder("abcDEF");
    // 文字列の追加
    sb1.Append("zzz");

    // 文字を複数回追加
    sb1.Append('.',3);

    // double を追加
    sb1.Append(123.456);

    // 改行付きで文字列を追加
    sb1.AppendLine("Hello!");

    // 書式に沿ってオブジェクトを埋め込んで追加
    sb1.AppendFormat("現在日時： {0}", DateTime.Now);
    Console.WriteLine("文字列バッファの内容：" + sb1);
}
```

⬇

```
文字列バッファの内容：abcDEFzzz...123.456Hello!
現在日時： 2023/12/10 18:11:25
```

参照 P.180「文字列を整形する」

文字列バッファに文字列を挿入する

≫ System.StringBuilder

メソッド

Insert 文字列を挿入

書式
```
public StringBuilder Insert(
  int index, string value[, int count])
public StringBuilder Insert(int index, T value)
```

パラメータ
index: 挿入する位置
value: 挿入するデータ
count: 文字列を追加する回数
T: 追加するデータ型。オブジェクト／数値型など

例外

ArgumentOutOfRangeException index が文字列バッファの範囲外、または挿入すると文字列のバッファサイズがMaxCapacity プロパティの値を超える場合

Insertメソッドは文字列バッファの指定位置に、文字列／数値／オブジェクトなどを挿入します。文字列を挿入する場合は、countパラメータで追加する回数を指定します。

サンプル ▶ StringBuilderInsert.cs

```
public static void Main(string[] args)
{
    StringBuilder sb1 = new StringBuilder("abcDEF");
    sb1.Insert(1,1234.56); // 2 文字目に数値を挿入
    Console.WriteLine(" 数値の挿入 :" + sb1);

    sb1.Insert(0," あいう ", 3); // 文字列を先頭に複数回挿入
    Console.WriteLine(" 文字列の挿入 :" + sb1);

}
```

⬇

```
数値の挿入 :a1234.56bcDEF
文字列の挿入 : あいうあいうあいう a1234.56bcDEF
```

文字列バッファの文字列を置換する

≫ System.StringBuilder

メソッド

Replace	文字列を置換

書式

```
public StringBuilder Replace(char oldChar, char newChar
  [, int startIndex, int count])
public StringBuilder Replace(string oldValue, string
  newValue[, int startIndex, int count])
```

パラメータ

oldChar, oldValue: 置換元文字／文字列
newValue, newChar: 置換先文字／文字列
startIndex: 置換する文字列の開始位置
count: 置換する文字列の長さ

例外

ArgumentNullException	oldValue が null の場合
ArgumentException	oldValue の長さが 0 の場合
ArgumentOutOfRangeException	startIndex と count が文字列バッファの範囲外の場合

Replaceメソッドは文字または文字列を置換します。

文字列置換の場合、置換元文字列と置換先文字列の長さは異なっていても構いません。置換元の文字列または文字が複数回出現する場合には、置換も複数回行われます。

サンプル ▶ StringBuilderReplace.cs

```
public static void Main(string[] args)
{
    StringBuilder sb1 = new StringBuilder("abcDEFghiZZZ123abc");

    sb1.Replace('Z', 'y');
    Console.WriteLine(" 文字置換 :" + sb1);

    sb1.Replace("abc", " あいうえお ",3,15);
    Console.WriteLine("4 文字目から 15 文字分を文字列置換 :" + sb1);
}
```

⬇

```
文字置換 :abcDEFghiyyy123abc
4 文字目から 15 文字分を文字列置換 :abcDEFghiyyy123 あいうえお
```

文字列バッファの文字列を削除する

≫ System.StringBuilder

メソッド

Remove　　文字列を削除

書式 public StringBuilder Remove(int startIndex, int length)

パラメータ startIndex: 開始位置
length: 削除する文字数

例外

ArgumentOutOfRangeException　　startIndex と length が文字列バッファの範囲外の場合

Removeメソッドは文字列の一部分を削除します。startIndexは0で始まるインデックスとして指定します。

Removeメソッドによって文字列の長さが変化しても、文字列バッファの容量は変化しません。

サンプル ▶ StringBuilderRemove.cs

```
public static void Main(string[] args)
{
    StringBuilder sb1 = new StringBuilder("abcDEF123");

    Console.WriteLine("削除前の容量:" + sb1.Capacity);
    // 3文字目から3文字削除
    sb1.Remove(2, 3);
    Console.WriteLine("削除後の文字列:" + sb1);

    // 文字列の長さが変わっても容量には変化なし
    Console.WriteLine("削除後の容量:" + sb1.Capacity);
}
```

⬇

```
削除前の容量:16
削除後の文字列:abF123
削除後の容量:16
```

文字列バッファの文字列の長さを取得／設定する

≫ System.StringBuilder

プロパティ

Length　　文字列の長さ

書式 public int Length { get; set; }

例外

ArgumentOutOfRangeException　　プロパティ設定時の値が0より小さいか、MaxCapacityを超える場合

Lengthプロパティは、文字列バッファに含まれる文字列の長さを返します。

読み取り専用であるString構造体のLengthプロパティと異なり、StringBuilderクラスのLengthプロパティは設定も可能です。現在の長さより短い値を設定した場合は、指定長まで文字列が切り詰められ、長い値を設定した場合は、末尾にUnicodeのNULL文字(U+0000)が埋め込まれます。

サンプル ▶ **StringBuilderLength.cs**

```
public static void Main(string[] args)
{
    StringBuilder sb1 = new StringBuilder("abcDEF123");

    Console.WriteLine("文字列の長さ:" + sb1.Length);

    // 文字列長を短くする
    sb1.Length = 3;
    Console.WriteLine("切り詰め後の文字列:{0}, 長さ:{1}",
        sb1, sb1.Length);

    // 文字列長を長くする
    sb1.Length = 6;
    Console.WriteLine("拡張後の文字列:{0}, 長さ:{1}",
        sb1, sb1. Length);
}
```

⬇

```
文字列の長さ:9
切り詰め後の文字列:abc, 長さ:3
拡張後の文字列:abc   , 長さ:6
```

参照 P.171「文字列の長さを取得する」

文字列バッファの指定位置の文字を取得／設定する

» System.StringBuilder

プロパティ

Chars	指定位置の文字を取得／設定（インデクサ）

書式 `public char this[int index] { get; set; }`

パラメータ index：文字の取得／設定位置

例外

IndexOutOfRangeException	文字の取得位置が文字列の範囲外の場合
ArgumentOutOfRangeException	文字の設定位置が文字列の範囲外の場合

Charsプロパティは、文字列バッファに含まれる各文字を取得、設定するためのプロパティです。indexパラメータで取得する位置を指定します。CharsプロパティはStringBuilderクラスのインデクサのため、配列のような形式で文字の取得、設定を行えます。

サンプル ▶ StringBuilderChars.cs

```
public static void Main(string[] args)
{
    StringBuilder sb1 = new StringBuilder("abcDEF123");

    Console.WriteLine("3番目の文字：" + sb1[2]);

    // 3文字目を書き換え
    sb1[2] = '!';
    Console.WriteLine("書き換え後の文字列：" + sb1);
}
```

```
3番目の文字：c
書き換え後の文字列：ab!DEF123
```

注意 indexパラメータは0で始まるインデックスであることに注意してください。

参照 P.99「インデクサを定義する」

エンコーディングを変換する

» System.Text.Encoding

メソッド

GetEncoding	エンコーディングを取得
GetBytes	バイト列を取得
RegisterProvider	エンコーディングを登録する

プロパティ

ASCII	アスキーコード
Unicode	Unicode（UTF-16）
UTF32	UTF-32
UTF7	UTF-7
UTF8	UTF-8

書式

```
public static Encoding GetEncoding(string name)
public static Encoding GetEncoding(int codepage)
public static void RegisterProvider (System.Text.
  EncodingProvider provider)
public virtual byte[] GetBytes(string s)
public static Encoding ASCII { get; }
public static Encoding Unicode { get; }
public static Encoding UTF32 { get; }
public static Encoding UTF7 { get; }
public static Encoding UTF8 { get; }
```

パラメータ

name: エンコーディング
codepage: コードページの値
provider: エンコーディングプロバイダ
s: 変換する文字列

例外

ArgumentException	name ／ codepage が正しいエンコーディングでないか、そのプラットフォームでサポートされていない場合
ArgumentOutOfRangeException	codepage が 0 から 65535 の範囲外の場合
ArgumentNullException	s が null の場合
NotSupportedException	codepage がそのプラットフォームでサポートされていない場合
EncoderFallbackException	エンコード時に例外が発生した場合

.NET Frameworkにおいて、すべての文字列はUnicode**エンコーディング**として扱われます。Unicodeの文字列を任意のエンコーディングに変換するためには、Encodingクラスを使用します。このクラスは抽象クラスで、各エンコーディングごとにこれを継承したクラスが用意されています。

代表的なエンコーディングについては、EncodingクラスのASCII／Unicode／UTF32／UTF7／UTF8プロパティから実装クラスを取得できます。それ以外のエンコーディングについては、GetEncodingメソッドを使って実装クラスを取得します。nameパラメータには表のような、IANA(Internet Assigned Numbers Authority)で定義されたエンコーディング名を指定します。codepageパラメータにはコードページの値を指定します。

▼日本語Windows環境でサポートされている主なエンコーディング

コードページの値	エンコーディング	意味
932	shift_jis、sjis	シフトJIS
50220	iso-2022-jp	JIS
51932	euc-jp	EUC

ただし、.NET環境では表に示したような日本語エンコーディングは標準ではサポートされていません。これらのエンコーディングを利用するには、標準以外のエンコーディングを登録するRegisterProviderメソッドを、システムでサポートしているエンコーディング情報を提供するCodePagesEncodingProvider.Instanceプロパティを引数として呼び出す必要があります。.NET FrameworkではRegisterProviderメソッド無しで各種日本語エンコーディングが利用できていましたが、.NET Core／.NETでは挙動が変わっていますので注意が必要です。

GetBytesメソッドは、文字列を指定されたエンコーディングでバイト列に変換します。

サンプル ▶ **EncodingSample.cs**

```
public static void Main(string[] args)
{
    // システムでサポートされている各種エンコーディングを有効にする
    Encoding.RegisterProvider(CodePagesEncodingProvider.Instance);
    Console.WriteLine(" クラス名 , エンコーディング名 , コードページ値 ");
    // シフト JIS 取得
    Encoding sjis = Encoding.GetEncoding("shift-jis");
    // クラス名、エンコーディング名、コードページ値を出力 (以下同様)
    Console.WriteLine("{0},{1},{2}"
        ,sjis.ToString(), sjis.EncodingName, sjis.CodePage);
    // JIS
    Encoding jis = Encoding.GetEncoding("iso-2022-jp");
    Console.WriteLine("{0},{1},{2}"
        , jis.ToString(), jis.EncodingName, jis.CodePage);
    // EUC
    Encoding euc = Encoding.GetEncoding("euc-jp");
```

```
    Console.WriteLine("{0},{1},{2}"
        , euc.ToString(), euc.EncodingName, euc.CodePage);
    // UTF-8。UTF8 プロパティから取得
    Encoding utf8 = Encoding.UTF8;
    Console.WriteLine("{0},{1},{2}"
        , utf8.ToString(), utf8.EncodingName, utf8.CodePage);
    // Unicode(UTF-16)。コードページの値から取得
    Encoding utf16 = Encoding.GetEncoding(1200);
    Console.WriteLine("{0},{1},{2}"
        , utf16.ToString(), utf16.EncodingName, utf16.CodePage);

    string s = "abc あいう１２３";
    // 各文字コードでバイト列に変換
    // BitConverter.ToString メソッドはバイト配列を文字列に変換するメソッド
    Console.WriteLine("sjis:" + BitConverter.ToString(
        sjis.GetBytes(s)));
    Console.WriteLine("jis:" + BitConverter.ToString(
        jis.GetBytes(s)));
    Console.WriteLine("euc:" + BitConverter.ToString(
        euc.GetBytes(s)));
    Console.WriteLine("utf8:" + BitConverter.ToString(
        utf8.GetBytes(s)));
    Console.WriteLine("Unicode:" + BitConverter.ToString(
        utf16.GetBytes(s)));
}
```

```
クラス名 , エンコーディング名 , コードページ値
System.Text.DBCSCodePageEncoding,日本語 (シフト JIS),932
System.Text.ISO2022Encoding,日本語 (JIS),50220
System.Text.EUCJPEncoding,日本語 (EUC),51932
System.Text.UTF8Encoding,Unicode (UTF-8),65001
System.Text.UnicodeEncoding,Unicode,1200
sjis:61-62-63-82-A0-82-A2-82-A4-82-50-82-51-82-52
jis:61-62-63-1B-24-42-24-22-24-24-24-26-23-31-23-32-23-33-1B-28-42
euc:61-62-63-A4-A2-A4-A4-A4-A6-A3-B1-A3-B2-A3-B3
utf8:61-62-63-E3-81-82-E3-81-84-E3-81-86-EF-BC-91-EF-BC-92-EF-BC-93
↑ "abc" はどのエンコーディングでも "61-62-63" に変換される
Unicode:61-00-62-00-63-00-42-30-44-30-46-30-11-FF-12-FF-13-FF
↑ Unicode のみ全文字 16bit なので、"abc" は "61-00-62-00-63-00" に変換される
```

バイト列から文字列に変換する

≫ System.Text.Encoding

メソッド

GetString	文字列に変換

書式

```
public virtual string GetString(byte[] bytes)
public virtual string GetString(byte[] bytes, int
  index, int count)
```

パラメータ

bytes: 文字列に変換するバイト列
index: 変換する位置
count: 変換するバイト数

例外

ArgumentException	bytes に Unicode に変換できない文字が含まれている場合
ArgumentNullException	bytes が null の場合
DecoderFallbackException	デコード時に例外が発生した場合
ArgumentOutOfRangeException	index と count がバイト列の範囲外の場合

GetStringメソッドはバイト列を文字列に変換して返します。このメソッドはEncodingクラスを継承したクラスで実装され、対応するエンコーディングに基づいて文字列への変換を行います。

indexパラメータ、countパラメータが指定された場合は、bytesパラメータで指定された配列の一部分を文字列に変換します。

サンプル ▶ **EncodingGetString.cs**

```
public static void Main(string[] args)
{
    // システムでサポートされている各種エンコーディングを有効にする
    Encoding.RegisterProvider(CodePagesEncodingProvider.Instance);
    // シフト JIS のバイト列
    byte[] sjisBytes = new byte[]{
        0x61,0x62,0x63,0x82,0xA0,0x82,0xA2
        ,0x82,0xA4,0x82,0x50,0x82,0x51,0x82,0x52
    };
    Encoding sjis = Encoding.GetEncoding("shift-jis");
    Console.WriteLine("sjis:" + sjis.GetString(sjisBytes));

    // UTF-8 のバイト列
    byte[] utf8Bytes = new byte[]{
        0x61,0x62,0x63,0xE3,0x81,0x82,0xE3,0x81,0x84,0xE3,0x81
        ,0x86,0xEF,0xBC,0x91,0xEF,0xBC,0x92,0xEF,0xBC,0x93
    };
    Encoding utf8 = Encoding.UTF8;
    Console.WriteLine("utf8:" + utf8.GetString(utf8Bytes));

    // UTF-16 のバイト列
    byte[] utf16Bytes = new byte[]{
        0x61,0x00,0x62,0x00,0x63,0x00,0x42,0x30,0x44
       ,0x30,0x46,0x30,0x11,0xFF,0x12,0xFF,0x13,0xFF
    };
    Encoding utf16 = Encoding.GetEncoding(1200);// バイト列の一部を変換
    Console.WriteLine("utf16:" + utf16.GetString(utf16Bytes,4,10));
}
```

⬇

```
sjis:abcあいう１２３
utf8:abcあいう１２３
utf16:cあいう１
```

参照 P.200「エンコーディングを変換する」

正規表現を作成する

≫ System.Text.RegularExpressions.Regex

メソッド

Regex　　正規表現（コンストラクタ）

書式 `public Regex(string pattern)`

パラメータ pattern: 正規表現パターン

例外

ArgumentException　　正規表現の解析エラーが発生した場合
ArgumentNullException　　pattern が null の場合

Regexクラスは、**正規表現**を表すクラスです。正規表現とは、さまざまな文字列をまとめて表現するための形式のことです。正規表現を使うことで、文字列比較では不可能な複雑な条件で文字列を検索できます。

正規表現では、**メタ文字**と呼ばれる特別な記号を使い、さまざまな文字列を表現します。正規表現の記法は実装によってさまざまです。.NETでは表のようなパターンを使用できます。

▼.NETの正規表現で使用可能な主なパターンと例

種類	パターン	意味	例	例の意味
文字	.(ピリオド)	任意の1文字	-	-
	¥s	空白文字。半角全角スペース、タブ、改行などを含む	-	-
	¥d	0から9までの数字(全角含む)	-	-
	¥D	数字以外のすべての文字	-	-
	¥w	単語に使われる文字。アルファベット、数字、アンダーバー(_)、ひらがな、カタカナ、漢字など	-	-
	¥n	改行	-	-
	¥t	タブ	-	-
	¥p{IsName}	Unicodeで定義された名前付きブロックNameに含まれる文字	{IsKatakana}	カタカナ
	¥P{IsName}	¥p{'IsName'}以外のすべての文字	¥P{IsKatakana}	カタカナ以外すべて
	[]	[]内のどれか1文字	[ABC]	A、B、Cのいずれか
	[-]	連続した文字のどれか1文字	[a-z]	小文字アルファベットすべて
	[^]	[^]内の文字以外の1文字	[^0-9]	半角数字以外すべて

種類	パターン	意味	例	例の意味
位置	^	文字列の先頭	^abc	文字列先頭のabc
	$	文字列の末尾	xyz$	文字列末尾のxyz
繰り返し	*	直前の文字の0回以上の繰り返し	¥d*	0桁以上の数字
	+	直前の文字の1回以上の繰り返し	¥s+	1文字以上の空白
	?	直前の文字の0回または1回の繰り返し	a+	aかaa
	{m,n}	直前の文字のm回以上n回以下の繰り返し	¥d{3,4}	3桁か4桁の数字
	{n}	直前の文字のn回の繰り返し	¥d{2}	2桁の数字

日本語のひらがな、カタカナ、漢字などについては、既定の正規表現にはありませんが、¥p{IsName}という書式でUnicodeで定義された名前付きブロックを参照することで、判別できます。以下の表はUnicodeで定義された名前付きブロックです。

▼Unicodeで定義された主な名前付きブロック

ブロック名	意味	文字コードの範囲
Hiragana	ひらがな	3040 - 309F
Katakana	カタカナ	30A0 - 30FF
CJKUnifiedIdeographs	漢字	4E00 - 9FFF

Regexクラスのコンストラクタは引数に指定された正規表現パターンを解析し、そのパターンに相当するインスタンスを返します。実際の検索方法は後述のMatch、Matchesメソッドを参照してください。

サンプル ▶ RegexNew.cs

```
public static void Main(string[] args)
{
    // 小文字アルファベット１文字に相当する正規表現
    Regex regex1 = new Regex("[a-z]");

    // アルファベット、数字でなる文字列に相当する正規表現
    Regex regex2 = new Regex("[a-zA-Z0-9]*");

    // 郵便番号（7 桁）に相当する正規表現
    Regex regex3 = new Regex("¥¥d{3}-¥¥d{4}");

    //b, ab, aab, aaab ,,, に対応する正規表現
    Regex regex4 = new Regex("a*b");

    // 先頭に○、末尾に。に相当する正規表現
    Regex regex5 = new Regex("^○.*。$");

    // すべてカタカナに相当する正規表現
    Regex regex6 = new Regex(@"^¥p{IsKatakana}*$");

    // すべて半角カタカナに相当する正規表現
    // 文字コードで半角カタカナの範囲を指定
    Regex regex7 = new Regex("^[¥¥uFF61-¥¥uFF9F]*$");
}
```

注意 ¥はC#言語自体で特殊な意味を持つ文字のため、""(ダブルクォート囲み)による文字列の定数内で正規表現の¥を使用する場合は、¥¥のように2回重ねて記述するか、定数の前に @ を記述する必要があります。

参照 P.34「リテラル」
P.208「正規表現で検索する」

正規表現で検索する

≫ System.Text.RegularExpressions.Regex、Match、MatchCollection

メソッド

Regex.Match	最初にマッチした文字列
Regex.Matches	マッチしたすべての文字列
Match.NextMatch	次にマッチした文字列

プロパティ

Match.Success	マッチしたかどうか
Match.Value	マッチした文字列
MatchCollection.Count	マッチした数
MatchCollection.Item	マッチを取得（インデクサ）

書式

```
public Match Match(
  string input[,int startIndex[,int length]])
public static Match Match(
  string input, string pattern[, RegexOptions options])
public MatchCollection Matches(
  string input[, int startIndex])
public static MatchCollection Matches(string input,
  string pattern[, RegexOptions options])
public Match NextMatch()
public bool Success { get; }
public string Value { get; }
public int Count { get; }
public virtual Match this[int i] { get; }
```

パラメータ

input: 検索対象の文字列
startIndex: 検索範囲の開始位置
length: 検索範囲の長さ
pattern: 正規表現パターン
options: 正規表現オプション
i: 取得するマッチのインデックス

例外

ArgumentNullException	input が null の場合
ArgumentOutOfRangeException	startIndex と length が文字列の範囲外の場合。options に無効なオプションが含まれている場合。i が 0 未満か Count プロパティ以上の場合

Matchメソッドは Regex オブジェクトの持つ正規表現パターンを元に、対象の文字列を検索し、結果をMatchオブジェクトとして返します。

正規表現のマッチ情報を表すMatchクラスには、マッチしたかどうかを取得するSuccessプロパティ、マッチした部分文字列を取得するValueプロパティがあります。NextMatchメソッドは次のマッチ情報を表すMatchオブジェクトを返します。

Matchesメソッドは、正規表現による検索を行い、マッチした箇所すべてを表すMatchCollectionオブジェクトを返します。MatchCollectionクラスのCountプロパティはマッチした数を、ItemプロパティはMatchオブジェクトを返します。ItemプロパティはMatchCollectionクラスのインデクサとなっていますので、Matchオブジェクトの配列のように扱えます。

Match／Matchesメソッドにはそれぞれ正規表現パターンをその場で指定するstaticなメソッドがあります。この場合、あらかじめ正規表現パターンからRegexオブジェクトを作成する必要はありませんが、正規表現パターンの解析を毎回行い、パフォーマンスに影響するので、ループ処理中など大量に呼び出す場合には向いていません。大量の呼び出しを行う場合にはstatic版のMatch、Matchesメソッドではなく、Regexオブジェクトをいったん作成した上でMatch／Matchesメソッドを呼び出すことを推奨します。

また、static版のMatch／Matchesメソッドには正規表現オプションを表すoptionsパラメータを指定可能です。

サンプル ▶ **RegexMatch.cs**

```
public static void Main(string[] args)
{
    string s1 = "abaabaaabaaaabbcDEF123zzz   ¥tzzz";

    // z で始まり z で終わるパターン
    Regex rex1 = new Regex("z.*z");
    // Match メソッドで検索
    Match m1 = rex1.Match(s1);
    Console.WriteLine(" マッチしたかどうか :{0}, マッチした部分文字列 :{1}"
        , m1.Success, m1.Value);

    // b、ab、aab、aaab、、、に対応する正規表現でマッチ箇所をまとめて検索
    MatchCollection mc = Regex.Matches(s1, "a*b");
    // マッチした数を表示
    Console.WriteLine(" マッチした数 :{0}",mc.Count);
    // MatchCollection を foreach でループ
    foreach (Match match in mc)
    {
        Console.WriteLine("MatchCollection でのマッチ箇所 :{0}"
            , match.Value);
    }

    // 同様に Match.NextMatch メソッドでループ
    Console.WriteLine("Match で検索後、NextMatch で次のマッチを検索 ");
```

```
    Match m2 = Regex.Match(s1, "a*b");
    // マッチが成功したかどうか
    while (m2.Success)
    {
        Console.WriteLine("Match.NextMatch でのマッチ箇所 :{0}"
            , m2.Value);
        m2 = m2.NextMatch();
    }
}
```

⬇

```
マッチしたかどうか :True, マッチした部分文字列 :zzz       zzz
マッチした数 :5
MatchCollection でのマッチ箇所 :ab
MatchCollection でのマッチ箇所 :aab
MatchCollection でのマッチ箇所 :aaab
MatchCollection でのマッチ箇所 :aaaab
MatchCollection でのマッチ箇所 :b
Match で検索後、NextMatch で次のマッチを検索
Match.NextMatch でのマッチ箇所 :ab
Match.NextMatch でのマッチ箇所 :aab
Match.NextMatch でのマッチ箇所 :aaab
Match.NextMatch でのマッチ箇所 :aaaab
Match.NextMatch でのマッチ箇所 :b
```

参照 P.99「インデクサを定義する」
P.211「正規表現の検索オプションを指定する」

Column Visual Studioの機能 - IntelliSense

C#で利用できるクラス、プロパティ、メソッドには、かなり長い名前を持つものがあります。統合開発環境であるVisual Studioには、そうした長い名前の入力を支援するため、**IntelliSense**という機能があります。以下の図のように名前の最初の数文字を入力した時点でIntelliSenseが働き、入力した文字で始まる名前が候補として一覧表示され、そこから選択することで、残りの部分の入力を省略できます。

▼IntelliSenseの例。「conso」で始まる名前が一覧表示される

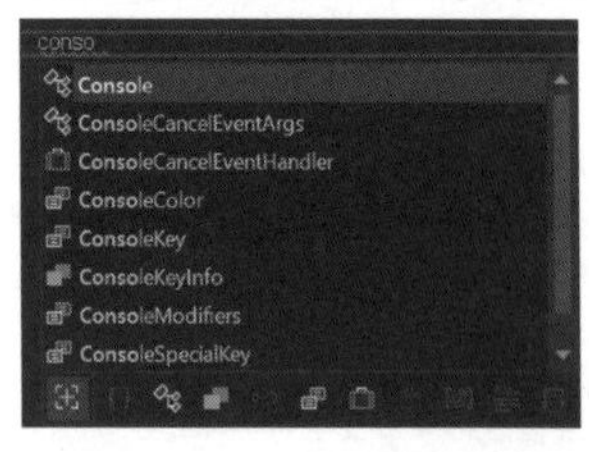

正規表現の検索オプションを指定する

» System.Text.RegularExpressions.Regex

メソッド

Regex	正規表現クラス(コンストラクタ)

書式

```
public Regex(string pattern[, RegexOptions options])
```

パラメータ

pattern: 正規表現パターン
options: 正規表現オプション

例外

ArgumentException	正規表現の解析エラーが発生した場合
ArgumentNullException	pattern が null の場合
ArgumentOutOfRangeException	options に無効なオプションが含まれている場合

Regexクラスのコンストラクタには、正規表現による検索オプションを指定するoptionsパラメータを指定できます。また、Regexクラスのstatic版のMatch/Matchesメソッドにも、同様に検索オプションを指定可能です。

optionsパラメータにはRegexOptions列挙体の値を組み合わせて指定します。複数の値を指定する場合は|(論理和演算子)を挟んで記述します。

▼RegexOptions列挙体の主なメンバ

値	意味
None	オプションを指定しない
IgnoreCase	大文字と小文字を区別しない
Multiline	複数行モード。^と$を文字列の先頭末尾だけでなく、任意の行の先頭末尾にマッチさせる
Singleline	単一行モード。.(ピリオド)を改行(¥n)を含むすべての文字とマッチさせる
RightToLeft	検索を右から左に行う

サンプル ▶ **RegexOptionsSample.cs**

```
public static void Main(string[] args)
{
    string s1 = "abaab¥naaabaaaabbcDEF123zzz   ¥tzzz";

    // 先頭の a を検索
    Regex rex1 = new Regex("^a");
    MatchCollection m1 = rex1.Matches(s1);
    Console.WriteLine("通常モードでのマッチ数:" + m1.Count);
    // 複数行モードで ^a が改行後の a にもヒットするように
    Regex rex2 = new Regex("^a",RegexOptions.Multiline);
    MatchCollection m2 = rex2.Matches(s1);
    Console.WriteLine("複数行モードでのマッチ数:" + m2.Count);

    // 大文字と小文字の違いを無視
    Match m3 = Regex.Match(s1, "def", RegexOptions.IgnoreCase);
    Console.WriteLine("大文字小文字無視でのマッチ箇所:" + m3.Value);

    // A で始まり F で終わるパターン
    Regex rex3 = new Regex("A.*F"
        // RegexOptions は | で複数まとめて指定可能
        // 単一行モードかつ大文字と小文字の違いを無視
        , RegexOptions.Singleline | RegexOptions.IgnoreCase);
    Match m4 = rex3.Match(s1);
    Console.WriteLine("複数オプションでのマッチ箇所:" + m4.Value);
}
```

⬇

```
通常モードでのマッチ数:1
複数行モードでのマッチ数:2
大文字小文字無視でのマッチ箇所:DEF
複数オプションでのマッチ箇所:abaab   ←マッチ箇所が改行を含むので
aaabaaaabbcDEF                    ←2 行に渡っている
```

参照 P.208「正規表現で検索する」

正規表現のパターンをグループで指定する

≫ System.Text.RegularExpressions.Match、GroupCollection、Group

プロパティ

Match.Groups	グループのコレクション
GroupCollection.Item	インデックス、文字列によるグループを取得
Group.Index	マッチしたグループの位置
Group.Value	グループのマッチした文字列

書式

```
public virtual GroupCollection Groups { get; }
public Group this[int groupnum] { get; }
public Group this[string groupname] { get; }
public int Index { get; }
public string Value { get; }
```

パラメータ

groupnum: 取得するグループ番号
groupname: 取得するグループ名

正規表現による検索で有効なのは、**グループ**という機能です。グループとは、正規表現パターンをいくつかの部分に分け、それぞれの箇所がどこにマッチしたかを参照する機能です。たとえば正規表現グループにより、「メールアドレスなどの複雑なパターンを持つ文字列を正規表現でマッチさせ、@の前の部分だけを切り出す」といった機能を実現できます。

正規表現パターン内にグループを作成するには、該当箇所を()で囲みます。また、()内の先頭に「?<グループ番号またはグループ名>」のように記述することで、グループ番号ないしはグループ名を割り当てることができます。これにより、正規表現の修正の際などに、グループの数が増減し、取得結果がずれてしまうのを避けられます。

マッチ情報を表すMatchオブジェクトのGroupsプロパティは、グループを表すGroupオブジェクトのコレクションであるGroupCollectionオブジェクトを返します。

GroupCollectionオブジェクトのItemプロパティは、指定されたグループ番号またはグループ名に相当するGroupオブジェクトを返します。

GroupオブジェクトのIndexプロパティは、マッチした箇所が元の文字列のどの位置に相当するかを、Valueプロパティはマッチした文字列を返します。

サンプル ▶ RegexMatchGroup.cs

```
public static void Main(string[] args)
{
    string s1 = "hogehoge@sample.com";
    // 簡易版のメールアドレス正規表現
    // 小文字アルファベットと数字で構成。@ の後ろはピリオドを挟むこと
    // @ の前と後を () で囲んでグループ化
    Regex email1 = new Regex("([a-z0-9]*)@([a-z0-9.]+¥¥.[a-z0-9]+)");
    Match m1 = email1.Match(s1);
    // 各グループの内容を取得
    foreach (Group group in m1.Groups)
    {
        Console.WriteLine(" グループの位置 :{0}, 文字列 :{1}"
            ,group.Index,group.Value);
    }

    // グループ名つき正規表現
    Regex email2 = new Regex(
        "(?<account>[a-z0-9]*)@(?<domain>[a-z0-9.]+¥¥.[a-z0-9]+)");
    Match m2 = email2.Match(s1);

    // account, domain グループを取得
    Group accountGroup = m2.Groups["account"];
    Group domainGroup = m2.Groups["domain"];
    Console.WriteLine(" アカウント :{0}, ドメイン :{1}"
        , accountGroup.Value, domainGroup.Value);
}
```

⬇

```
グループの位置 :0, 文字列 :hogehoge@sample.com
                        ↑グループ番号 0 はマッチ文字列全体
グループの位置 :0, 文字列 :hogehoge         ←グループ番号 1 は @ の前
グループの位置 :9, 文字列 :sample.com       ←グループ番号 2 は @ の後
アカウント :hogehoge, ドメイン :sample.com
```

注意 サンプル中で使用しているメールアドレスの正規表現は、グループ機能説明のための非常に限定的な表現ですので、実際のコードでは使用しないでください。

正規表現で文字列を置換する

≫ System.Text.RegularExpressions.Regex

メソッド

Replace	正規表現で文字列を置換

書式

```
public string Replace(string input, string replacement)
public string Replace(
  string input, MatchEvaluator evaluator)
public static string Replace(string input, string
  pattern, string replacement[, RegexOptions options])
public string Replace(string input, string pattern,
  MatchEvaluator evaluator[, RegexOptions options])
```

パラメータ

input: 検索対象の文字列
replacement: 置換する文字列
evaluator: マッチするごとに呼び出されるメソッド
pattern: 正規表現パターン
options: 正規表現オプション

例外

ArgumentException	正規表現の解析エラーが発生した場合
ArgumentNullException	input、replacement、pattern、evaluatorがnullの場合
ArgumentOutOfRangeException	optionsに無効なオプションが含まれている場合

Replaceメソッドは正規表現でマッチした部分を置換した文字列を返します。

置換する文字列であるreplacementパラメータでは、グループ番号またはグループ名を${}で囲むことで、特定のグループを参照できます。置換する文字列においては、グループの参照以外の正規表現は無視され、通常の文字として評価されます。

置換内容をより詳細にカスタマイズする場合は、evaluatorパラメータを持つReplaceメソッドを使用します。evaluatorパラメータにメソッドのデリゲートを指定すると、そのメソッドがマッチごとに呼び出されます。ここで指定するメソッドの戻り値の文字列が、マッチ箇所に置換されます。サンプルでは、メールアドレスを含む文字列のうち、メールアドレス部分だけを小文字化しています。

Replaceメソッドには正規表現パターンをその場で指定するstaticなメソッドがあります。その場合には正規表現オプションを表すoptionsパラメータを指定可能です。

サンプル ▶ **RegexReplace.cs**

```
public static void Main(string[] args)
{
    string s1 = "abcDEF123zzz    ¥tzzz";
    // z で始まり z で終わるパターン
    Regex rex1 = new Regex("z.*z");
    // Replace メソッドで置換
    Console.WriteLine(" 置換結果 :" + rex1.Replace(s1,"zz"));

    // 時間を hh:mm:ss から hh 時 mm 分 ss 秒に変換
    string s2 = "20:12:20";
    // 時、分、秒の数値をグループ名をつけてパターン指定
    Regex time = new Regex(
        "(?<hour>¥¥d{2}):(?<minute>¥¥d{2}):(?<second>¥¥d{2})");
    // 置換後の文字列では ${} で各グループを参照
    string timeReplacePattern = "${hour} 時 ${minute} 分 ${second} 秒 ";
    string m2 = time.Replace(s2, timeReplacePattern);
    Console.WriteLine(" グループによる置換結果 :" + m2);

    // 大文字小文字混じりのメールアドレスを小文字に変換したい
    // ただしメールアドレス以外の部分はそのままにしたい
    string s3 = "Doi Tsuyoshi <DoiDoi@Sample.COM>";
    // 簡易メールアドレス正規表現
    Regex email = new Regex("(?<account>[a-zA-Z0-9]*)@(?<domain>
        [a-zA-Z0-9.]+¥¥. [a-zA-Z0-9]+)");
    // マッチ部分を小文字化する MailToLower メソッドを呼び出すデリゲート
    string m3 = email.Replace(s3,new MatchEvaluator(MailToLower));
    Console.WriteLine("MatchEvaluator による置換結果 :" + m3);
}
static string MailToLower(Match m)
{
    // マッチした文字列を小文字化
    return m.Value.ToLower();
}
```

```
置換結果 :abcDEF123zz
グループによる置換結果 :20 時 12 分 20 秒
MatchEvaluator による置換結果 :Doi Tsuyoshi <doidoi@sample.com>
```

参照 P.211「正規表現の検索オプションを指定する」

オブジェクトをJSON文字列に変換する

≫ System.Text.Json.JsonSerializer、System.Text.Json.JsonSerializerOptions、System.Text.Encodings.Web.JavaScriptEncoder、System.Text.Unicode.UnicodeRanges

メソッド

JsonSerializer.Serialize	オブジェクトをJSON文字列に変換する
JsonSerializerOptions	オブジェクトをJSON文字列に変換する際のオプション（コンストラクタ）
JavaScriptEncoder.Create	エンコーダを作成する

プロパティ

JsonSerializerOptions.Encoder	変換時に使用するエンコーダ
JsonSerializerOptions.WriteIndented	インデントを付与するか
UnicodeRanges.All	Unicodeの全文字セット

属性

JsonPropertyName	JSONに変換する際のキー文字列

書式

```
public string Serialize(Object obj, [JsonSerializerOptions
  options])
public JsonSerializerOptions()
  public static System.Text.Encodings.Web.JavaScriptEncoder
  Create (params System.Text.Unicode.UnicodeRange[]
  allowedRanges)
public System.Text.Encodings.Web.JavaScriptEncoder? Encoder
  { get; set; }
  public bool WriteIndented { get; set; }
  [JsonPropertyName(string propertyName)]
```

パラメータ

obj: 変換するオブジェクト
options: 変換オプション
allowedRanges: エンコードしない文字セット
propertyName: キー文字列

JSONとはJavaScript Object Notationの略で、JavaScript言語でのオブジェクト表記を元に作られたデータ交換フォーマットです。テキストベースで人間にも分かりやすい表記のため、Web APIなどを含め、広範囲に利用されています。

JsonSerializerクラスはJSON文字列とオブジェクトを相互に変換するクラスです。Serializeメソッドはobjパラメータのオブジェクトを JSON文字列に変換するメソッドです。オプション無しで呼び出した場合、日本語などはエンコードされ、改行やインデントなどを含まない形式で文字列に変換します。

JsonSerializerOptionsクラスはJsonSerializerで変換する際のオプション指定を表すクラスです。Encoderプロパティは変換時に使用するエンコーダを指定します。JavaScriptEncoderオブジェクトを返すJavaScriptEncoder.Createメソッドに、Unicodeの全文字セットを表すUnicodeRanges.Allオブジェクトを指定することで、日本語を含め、すべての文字をエンコードしない、というエンコーダを取得します。WriteIndentedプロパティは変換時にインデントや改行を付与するかどうかを表すプロパティです。

サンプルでは、最初のSerializeメソッドはデフォルトのJSON変換により、日本語がエンコードされ、インデントや改行を含まない出力となっています。次に、JsonSerializerOptionsオブジェクトを使用し、日本語をそのまま、インデントや改行を含む、わかりやすい出力としています。

JSON変換の際、キー文字列は対象のオブジェクトのプロパティ名がデフォルトで使用されますが、対象のプロパティにJsonPropertyName属性を付与することで、キー文字列を明示的に指定できます。サンプルの最後では、Departmentクラスの2つのプロパティに付与したJsonPropertyName属性がキー文字列として使用されています。

サンプル ▶ **Obj2Json.cs**

```
class Member
{
    public string FirstName { get; set; }
    public string LastName { get; set; }
    public int Age { get; set; }
}

class Department
{
    [JsonPropertyName("DepartmentName")]
    public string Name { get; set; }
    [JsonPropertyName("DepartmentId")]
    public int Id { get; set; }
}

internal class Obj2Json
{
    public static void Main(string[] args)
    {
        var member = new Member() { FirstName = "毅", LastName = "土井", ⏎
Age = 45};
        Console.WriteLine(JsonSerializer.Serialize(member));

        // 日本語が化けないように。インデントも付ける
        var options = new JsonSerializerOptions
        {
```

```
            Encoder = JavaScriptEncoder.Create(UnicodeRanges.All),
            WriteIndented = true,
        };

        Console.WriteLine(JsonSerializer.Serialize(member, options));

        //JsonPropertyName 属性を付けたクラス
        var department = new Department() { Name = "経理部", Id = 1 };
        Console.WriteLine(JsonSerializer.Serialize(department, options));

        Console.ReadKey();
    }
}
```

⬇

```
↓日本語はエンコードされ、インデントや改行がない
{"FirstName":"¥u6BC5","LastName":"¥u571F¥u4E95","Age":45}

↓日本語はそのまま、インデント、改行有りで出力
{
  "FirstName": "毅",
  "LastName": "土井",
  "Age": 45
}

↓ JsonPropertyName 属性で指定した文字列がキー文字列として使われる
{
  "DepartmentName": "経理部",
  "DepartmentId": 1
}
```

JSON 文字列をオブジェクトに変換する

≫ System.Text.Json.JsonSerializer

メソッド

JsonSerializer.Deserialize　　JSON 文字列をオブジェクトに変換する

書式 public static TValue? Deserialize<TValue> (string json);

パラメータ TValue: 変換したオブジェクトの型
json: 変換するJSON文字列

JsonSerializerクラスのDeserializeメソッドはJSON文字列を、TValue型のオブジェクトに変換するメソッドです。

階層のないシンプルなJSONであれば、サンプルのようにキー、値のセットを表すDictionary型に変換して扱えます。

特定の型を指定した場合、プロパティ名とマッチするフィールドにそれぞれ値がセットされます。サンプルではMember型に変換し、JSONの値が各プロパティにセットされることを確認しています。

また、JsonPropertyName属性が付与されたフィールドについては、その属性値を参照してオブジェクトへの変換を行います。サンプルではDepartment型への変換の際に、JsonPropertyName属性が参照されることを確認しています。

JSONは[](角括弧)にて、配列を表現することができますが、DeserializeメソッドでList型を指定することで、配列もそのまま変換できます。サンプルでは、配列を含むJSONをList<Member>型に変換しています。

サンプル ▶ Json2Obj.cs

```
class Member
{
    public string FirstName { get; set; }
    public string LastName { get; set; }
    public int Age { get; set; }
}

class Department
{
    [JsonPropertyName("DepartmentName")]
    public string Name { get; set; }
    [JsonPropertyName("DepartmentId")]
    public int Id { get; set; }
}

public static void Main(string[] args)
{
```

```
    //JSON文字列をDictionary型に変換
    string jsonStr = @"{""name"": ""土井"", ""age"": ""45""}";
    var dict = JsonSerializer.Deserialize<Dictionary<string, ↵
string>>(jsonStr);
    foreach (string key in dict.Keys)
    {
        Console.WriteLine("キー: " + key + " 値: " + dict[key]);
    }

    //JSON文字列をMember型に変換
    string jsonStr2 = @"{""FirstName"": ""毅"",""LastName"": ""土井"", ↵
""Age"": 45}";
    var member = JsonSerializer.Deserialize<Member>(jsonStr2);
    Console.WriteLine($"{member.LastName} {member.FirstName}: {member.Age}");

    //JSON文字列をDepartment型に変換
    var jsonStr3 = @"{""DepartmentName"": ""経理部"",""DepartmentId"": 3}";
    var department = JsonSerializer.Deserialize<Department>(jsonStr3);
    Console.WriteLine($"{department.Name} {department.Id}");

    //配列を含むJSONをList<Member>型に変換
    string jsonStr4 = @"[
    {""FirstName"": ""毅"",""LastName"": ""土井"", ""Age"": 45},
    {""FirstName"": ""茂"",""LastName"": ""佐藤"", ""Age"": 30}
    ]";

    var members = JsonSerializer.Deserialize<List<Member>>(jsonStr4);
    foreach(var memb in members)
    {
        Console.WriteLine($"{memb.LastName} {memb.FirstName}: {memb.Age}");
    }

    Console.ReadKey();
}
```

⬇

```
キー: name 値: 土井 ← Dictionary型に変換
キー: age 値: 45
土井 毅: 45          ← Member型に変換
経理部 3             ← Department型に変換
土井 毅: 45          ← List<Member>型に変換
佐藤 茂: 30
```

絶対値を求める

≫ System.Math

メソッド

Abs	絶対値を取得

書式 public static T Abs(T value)

パラメータ T: 任意の数値型
value: 数値

例外

OverflowException	整数型で value が MinValue プロパティに等しい場合

Absメソッドは数値型のvalueパラメータの絶対値を返します。任意の数値型について呼び出し可能です。戻り値は引数と同じ型になります。

サンプル ▶ MathAbs.cs

```
public static void Main(string[] args)
{
    int i1 = -32;
    Console.WriteLine("int の絶対値 :" + Math.Abs(i1));
    double d1 = -123.456;
    Console.WriteLine("double の絶対値 :" + Math.Abs(d1));
}
```

⬇

```
int の絶対値 :32
double の絶対値 :123.456
```

三角関数を利用する

≫ System.Math

メソッド

Sin	サインを取得
Cos	コサインを取得
Tan	タンジェントを取得
Asin	アークサインを取得
Acos	アークコサインを取得
Atan	アークタンジェントを取得
Atan2	アークタンジェントを取得

フィールド

PI	円周率

書式

```
public static double Sin(double a)
public static double Cos(double a)
public static double Tan(double a)
public static double Asin(double d)
public static double Acos(double d)
public static double Atan(double d)
public static double Atan2(double y, double x)
public const double PI
```

パラメータ

a: 角度(ラジアン)
d: サイン／コサイン／タンジェントの値
x, y: 求めたい点のx、y座標

例外

OverflowException	整数型で value が MinValue プロパティに等しい場合

Sin／Cos／Tanメソッドは三角関数を計算して返します。角度のaパラメータはラジアンで表します。

Asin／Acos／Atanメソッドは逆関数で、サイン、コサイン、タンジェントの値から角度を計算して返します。Atan2メソッドはアークタンジェントを座標から計算して返します。

PIフィールドは円周率πの値をdouble型(3.14159265358979323846)で返します。角度からラジアンへの変換(ラジアン＝角度×π÷180)にも使用します。

サンプル ▶ **MathTrigono.cs**

```
public static void Main(string[] args)
{
    int angle = 30;
    double radian = Math.PI / 180 * angle;

    Console.WriteLine("Sin30° :" + Math.Sin(radian));
    Console.WriteLine("Cos30° :" + Math.Cos(radian));
    Console.WriteLine("Tan30° :" + Math.Tan(radian));

    double cos = 0.5;
    Console.WriteLine("Cosが0.5になる角度 :"
        + Math.Acos(cos) * 180 / Math.PI);

    double x = 1;
    double y = 1;
    Console.WriteLine("(x,y) = (1,1) になる角度 :"
        + Math.Atan2(y, x) * 180 / Math.PI);
}
```

⬇

```
Sin30° :0.5
Cos30° :0.866025403784439
Tan30° :0.577350269189626
Cosが0.5になる角度 :60
(x,y) = (1,1) になる角度 :45
```


Column Visual Basicの現在

VB(Visual Basic)は、長く愛用されてきたプログラミング言語の1つです。.NET FrameworkでもVB.NETとしてサポートされ、さまざまな言語拡張も続けられました。ただ、.NET 5時点でのニュースリリースにおいて、VBは言語としての開発が終了しており、今後言語の変更が必要になるような.NETの将来の機能において、VBがサポートされなくなる可能性があると発表されています。こうした背景を踏まえ、今後のVBの活用は過去のソフトウェア資産のメンテナンス用など、限定的な用途に留まりそうです。

大小を比較する

≫ System.Math

メソッド

Max	最大を取得
Min	最小を取得

書式 public static T Max(T val1, T val2)
public static T Min(T val1, T val2)

パラメータ T: 任意の数値型
val1,val2: 比較する数値

Max、Minメソッドは2つの数値のうち、最大／最小のものを返します。任意の数値型について呼び出し可能です。戻り値は引数と同じ型になります。

サンプル ▶ **MathMinMax.cs**

```
public static void Main(string[] args)
{
    double d1 = 123.456;
    double d2 = 100;
    Console.WriteLine("Max(d1, d2):" + Math.Max(d1, d2));
    Console.WriteLine("Min(d1, d2):" + Math.Min(d1, d2));
}
```

⬇

```
Max(d1, d2):123.456
Min(d1, d2):100
```

切り捨て／切り上げ／四捨五入する

≫ System.Math

メソッド

Floor	切り捨て（それ以下の最大の整数）
Ceiling	切り上げ（それ以上の最小の整数）
Round	最も近い整数を取得

書式

```
public static T Floor(T d)
public static T Ceiling(T d)
public static T Round(T d[, int digits [,
  MidpointRounding mode]])
public static T Round(T d[, MidpointRounding mode])
```

パラメータ

T:decimalまたはdouble型
d:数値
digits:小数部の桁数
mode:valueが2つの数値の中間にある場合の丸め方

例外

ArgumentOutOfRangeException	digitsが0より小さいか15を超える場合
ArgumentException	modeが有効なMidpointRounding構造体の値でない場合

Floorメソッドは指定された数値以下の最大の整数を返します。小数点以下の数値を切り捨てる操作に相当します。

Ceilingメソッドは指定された数値以上の最小の整数を返します。小数点以下の数値を切り上げる操作に相当します。

Roundメソッドは指定された数値に最も近い整数を返します。digitsパラメータを指定した場合は、小数部を指定した桁数に丸めます。

Roundメソッドでは、数値がちょうど中間の値(整数の場合であれば0.5)の場合に、どちらに丸めるかをmodeパラメータで指定します。modeパラメータは以下の表のようなMidpointRounding構造体の値を指定します。

▼MidpointRounding構造体の値

値	意味
ToEven	最も近い偶数方向に丸める
AwayFromZero	0から遠い方向に丸める

AwayFromZeroは四捨五入操作を行います。

ToEvenは「最近接偶数への丸め」、「銀行家の丸め(banker's rounding)」などと呼ばれる、偶数となる側に丸める操作を行います。modeパラメータ未指定の場合は最近接偶数への丸めを行います。

サンプル ▶ **MathRound.cs**

```
public static void Main(string[] args)
{
    Console.WriteLine("Floor(1.2), Ceiling(1.2),
        Round(1.2):{0},{1},{2}",
        Math.Floor(1.2),Math.Ceiling(1.2),Math.Round(1.2));
    Console.WriteLine("Floor(-1.2), Ceiling(-1.2),
        Round(-1.2):{0},{1},{2}",
        Math.Floor(-1.2), Math.Ceiling(-1.2), Math.Round(-1.2));
    Console.WriteLine("Floor(2.5), Ceiling(2.5),
        Round(2.5):{0},{1},{2}",
        Math.Floor(2.5), Math.Ceiling(2.5), Math.Round(2.5));
    // AwayFromZero なので四捨五入で 3
    Console.WriteLine("Round(2.5,MidpointRounding.AwayFromZero):"
        + Math.Round(2.5, MidpointRounding.AwayFromZero));
    // ToEven なので 2.145 は対象の 2 桁目が偶数の 2.14 に丸められる
    Console.WriteLine("Round(2.145,2):" + Math.Round(2.145, 2));
    // AwayFromZero なので対象桁までの四捨五入で 2.15 に丸められる
    Console.WriteLine(
        "Round(2.145,2,MidpointRounding.AwayFromZero):"
        + Math.Round(2.145,2, MidpointRounding.AwayFromZero));
}
```

⬇

```
Floor(1.2), Ceiling(1.2), Round(1.2):1,2,1
Floor(-1.2), Ceiling(-1.2), Round(-1.2):-2,-1,-1
Floor(2.5), Ceiling(2.5), Round(2.5):2,3,2
Round(2.5,MidpointRounding.AwayFromZero):3
Round(2.145,2):2.14
Round(2.145,2,MidpointRounding.AwayFromZero):2.15
```

注意 Floor／Ceiling／Roundメソッドは、負の値の場合に一般的な切り捨て、切り上げ、四捨五入とは異なる動作をする場合があります。それぞれの仕様をよく確認して使用してください。

平方根／累乗を求める

≫ System.Math

メソッド

Sqrt	平方根を取得
Pow	累乗を取得

書式

```
public static double Sqrt(double d)
public static double Pow(double x, double y)
```

パラメータ

d: 対象の値
x: 累乗対象の値
y: 累乗する値

Sqrtメソッドは指定された値の平方根を返します。
Powメソッドは指定された値の累乗を返します。

サンプル ▶ MathPow.cs

```
public static void Main(string[] args)
{
    // 2の平方根
    Console.WriteLine("Sqrt(2):" + Math.Sqrt(2));
    // Pow(225,0.5) = 225の平方根
    Console.WriteLine("Pow(225,0.5):" + Math.Pow(225, 0.5));
    // Pow(729,1/3) = 729の立方根
    Console.WriteLine("Pow(729,1/3):" + Math.Pow(729, 1.0/3.0));

    Console.WriteLine("Pow(2,-3):" + Math.Pow(2,-3));
}
```

⬇

```
Sqrt(2):1.4142135623730951
Pow(225,0.5):15
Pow(729,1/3):8.999999999999998
Pow(2,-3):0.125
```

指数／対数を利用する

≫ System.Math

メソッド

Log	自然対数を取得
Log10	底10の対数を取得

フィールド

E	自然対数の底を取得

書式

```
public static double Log(double a[, double newBase])
public static double Log10(double a)
public const double E
```

パラメータ

a：対象の数値

newBase：対数の底

Logメソッドは底がeの自然対数を返します。newBaseパラメータを指定した場合は底をnewBaseとして計算します。

Log10メソッドは底が10の自然対数を返します。

Math.Eフィールドは自然対数の底(e)をdouble型(2.7182818284590451)で返します。

サンプル ▶ MathLog.cs

```
public static void Main(string[] args)
{
    Console.WriteLine("Log(10):" + Math.Log(10));
    Console.WriteLine("Log2(65536):" + Math.Log(65536,2));
    Console.WriteLine("Log10(1000000):" + Math.Log10(1000000));
    Console.WriteLine("e:" + Math.E);
    Console.WriteLine("e^2:" + Math.Pow(Math.E,2));
}
```

⬇

```
Log(10):2.302585092994046
Log2(65536):16
Log10(1000000):6
e:2.718281828459045
e^2:7.3890560989306495
```

カルチャ情報を取得/生成する

» System.Globalization.CultureInfo

メソッド

CultureInfo	カルチャ情報（コンストラクタ）

プロパティ

CurrentCulture	現在のカルチャ情報
Name	カルチャ名

書式

```
public CultureInfo(string name)
public static CultureInfo CurrentCulture { get; }
public virtual string Name { get; }
```

パラメータ name: カルチャ名

例外

ArgumentNullException	name が null の場合
CultureNotFoundException	name が正しいカルチャ名でない場合

数値や通貨、日時などの情報をどのように表記するかは、文化や言語によって大きく異なります。.NETにおいては、そうした情報を**カルチャ**と呼ばれる概念でまとめて扱います。これにより、文化や言語によって異なる表記に、プログラムで個別対応する必要が減り、国際化対応がスムーズに行えます。

CultureInfoクラスのコンストラクタはnameパラメータに指定されたカルチャのカルチャ情報を返します。

カルチャ名は{言語名}-{国名}のように、言語と国名を組み合わせて表記します。国名を省略した言語名だけでも問題ありません。以下の表は主なカルチャ名です。

▼.NETで使用可能な主なカルチャ名

カルチャ名	意味
ja-JP	日本語 - 日本
en-US	英語 - 米国
en-GB	英語 - 英国
zh-HK	中国語 - 香港
zh-CN	中国語 - 中国
zh-CHS	簡体字中国語
zh-CHT	繁体字中国語
fr-FR	フランス語 - フランス
de-DE	ドイツ語 - ドイツ
hi-IN	ヒンディー語 - インド
ko-KR	韓国語 - 韓国
ru-RU	ロシア語 - ロシア
tr-TR	トルコ語 - トルコ

CurrentCultureプロパティは現在のカルチャを返します。Nameプロパティはカルチャ名を返します。

CultureInfoクラスは、文字列型や日時型のさまざまなメソッドと組み合わせることで、それらのデータをカルチャに沿って変換できます。サンプルではStringクラスのFormatメソッドとカルチャ情報を組み合わせることで、各国の通貨や日時の表記を比較しています。

サンプル ▶ **CultureInfoNew.cs**

```
public static void Main(string[] args)
{
    CultureInfo current = CultureInfo.CurrentCulture;
    Console.WriteLine("現在のカルチャ名:" + current.Name);

    int i1 = 123456;
    //日本カルチャでの表記
    //数値:通貨。¥表記3桁区切り
      Console.WriteLine(string.Format("数値通貨表記:{0:C}", i1));
    //日付は年月日
      Console.WriteLine(string.Format("日付表記:{0:D}¥n",
          DateTime.Now));

    //en-US(米国)カルチャでの表記
    CultureInfo enUs = new CultureInfo("en-US");
    Console.WriteLine("カルチャ名:" + enUs.Name);
    //通貨は$表記3桁区切り
    Console.WriteLine(string.Format(
        enUs, "数値通貨表記:{0:C}", i1));
```

```
    // 日付は曜日、月名、日、年の順
    Console.WriteLine(string.Format(enUs," 日付表記 :{0:D}¥n",
        DateTime.Now));

    //ru-RU（ロシア）カルチャでの表記
    CultureInfo ruRu = new CultureInfo("ru-RU");
    Console.WriteLine(" カルチャ名 :" + ruRu.Name);
    // 通貨は $ 表記 3 桁区切り
    Console.WriteLine(string.Format(
        ruRu, " 数値通貨表記 :{0:C}", i1));
    // 日付は曜日、月名、日、年の順
    Console.WriteLine(string.Format(ruRu, " 日付表記 :{0:D}¥n",
        DateTime.Now));

    //hi-IN（インド）カルチャでの表記。
    CultureInfo hiIn = new CultureInfo("hi-IN");
    Console.WriteLine(" カルチャ名 :" + hiIn.Name);
    // 通貨は桁区切りがかなり特殊
    Console.WriteLine(string.Format(
        hiIn, " 数値通貨表記 :{0:C}", i1));
    // 日付も異なる
    Console.WriteLine(string.Format(
        hiIn, " 日付表記 :{0:D}", DateTime.Now));
}
```

⬇

```
現在のカルチャ名 :ja-JP
数値通貨表記 :¥123,456
日付表記 :2024 年 1 月 12 日

カルチャ名 :en-US
数値通貨表記 :$123,456.00
日付表記 :Friday, January 12, 2024

カルチャ名 :ru-RU
数値通貨表記 :123 456,00 ₽
日付表記 : пятница, 12 января 2024 г.

カルチャ名 :hi-IN
数値通貨表記 : ₹1,23,456.00
日付表記 : शुक्रवार, 12 जनवरी 2024
```

参照 P.180「文字列を整形する」

カルチャ情報をカスタマイズする

» System.Globalization.CultureInfo

プロパティ

NumberFormat	数値書式
DateTimeFormat	日時書式
Calendar	カレンダー

書式

```
public virtual NumberFormatInfo NumberFormat { get;set; }
public virtual DateTimeFormatInfo DateTimeFormat { get;set; }
public virtual Calendar Calendar { get; }
```

NumberFormatプロパティはカルチャの数値や通貨に関する書式情報のNumberFormatInfoオブジェクトを返します。

NumberFormatInfoクラスには以下の表のようなプロパティがあります。

▼NumberFormatInfoクラスの主なプロパティ

プロパティ名	意味
CurrencyGroupSeparator	通貨の桁区切り文字
CurrencyGroupSizes	桁区切りを行う桁数
CurrencySymbol	通貨記号
NativeDigits	0-9に相当する文字配列
NumberGroupSeparator	数値の桁区切り文字
NumberGroupSizes	数値の桁区切りを行う桁数

DateTimeFormatプロパティはカルチャの日時に関する書式情報のDateTimeFormatInfoオブジェクトを返します。DateTimeFormatInfoには以下の表のようなプロパティがあります。

▼NumberFormatInfoクラスの主なプロパティ

プロパティ名	意味
DayNames、AbbreviatedDayNames	曜日名、曜日省略名の配列
MonthNames、AbbreviatedMonthNames	月名、月省略名の配列
FirstDayOfWeek	週の最初の曜日
FullDateTimePattern	日時の書式
LongDatePattern、ShortDatePattern	日付の長い、短い書式
LongTimePattern、ShortTimePattern	時間の長い、短い書式

Calendarプロパティはカルチャのカレンダーに関する情報のCalendarオブジェクトを返します。カルチャ情報のこれらのプロパティをカスタマイズすることで、

希望の書式で数値や日付を出力できます。

サンプル ▶ **CultureInfoCustomize.cs**

```
public static void Main(string[] args)
{
    CultureInfo current = CultureInfo.CurrentCulture;
    // カルチャ情報は読み取り専用の部分があるため、Clone メソッドでコピー
    CultureInfo culture = (CultureInfo)current.Clone();
    NumberFormatInfo numberFormatInfo = culture.NumberFormat;
    DateTimeFormatInfo dateTimeFormatInfo = culture.DateTimeFormat;
    Console.WriteLine("現在のカルチャ名:" + culture.Name);
    Console.WriteLine(
        "通貨記号:{0}¥n 数値の桁区切り文字:{1}"
        , numberFormatInfo.CurrencySymbol
        , numberFormatInfo.NumberGroupSeparator);
    Console.WriteLine(
        "数値の桁区切りの桁数:{0}¥n 日時書式:{1}"
        , numberFormatInfo.NumberGroupSizes[0]
        , dateTimeFormatInfo.FullDateTimePattern);

    int i1 = 123456789;

    Console.WriteLine("デフォルトカルチャ");
    // 数値:通貨。¥表記 3 桁区切り
    Console.WriteLine(string.Format("数値通貨表記:{0:C}", i1));
    // 日付は年月日
    Console.WriteLine(string.Format(
        "日付表記:{0:F}", DateTime. Now));

    Console.WriteLine("カスタマイズしたカルチャ");
    // 日時書式の変更
    culture.DateTimeFormat.FullDateTimePattern = "yyyy/MM/dd hh:mm";
    // 桁区切りを 4 桁ごとに変更
    culture.NumberFormat.CurrencySymbol = "￥";
    culture.NumberFormat.CurrencyGroupSizes = new int[] { 4 };
    // 桁区切り文字を、に変更
    culture.NumberFormat.CurrencyGroupSeparator = "、";

    // カスタマイズした通貨書式
    Console.WriteLine(string.Format(
        culture,"数値通貨表記:{0:C}", i1));
    // カスタマイズした日時書式
    Console.WriteLine(string.Format(
        culture,"日付表記:{0:F}", DateTime.Now));
}
```

⬇

```
現在のカルチャ名:ja-JP
通貨記号:¥
数値の桁区切り文字:,
数値の桁区切りの桁数:3
日時書式:yyyy'年'M'月'd'日' H:mm:ss
デフォルトカルチャ
数値通貨表記:¥123,456,789
日付表記 :2024年1月12日 13:25:43
カスタマイズしたカルチャ
数値通貨表記: ¥1、2345、6789
日付表記 :2024/01/12 01:25
```

参照 P.160「カレンダーを取得する」
P.180「文字列を整形する」

Column Visual Studioのリファクタリング - メソッドの抽出

Visual Studioのリファクタリング(P.155のコラム 参照)機能には、メソッドの抽出という機能があります。1つのメソッドの長さが長くなると可読性が低下しますが、メソッド内の一部のコードを別のメソッドで切り出すことで、見通しを良くできます。また、メソッドを抽出することで、不必要なコードの重複を避けることもできます。

コードエディタでメソッド中の抽出したい部分を選択した状態で、コンテキストメニューの[クイックアクションとリファクタリング]を実行します。以下の図のように「メソッドの抽出」プレビューが表示され、選択範囲が新しいメソッドとして抽出され、元の部分にはそのメソッドの呼び出しコードが埋め込まれます。

▼リファクタリング(メソッドの抽出)

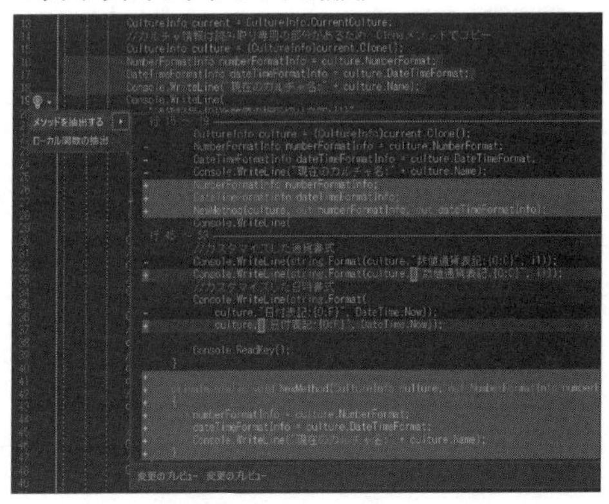

メソッドの抽出の際、選択範囲外で定義された変数などは引数として新しいメソッドに渡されます。

システム一意のインデックスを取得する

≫ System.Guid

メソッド

Guid	グローバル一意識別子（コンストラクタ）

書式

```
public Guid([byte[] b | string s])
public Guid([int ia, short sb, short sc, byte[] bad])
public Guid([int ia, short sb, short sc, byte d, byte
  e, byte f, byte g, byte h, byte i, byte j, byte k])
public Guid([uint uia, ushort usb, ushort usc, byte d,
  byte e, byte f, byte g ,byte h, byte i, byte j, byte k])
```

パラメータ

b:16バイトのバイト列
s:16バイトの文字列
ia:4バイトの整数値
sb:2バイトの整数値
sc:2バイトの整数値
bad:8バイトのバイト列
d〜k:1バイト値
uia:4バイトの符号なし整数値
usb:2バイトの符号なし整数値
usc:2バイトの符号なし整数値

Guid構造体は、**グローバル一意識別子**を表します。（保証はされていないものの）世界で一意な識別子を、128ビットの2進数値として表現します。値が重複する確率が低いことから、ユーザーやユーザーによる操作の識別に使います。

Guidのコンストラクタの引数を省略すると、0で埋められた8桁-4桁-4桁-4桁-12桁の識別子が得られます。

Guid構造体には複数のコンストラクタが用意されていますが、データ型が異なるだけで、利用方法はすべて同じです。引数には作成する識別子を表す数値、または文字列を指定してください。

サンプル ▶ **SystemGUID.cs**

```
public static void Main(string[] args)
{
    // コンストラクタの引数を変えて GUID の生成
    Guid id = new Guid();
    Guid id2 = generator("String");
    Guid id3 = generator("Byte");
    // 生成された GUID を画面に書き出し
    Console.WriteLine(id);
    Console.WriteLine(id2);
    Console.WriteLine(id3);
    Console.ReadLine();
}

static Guid generator(string generateType)
{
    Guid result = new Guid();
    switch (generateType)
    {
        // 16 バイトのバイト列で GUID を生成
        case "Byte":
            byte[] generateCode = new byte[16];
            for (int i = 0; i < 16; i++)
            {
                generateCode[i] = (byte)i;
            }
            result = new Guid(generateCode);
            break;
        // 16 バイトの文字列で GUID を生成
        case "String":
            // ハイフンは無視される
            string key = "88888888-4444-4444-4444-121212121212";
            result = new Guid(key);
            break;
    }
    return result;
}
```

⬇

```
00000000-0000-0000-0000-000000000000
88888888-4444-4444-4444-121212121212
03020100-0504-0706-0809-0a0b0c0d0e0f
```

注意 Guidコンストラクタは GUID を自動生成するわけではありません。識別子そのものを生成するには Guid.NewGuid メソッドを使います。その他、Windows SDK の GUID Generator を使ったり、たとえばファイルのダウンロード時にストリームの最初の16バイトのバイト列を使って一意識別子を作成することもできます。

乱数を利用する

≫ System.Random

メソッド

Random	乱数（コンストラクタ）
Next	0以上の乱数を発生
NextDouble	0.0と1.0の間の乱数を発生

書式

```
public Random([int seed])
public virtual int Next([[int minValue,] int maxValue])
public virtual double NextDouble()
```

パラメータ

seed: 乱数生成に利用するシード値
minValue: 乱数の最小値
maxValue: 乱数の最大値

Randomクラスは、システム時間をもとに乱数を計算するための機能を提供します。コンストラクタの省略可能な引数seed(シード値)を指定すると、乱数発生の開始値が変化します。シード値が省略された場合には、システム時間を利用します。

Nextメソッドは同じ系列の整数の乱数を発生させます。NextDoubleメソッドは0～1の間の小数値の乱数を発生させます。

サンプル ▶ SystemRandom.cs

```
static void Main()
{
    Random random = new Random();
    // 0～1.0までの乱数を次々に生成
    Console.Write("{0,18}", random.NextDouble());
    Console.Write(",{0,18}¥r¥n", random.NextDouble());
    // 整数値の乱数を次々に生成
    Console.Write("{0,18}", random.Next());
    Console.Write(",{0,18}¥r¥n", random.Next());
    // 100までの整数値の乱数を次々に生成
    Console.Write("{0,18}", random.Next(100));
    Console.Write(",{0,18}", random.Next(100));
    Console.Write(",{0,18}", random.Next(100));
    Console.ReadLine();
}
```

```
  0.32520295089353, 0.869891035775603
        1446006754,        2015241771
                65,                32,                38
```

MD5ハッシュを計算する

≫ System.Security.Cryptography.MD5CryptoServiceProvider

メソッド

MD5CryptoServiceProvider	MD5(コンストラクタ)
ComputeHash	ハッシュ値を生成

書式

```
public MD5CryptoServiceProvider()
public byte[] ComputeHash(
  byte[] buffer | Stream inputStream)
public byte[] ComputeHash(
  byte[] buffer, int offset, int count)
```

パラメータ

buffer: ハッシュの元となるバイト列
inputStream: ハッシュの元となるストリーム
offset: ハッシュの元となるバイト列の開始位置
count: ハッシュの元となるバイト列の長さ

MD5CryptoServiceProviderクラスは、入力値に対応するMD5ハッシュ値を計算します。ハッシュの計算には、ComputeHashメソッドを利用します。

サンプル ▶ SecurityCryptographyMD5CryptoServiceProvider.cs

```
static void Main()
{
    string pass = "Passw0rd!";
    // 暗号化プロバイダーを生成する
    MD5CryptoServiceProvider mD5Provider = new MD5CryptoServiceProvider();
    // パスワード文字列を使って暗号化したバイト列を作成
    byte[] bArray = mD5Provider.ComputeHash(
        Encoding.UTF8.GetBytes(pass));
    StringBuilder sBuilder = new StringBuilder();
    for (int i = 0; i < bArray.Length; i++)
    {
        // バイト列から16進数文字列に変換する
        sBuilder.Append(bArray[i].ToString("x2"));
    }
    Console.WriteLine(sBuilder.ToString());
    Console.ReadLine();
}
```

```
47b7bfb65fa83ac9a71dcb0f6296bb6e
```

SHA-1、SHA-2ハッシュを計算する

» System.Security.Cryptography.HMACSHA1

メソッド

HMACSHA1	SHA-1(コンストラクタ)
HMACSHA256	SHA-256(コンストラクタ)
HMACSHA512	SHA-512(コンストラクタ)
ComputeHash	ハッシュ値

書式

```
public HMACSHA1([byte[] key[, bool useManagedSha1]])
public HMACSHA256([byte[] key])
public HMACSHA512([byte[] key])
public byte[] ComputeHash(
  byte[] buffer | Stream inputStream)
public byte[] ComputeHash(
  byte[] buffer, int offset, int count)
```

パラメータ

key:64バイトのバイト列
useManagedSha1:暗号化に.NETライブラリを使用するか
buffer:暗号化に使用するバイト列
inputStream:暗号化に使用するストリーム
offset:バイト列内の開始位置
count:バイト列の長さ

HMACSHA1クラスは、**SHA-1**ハッシュを扱うためのクラスです。**ハッシュ**とは、任意の長さのデータから固定長のデータに変換する仕組みで、HMACSHA1はハッシュ値を計算する方法の1つです。Webのメッセージ受送信時に、デジタル署名をする目的などで利用されます。

HMACSHA1クラスは、キーとして使用されるバイト配列の先頭64バイトを使用して暗号化します。そのため、ComputeHashメソッドの引数keyには、64バイト以上の長さを指定する必要はありません。

HMACSHA256、HMACSHA512クラスは、**SHA-2**で定義されたSHA-256、SHA-512ハッシュを扱うためのクラスです。HMACSHA1クラスと同様、ComputeHashメソッドでハッシュ値を計算します。

サンプル ▶ **SecurityCryptographyHMACSHA1.cs**

```
static void Main()
{
    string key = "wings project";
    string pass = "Passw0rd!";
    // キーを引数にしてハッシュ関数を生成する。
    var hMACSHA1 = new HMACSHA1(System.Text.Encoding.UTF8. GetBytes(key));
    var hMACSHA256 = new HMACSHA256(System.Text.Encoding.UTF8. GetBytes(key));
    var hMACSHA512 = new HMACSHA512(System.Text.Encoding.UTF8. GetBytes(key));
    // 生成したハッシュ関数を使ってパスワード文字列を暗号化する
    byte[] bArray1 = hMACSHA1.ComputeHash(Encoding.UTF8. GetBytes(pass));
    byte[] bArray256 = hMACSHA256.ComputeHash(Encoding.UTF8. GetBytes(pass));
    byte[] bArray512 = hMACSHA512.ComputeHash(Encoding.UTF8. GetBytes(pass));

    Console.WriteLine("SHA1: " + Bytes2String(bArray1));
    Console.WriteLine("SHA256: " + Bytes2String(bArray256));
    Console.WriteLine("SHA512: " + Bytes2String(bArray512));
    Console.ReadLine();
}

private static String Bytes2String(byte[] bArray)
{
    StringBuilder sBuilder = new StringBuilder();
    for (int i = 0; i < bArray.Length; i++)
    {
        // 暗号化したバイト列を16進数文字列に変換する
        sBuilder.Append(bArray[i].ToString("x2"));
    }
    return sBuilder.ToString();
}
```

⬇

```
SHA1: 18189a3b77f3616b2f2062b888f9fa59b77b9177
SHA256: 12738229955d25a7158debf5be5680d840172ee8847e30e58b222c0aab98417f
SHA512: 6d839c8c32ec4e0c64188a34fd67fdb10a511190e67e149b4e9e21252cf5b0483afe6
25e9e5a3c32992c3dd5e8d14d84b27eeac73cc209f709c3d09e8d64da28
```

参考　System.Security.Cryptography名前空間には、このほかにも多数の暗号化プロバイダが含まれており、暗号化の目的に応じて使い分けます。
AesCryptoServiceProviderクラスはWEP方式を改良し、無線LANのキーの暗号化などに使われているAES方式の暗号です。
DESCryptoServiceProviderは、歴史のある暗号化アルゴリズムでOpenSSLなどで利用されているDES方式の暗号です。
RC2CryptoServiceProviderは、RSACryptoServiceProviderと同じくRSA Security社の暗号化アルゴリズムです。

実行環境の環境変数を取得する

≫ System.Environment

メソッド

GetEnvironmentVariables　環境変数を取得

書式 ▶ public static IDictionary GetEnvironmentVariables(
[EnvironmentVariableTarget target])

パラメータ ▶ target: 取得する環境変数の場所

▼EnvironmentVariableTarget列挙体

メンバー名	説明
Process	現在のプロセスの環境変数を取得。プロセス終了で破棄
User	レジストリキーHKEY_CURRENT_USER¥Environmentで環境変数の保存と取得を行うため、プロセス終了後も維持
Machine	レジストリキーHKEY_LOCAL_MACHINE¥System¥CurrentControlSet¥Control¥Session Manager¥Environmentで環境変数の保存と取得を行うため、プロセス終了後も維持

環境変数を取得するには、EnvironmentオブジェクトのGetEnvironmentVariablesメソッドを使用します。

環境変数はプロセスで保持し、プロセス終了のタイミングで破棄されるものと、レジストリに保存され、その後も残るものがあります。取得時にEnvironmentVariableTarget値を指定することで、EnvironmentVariableTarget.Userなどでレジストリのものを取得することができます。指定しない場合の既定はEnvironmentVariableTarget.Processです。

サンプル ▶ SystemEnvironment.cs

```
static void Main()
{
    string key, value;
    // 環境変数をディクショナリに格納し、キー / バリューを1つずつ取り出す
    foreach (DictionaryEntry de in Environment.⏎
GetEnvironmentVariables())
    {
        key = (string)de.Key;
        value = (string)de.Value;
        // キーとバリューを画面に書き出す
        Console.WriteLine("{0}：{1}", key, value);
    }
    // コレクションでなく、環境変数1つを名前指定で取得する
```

```
    Console.WriteLine("Windows ディレクトリ：{0}"
        , Environment.GetEnvironmentVariable("windir"));
    Console.ReadLine();
}
```

⬇

```
Path：C:¥Windows¥system32;C:¥Windows;C:¥Windows¥System32¥Wbem ↵
;C:¥Windows¥System32¥WindowsPowerShell¥v1.0¥;C:¥Program Files ↵
(x86)¥Microsoft Visual Studio 9.0¥Common7¥IDE¥PrivateAssemblies¥
PATHEXT：.COM;.EXE;.BAT;.CMD;.VBS;.VBE;.JS;.JSE;.WSF;.WSH;.MSC
USERDOMAIN：MyDomain
APPDATA：C:¥Users¥user1¥AppData¥Roaming
windir：C:¥Windows
LOCALAPPDATA：C:¥Users¥user1¥AppData¥Local
TMP：C:¥Users¥user1¥AppData¥Local¥Temp
USERPROFILE：C:¥Users¥user1
ProgramFiles：C:¥Program Files (x86)
CommonProgramFiles(x86)：C:¥Program Files (x86)¥Common Files
FP_NO_HOST_CHECK：NO
HOMEPATH：¥Users¥user1
COMPUTERNAME：MyComputer
PROCESSOR_ARCHITEW6432：AMD64
USERNAME：user1
NUMBER_OF_PROCESSORS：1
PROCESSOR_IDENTIFIER：Intel64 Family 6 Model 23 Stepping 10, GenuineIntel
ComSpec：C:¥Windows¥system32¥cmd.exe
SystemRoot：C:¥Windows
PROCESSOR_ARCHITECTURE：x86
ProgramFiles(x86)：C:¥Program Files (x86)
VisualStudioDir：C:¥Users¥user1¥Documents¥Visual Studio 2010
SystemDrive：C:
CommonProgramFiles：C:¥Program Files (x86)¥Common Files
PROCESSOR_LEVEL：6
PROCESSOR_REVISION：170a
PSModulePath：C:¥Windows¥system32¥WindowsPowerShell¥v1.0¥Modules¥
ALLUSERSPROFILE：C:¥ProgramData
PUBLIC：C:¥Users¥Public
OS：Windows_NT
ProgramData：C:¥ProgramData
Windows ディレクトリ：C:¥Windows
```

実行環境の環境属性を取得する

≫ System.Environment、OperatingSystem、Version

プロパティ

Environment.OSVersion	OperatingSystem オブジェクト
Environment.SystemPageSize	メモリサイズ
OperatingSystem.Platform	PlatformID 列挙値
OperatingSystem.ServicePack	Service Pack のバージョン文字列
OperatingSystem.Version	Version オブジェクト
Version.VersionString	バージョン文字列

書式

```
public static OperatingSystem OSVersion { get; }
public static int SystemPageSize { get; }
public PlatformID Platform { get; }
public string ServicePack { get; }
public Version Version { get; }
public string VersionString { get; }
```

▼PlatformID列挙体

列挙値	内容
Win32S	Windows32ビット版APIのサブセット。16ビットバージョンのWindows上で32 ビットのアプリケーションを稼働させるOS
Win32Windows	Windows 95またはWindows 98
Win32NT	Windows NT 以降
WinCE	Windows CE
Unix	Unix
Xbox	Xbox 360
MacOSX	Macintosh

System.Environmentクラス、あるいはそのOSVersionプロパティ(Operating Systemオブジェクト)を利用することで、OSやサービスパックのバージョン、メモリサイズなどを取得できます。OperatingSystemオブジェクトのVersionStringプロパティは、プラットフォーム ID/バージョン/Service Packのバージョンを連結したバージョン文字列を取得します。Platformプロパティでは、PlatformID列挙体でプラットフォームの種類を判別できます。

サンプル ▶ EnvironmentAttribute.cs

```
static void Main()
{
    // プラットフォームは enum なので列挙名を取得
    Console.WriteLine("プラットフォーム：{0}"
        , Enum.GetName(typeof(System.PlatformID),
        Environment.OSVersion.Platform));
    // バージョンは Major、Minor など個別に持つ
    Console.WriteLine("メジャーバージョン：{0}"
        , Environment.OSVersion.Version.Major.ToString());
    // Major、Minor などまとめて取得する場合は VersionString
    Console.WriteLine("バージョン：{0}"
        , Environment.OSVersion.VersionString);
    // サービスパックの適用状況
    Console.WriteLine("サービスパック：{0}"
        , Environment.OSVersion.ServicePack);
    // メモリは MB 単位で取得可能
    Console.WriteLine("メモリサイズ：{0}"
        , Environment.SystemPageSize.ToString());
    Console.ReadLine();
}
```

↓

```
プラットフォーム：Win32NT
メジャーバージョン：10
バージョン：Microsoft Windows NT 10.0.22631.0
サービスパック：
メモリサイズ：4096
```

レジストリの値を取得する

» Microsoft.Win32.Registry、RegistryKey

メソッド

Registry.CurrentUser	現在のユーザ情報を取得
RegistryKey.GetValueNames	対象キーのメンバ群を取得
RegistryKey.GetValueKind	対象メンバの値の種類を取得
RegistryKey.GetValue	対象メンバの値を取得

書式

```
public static readonly RegistryKey CurrentUser
public string[] GetValueNames()
public RegistryValueKind GetValueKind(string name)
public object GetValue(
  string name[, object
  defaultValue[, RegistryValueOptions options]]);
```

パラメータ

name：取得対象メンバの名前
defaultValue：値が見つからなかった時の既定値
options：取得した値への処理を表す列挙値

▼RegistryValueKind列挙体

列挙値	内容
String	null で終わる文字列。REG_SZ
ExpandString	展開可能な環境変数が含まれている null で終わる文字列。REG_EXPAND_SZ
Binary	任意の形式のバイナリデータ。REG_BINARY
DWord	32 ビットのバイナリ数値。REG_DWORD
MultiString	null で終わる文字列の配列。REG_MULTI_SZ
QWord	64 ビットのバイナリ数値。REG_QWORD
Unknown	サポートされていないレジストリデータ型。REG_RESOURCE_LIST など
None	データ型がない

▼RegistryValueOptions列挙体

列挙値	内容
None	追加操作なし
DoNotExpandEnvironmentNames	RegistryValueKind.ExpandString型の値の時に環境変数が埋め込まれたまま取得

レジストリを操作するためには、RegistryKeyクラスを利用します。CurrentUserプロパティでレジストリのHKEY_CURRENT_USERのRegistryKeyオブジェクトを取得できますので、そのOpenSubKeyメソッドを使ってキーを開くことができます。書式は以下のように「¥」マークでサブキーを連結します。

OpenSubKey(@"サブキー名¥サブキー名¥サブキー名")

サブキーを開くと、サブキーのGetValueNames／GetValueKind／GetValueといったメソッドを利用できます。GetValueNamesメソッドはキーに含まれるメンバのコレクションを得ることができます。1つ1つのメンバについて、GetValueKindメソッドで値のタイプを確認し、GetValueメソッドで得た値をタイプ別に処理します。

サンプル ▶ **ReadRegistry.cs**

```
static void Main()
{
    // レジストリの HKEY_CURRENT_USER の Environment キーを開く
    RegistryKey regkey = Registry.CurrentUser.
        OpenSubKey(@"Environment");
    // キーのメンバのコレクションを取得
    foreach (string name in regkey.GetValueNames())
    {
        switch(regkey.GetValueKind(name))
        {
                // 展開する環境変数を持つ型
            case RegistryValueKind.ExpandString:
                // 環境変数が展開されないまま取得
                Console.WriteLine("{0} = {1} : 環境変数を展開しない ", ↵
name, regkey.GetValue(name,"",RegistryValueOptions. ↵
DoNotExpandEnvironmentNames));
                // 環境変数を展開して取得
                Console.WriteLine("{0} = {1} : 環境変数を展開 ",
                    name, regkey.GetValue(name));
                break;
            case RegistryValueKind.String:
                // 文字列型の場合は、そのまま画面に表示
                Console.WriteLine("{0} = {1}", name,
                    regkey.GetValue(name));
                break;
            case RegistryValueKind.DWord:
                // 32 ビットバイナリ数値の場合は、そのまま画面に表示
                Console.WriteLine("{0} = {1}", name,
                    regkey.GetValue(name));
                break;
            case RegistryValueKind.MultiString:
                // 文字列配列の場合は、各要素文字を「,」でつなげる
```

```
                string[] result = (string[])regkey.GetValue(name);
                Console.Write("{0} = ", name);
                for (int i = 0; i < result.Length; i++)
                {
                    Console.Write(i != 0 ?
                        "," + result[i] : result[i]);
                }
                Console.Write(Environment.NewLine);
                break;
            case RegistryValueKind.Binary:
                // バイナリデータの場合、バイト配列にキャスト後
                // 1バイトずつ文字列変換
                byte[] result2 = (byte[])regkey.GetValue(name);
                Console.Write("{0} = ", name);
                for (int i = 0; i < result2.Length; i++)
                {
                    Console.Write(i != 0 ?
                        "," + result2[i].ToString() : result2[i].
                        ToString());
                }
                break;
            }
        }
        Console.ReadLine();
    }
}
```

⬇

```
TEMP = %USERPROFILE%¥AppData¥Local¥Temp : 環境変数を展開しない
TEMP = C:¥Users¥Administrator¥AppData¥Local¥Temp : 環境変数を展開
TMP = %USERPROFILE%¥AppData¥Local¥Temp : 環境変数を展開しない
TMP = C:¥Users¥Administrator¥AppData¥Local¥Temp : 環境変数を展開
```

レジストリの値を設定／削除する

» Microsoft.Win32.RegistryKey、System.Security.AccessControl

メソッド

RegistryKey.CreateSubKey	キー作成
RegistryKey.SetValue	値を設定
RegistryKey.DeleteSubKey	キー削除
AccessControl.RegistrySecurity	キー作成時のセキュリティオブジェクトを作成
AccessControl.RegistryAccessRule	セキュリティオブジェクト作成時のアクセスルールを作成

書式

```
public RegistryKey CreateSubKey(
  string subkey[,
  RegistryKeyPermissionCheck permissionCheck[,
  RegistryOptions options]])
public RegistryKey CreateSubKey(
  string subkey[,
  RegistryKeyPermissionCheck permissionCheck[,
  RegistrySecurity registrySecurity]])
public void SetValue(
  string name, object value[,
  RegistryValueKind valueKind])
public void DeleteSubKey(string subkey[, bool
  throwOnMissingSubKey])
public RegistrySecurity()
public RegistryAccessRule(
  IdentityReference identity,
  RegistryRights registryRights, AccessControlType type[,
  InheritanceFlags inheritanceFlags, PropagationFlags
  propagationFlags])
public RegistryAccessRule(
  string identity,
  RegistryRights registryRights, AccessControlType type[,
            InheritanceFlags inheritanceFlags,
PropagationFlags
            propagationFlags])
```

パラメータ subkey: キー名
permissionCheck: 読取または読み書きで開かれている現在の状態
options: 揮発性または不揮発性を表す列挙体
registrySecurity: キーに指定するRegistrySecurityクラス
name: キーに格納する名/値ペアの名前
value: キーにセットする値
valueKind: キーにセットする値のタイプ
throwOnMissingSubKey: 削除時にキーがなかった場合の例外を発生させるか
identity: ルール作成時のアカウント文字
registryRights: アクセスルール作成時のアクセス権
inheritanceFlags: アクセスルール作成時の継承方法
propagationFlags: アクセスルール作成時の継承方法
type: アクセスルール適用を許可/拒否するか

▼ RegistryKeyPermissionCheck列挙体

列挙値	内容
Default	サブキーや値にアクセス時、セキュリティチェックを行う
ReadSubTree	セキュリティチェックを行わないで参照する
ReadWriteSubTree	セキュリティチェックを行わないで読み書きする

▼ RegistryOptions列挙体

列挙値	内容
None	不揮発性のキー(既定値)
Volatile	揮発性のキー。情報はメモリに格納されアンロード後に消える

▼ RegistryRights列挙体

列挙値	内容
QueryValues	レジストリキー内の名前/値ペアを照会する権限
SetValue	レジストリキー内の名前/値ペアを作成、削除、または設定する権限
CreateSubKey	レジストリキーのサブキーを作成する権限
EnumerateSubKeys	レジストリキーのサブキーをリストする権限
Notify	レジストリキーの変更通知を要求する権限
CreateLink	システム用。使用しない
ExecuteKey	ReadKeyと同じ
ReadKey	レジストリキー内の名前/値ペアの照会、変更通知の要求、そのサブキーの列挙、そのアクセス規則と監査規則の読み取りを行う権限
WriteKey	レジストリキー内の名前/値ペアの作成、削除、および設定、サブキーの作成または削除、変更通知の要求、そのサブキーの列挙、そのアクセス規則と監査規則の読み取りを行う権限
Delete	レジストリキーを削除する権限

列挙値	内容
ReadPermissions	レジストリキーのアクセス規則と監査規則を開いてコピーする権限
ChangePermissions	レジストリキーに関連付けられたアクセス規則と監査規則を変更する権限
TakeOwnership	レジストリキーの所有者を変更する権限
FullControl	レジストリキーに対するフル コントロール、およびそのアクセス規則と監査規則を変更する権限

▼InheritanceFlags列挙体

列挙値	内容
None	継承しない
ContainerInherit	コンテナで継承する
ObjectInherit	リーフで継承する

▼PropagationFlags列挙体

列挙値	内容
None	継承フラグを設定しないで、さらに下位への継承を許容
NoPropagateInherit	子オブジェクトに反映させない
InheritOnly	子オブジェクト(コンテナ、リーフ)に限定して反映させる

▼AccessControlType列挙体

列挙値	内容
Allow	アクセスを許可
Deny	アクセスを拒否

RegistryKeyクラスのCreateSubKeyメソッドでキーを作成します。作成にあたっては、RegistryKeyPermissionCheck／RegistryOptions／RegistrySecurityといったオプションを利用できます。

RegistryKeyPermissionCheckを指定するとセキュリティチェックを行うかどうか指定できます。該当のキーより上位のキーで設定されたモードを継承します。

RegistryOptionsを使うと、メモリに一時的に書き込み、レジストリに書き込みしないように設定することができます。

RegistrySecurityを使うとユーザーを指定してアクセスコントロールを行うことができます。ユーザーおよびルールからWindowsのセキュリティ機構ACL(Access Control List)を利用するRegistrySecurityオブジェクトを作成して、キー作成の引数に指定します。

SetValueメソッドで値を設定し、DeleteSubKeyメソッドでキーを削除することができます。

サンプル ▶ **RegistryCreateSubKey.cs**

```
static void Main()
{
    // 現在のアカウント文字列を取得
    string user = Environment.GetEnvironmentVariable ("COMPUTERNAME") ⏎
+ @"¥" + Environment.UserName;
    // Windows セキュリティ機構で使えるセキュリティオブジェクトを生成
    RegistrySecurity registrySecurity = new RegistrySecurity();
    // セキュリティオブジェクトのルールを作成
    RegistryAccessRule rule = new RegistryAccessRule(user,
        RegistryRights.FullControl,
    // 現在のユーザーでフルコントロールの権限を取得
        InheritanceFlags.ContainerInherit,
    // 作成キーのメンバすべてが対象
        PropagationFlags.None,
    // 指定せずキーメンバの下位までの権限継承を許可
        AccessControlType.Allow); // 現在のユーザーへアクセスを許可
    // 作成したルールでセキュリティオブジェクトを作成
    registrySecurity.AddAccessRule(rule);
    // HKEY_CURRENT_USER¥Software¥Wings を作成
    RegistryKey regkey = Registry.CurrentUser.CreateSubKey(@" Software¥ ⏎
Wings2", RegistryKeyPermissionCheck.Default, RegistryOptions.None, ⏎
registrySecurity);
    regkey.SetValue("string", " 文字列 ");
    // REG_SZ（文字列）の値をキー「string」に設定
    regkey.Close();
    // レジストリの値を取得
    regkey = Registry.CurrentUser.OpenSubKey(@"Software¥Wings");
    Console.WriteLine("{0} = {1}", "string",
        regkey.GetValue("string"));
    // 作成したキーを削除
    Registry.CurrentUser.DeleteSubKeyTree(@"Software¥Wings",false);
    Console.ReadLine();
}
```

⬇

```
string = 文字列
```

Chapter 4

コレクション

概要

プログラミング言語において、複数のデータをまとめて扱うしくみは重要です。C#では配列で複数のデータをまとめて扱うことができますが、サイズを動的に変更することができないなど、機能としては限られています。

これを補うため、.NETには**コレクション**と呼ばれるAPIが用意されており、一般的に使用されることの多いデータ構造を扱うためのクラスが提供されています。本章では、以下の表に示すようなC#のコレクション機能について解説します。C#で提供されている多彩なコレクション機能を理解し、用途に適したクラスを使用しましょう。

▼本章で解説するコレクションのクラス、インタフェース

クラス、インタフェース名	機能
ICollection	コレクション共通のインタフェース
List	リスト
LinkedList	二重リンクリスト
HashSet	セット
Dictionary	ディクショナリ
Queue	キュー
Stack	スタック

なお、C#のコレクションはすべてジェネリクスに対応しているため、任意のデータ型を格納できます。本章では、コレクションに格納するデータ型をTとして表記します。ディクショナリのように、キーと値の2つのデータ型を格納する場合は、キーのデータ型をTKey、値のデータ型をTValueと表記します。

コレクション共通のインタフェース（ICollection）

コレクション機能を提供するクラスは、基本的にICollectionインタフェースを実装しています。ICollectionインタフェースでは、コレクションに共通な、要素を追加／削除するためのメソッド、プロパティが定義されています。

また、ICollectionインタフェースを対象とした多くの拡張メソッドがSystem.Linq.Enumerableクラスで定義されています。Visual Studioで新しいクラスを作成した場合、既定でSystem.Linq名前空間へのusingディレクティブが指定されていますので、通常はICollectionインタフェースのメソッドと同様にこれらのメソッドを利用できます。

リスト（List）

リストとは、以下の図のように要素を順番に格納するデータ構造のことです。リストの要素にアクセスするには整数値のインデックスを用います。基本的な構造は配列に似ていますが、動的にサイズを変更できる点などが異なります。

整数値のインデックスでアクセスできるため、ランダムアクセスの性能に優れますが、要素の挿入、削除の際はデータの移動が必要になるため、要素が多いほど性能が劣化します。C#では、Listクラスがリストを表します。

▼リストのデータ構造

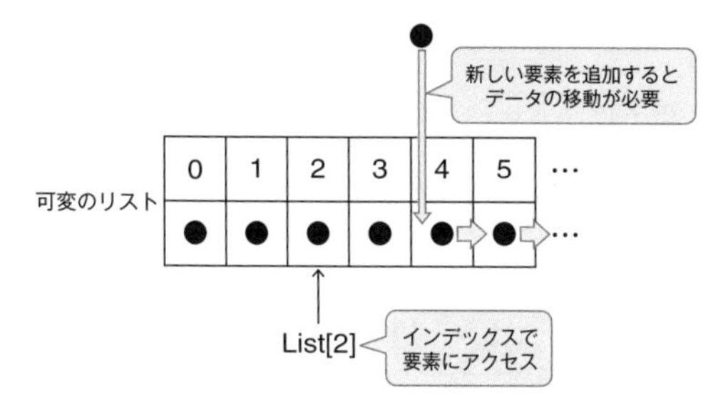

二重リンクリスト（LinkedList）

二重リンクリストとは、以下の図のように要素同士を双方向のリンクでつなぎ合わせたデータ構造のことです。配列やリストとは異なり、インデックスで要素の取得、設定は行えませんが、前後のリンクを付け替えるだけでデータの追加、削除を行えるため、任意の位置のデータの挿入、削除がしやすいという特徴があります。

一方で、要素を取得するには先頭あるいは末尾から順にリンクをたどっていく必要があるため、ランダムアクセスの性能は配列やリストに劣ります。

C#では、LinkedListクラスが二重リンクリストを、LinkedListNodeクラスが二重リンクリストの要素を表します。

▼二重リンクリストのデータ構造

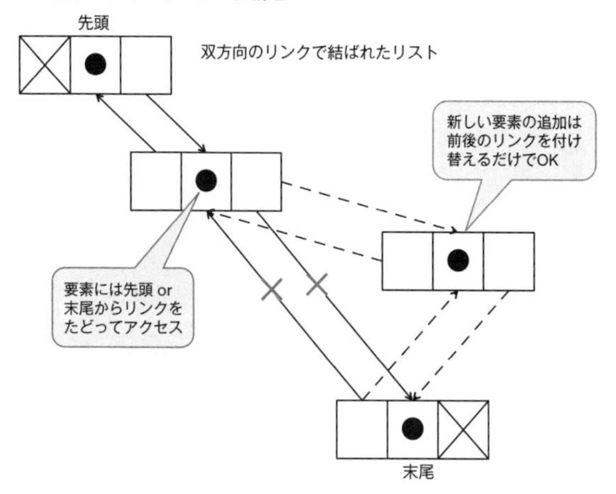

セット（HashSet）

セットとは、順番を持たず、要素の重複のないデータ構造のことです。数学における集合に似ており、以下の図のように、ある要素が既にセットに含まれているかどうかを判定したり、集合同士の関係などを判定できます。

▼セットのデータ構造

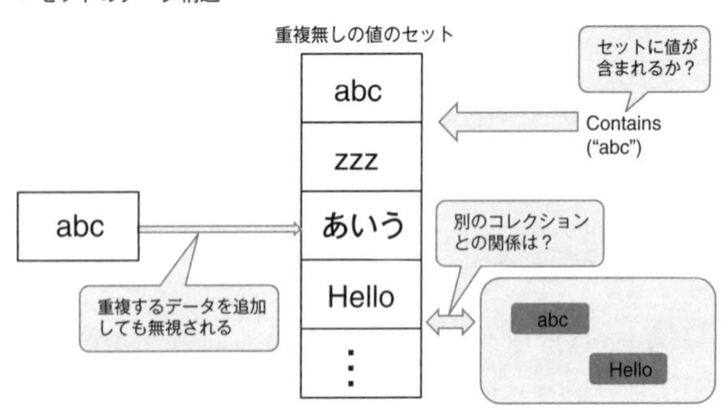

たとえばWebブラウザーのリンクは、以前に表示したことがあるURLについては異なる色で表示されますが、以前に表示したURLをセットに格納することで、こうした機能を実現できます。

C#では、HashSetクラスがセットを表します。なお、和／差／積集合などの集合演算については、前述のEnumerableクラスの拡張メソッドで実装されているため、セット以外でも使用できます。

ディクショナリ（Dictionary）

ディクショナリとは、ハッシュ、連想配列とも呼ばれ、以下の図のようにキーを使って値を取り出せるようなデータ構造のことです。

▼ディクショナリの構造

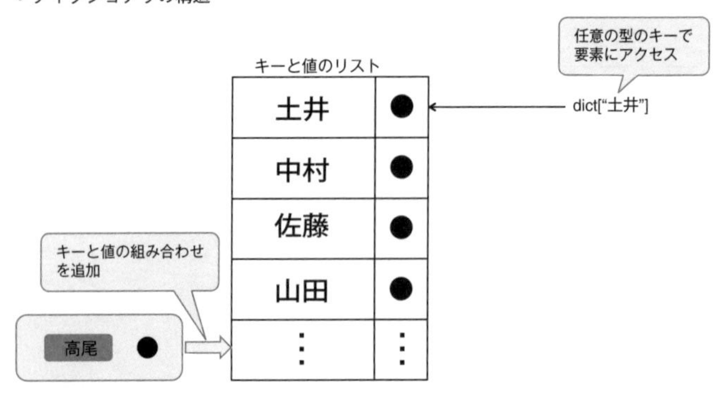

一般的な配列ではキーに整数値しか用いることができませんが、ディクショナリにおいては文字列や他のオブジェクトなどをキーに用いることができます。C#では、Dictionaryクラスがディクショナリを表します。

キュー（Queue）

キューとは、待ち行列とも呼ばれ、以下の図のように、最初に入れた要素が最初に出てくるFIFO(First In First Out)のデータ構造のことです。要素は末尾に追加され、順に先頭へと進んでいきます。

▼キューの構造

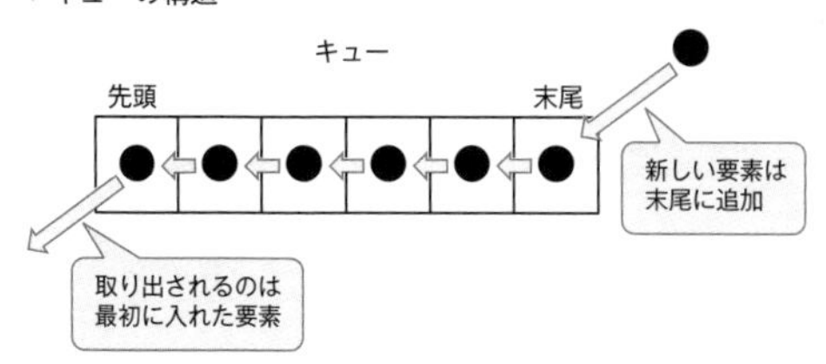

たとえばコンピュータからプリンタへ連続して印刷するとき、印刷ジョブはキューに入れられ、最初にキューに入れられたものから順にプリンタへと送信されるのと同じです。

C#では、Queueクラスがキューを表します。

スタック（Stack）

スタックとは以下の図のように、最後に入れた要素が一番最初に出てくるLIFO(Last In First Out)のデータ構造のことです。

▼スタックの構造

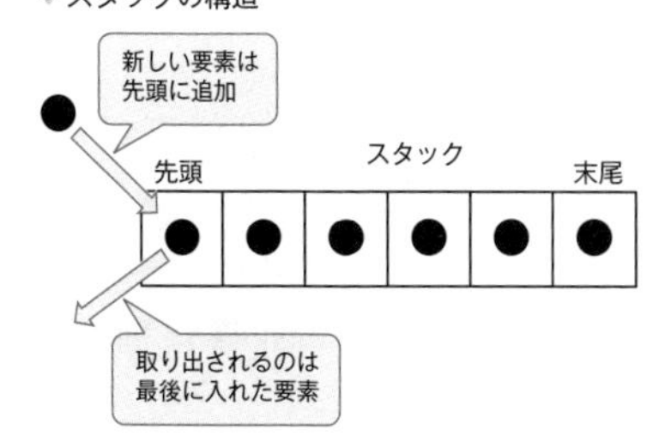

たとえばアプリケーションのアンドゥ機能においては、操作をキャンセルできるよう、履歴を保存していきますが、最後に行った操作の履歴が最初に出てくるスタックはこうした用途に適しています。

C#では、Stackクラスがスタックを表します。

コレクションに要素を追加する

≫ System.Collections.Generic.ICollection

メソッド

Add	要素を追加

書式 void Add(T item)

パラメータ T: 型パラメータ
item: 追加する要素

Addメソッドはコレクションに要素を追加します。

サンプル ▶ CollectionAdd.cs

```
public static void Main(string[] args)
{
    // int 型のリストを生成
    List<int> list1 = new List<int>();
    // int 要素を追加
    list1.Add(1);
    list1.Add(2);
    list1.Add(3);

    // 追加した要素を表示
    foreach(int i in list1){
        Console.WriteLine(i);
    }
}
```

⬇

```
1
2
3
```

注意 ディクショナリでもAddメソッドを使用できますが、キーと値の両方を指定する必要があるため、やや書式が異なります。

参照 P.278「リストを生成する」
P.294「ディクショナリにキーと値を追加する」

コレクションの要素を削除する

≫ System.Collections.Generic.ICollection

メソッド

Remove	要素を削除
Clear	要素をクリア

書式 bool Remove(T item)
void Clear()

パラメータ T: 型パラメータ
item: 削除する要素

Removeメソッドは指定された要素をコレクションから削除します。以下のように処理されます。

- 要素を削除できた場合はtrueを返す
- 削除できなかった場合や、itemがコレクションに含まれていなかった場合はfalseを返す

Clearメソッドはコレクションのすべての要素を削除します。

サンプル ▶ CollectionRemoveClear.cs

```
public static void Main(string[] args)
{
    List<string> list = new List<string>()
      { "Hello", "こんにちは", "Guten Tag"};

    // 要素を削除
    list.Remove("Hello");
    foreach (string s in list)
    {
        Console.WriteLine(s);
    }
    // コレクションをクリア
    list.Clear();
    Console.WriteLine("クリア後の要素数：" + list.Count);
}
```

↓

```
こんにちは
Guten Tag
クリア後の要素数：0
```

コレクションに要素が含まれているかどうかを判定する

≫ System.Collections.Generic.ICollection

メソッド

Contains	要素を含むか判定

書式 bool Contains(T item)

パラメータ T: 型パラメータ
item: 検索する要素

Containsメソッドは指定された要素がコレクションに含まれているかどうかを返します。

サンプル ▶ CollectionContains.cs

```
public static void Main(string[] args)
{
    List<string> list = new List<string>()
      { "Hello", " こんにちは ", "Guten Tag"};

    // 要素を含むかどうか
    Console.WriteLine(list.Contains("Hello"));
    Console.WriteLine(list.Contains(" おはよう "));
}
```

⬇

```
True
False
```

コレクションの要素の数を取得する

≫ System.Collections.Generic.ICollection

プロパティ

Count	要素の数を取得

書式 `int Count { get; }`

Countプロパティはコレクションに含まれている要素の数を返します。

サンプル ▶ **CollectionCount.cs**

```
public static void Main(string[] args)
{
    List<string> list = new List<string>()
      { "Hello", "こんにちは", "Guten Tag"};

    // 要素数を表示
    Console.WriteLine("要素数：" + list.Count);

    // 要素を削除
    list.Remove("Hello");

    Console.WriteLine("削除後の要素数：" + list.Count);
}
```

⬇

```
要素数：3
削除後の要素数：2
```

コレクションを反復処理する

≫ System.Collections.Generic.ICollection、IEnumerable

メソッド

ICollection.GetEnumerator	列挙子を取得
IEnumerable.MoveNext	次の要素を取得

プロパティ

IEnumerable.Current 現在の要素の値

書式

```
IEnumerator<T> GetEnumerator()
bool MoveNext()
T Current { get; }
```

パラメータ T: 型パラメータ

例外

InvalidOperationException	列挙子の取得後にコレクションが変更され、MoveNext メソッドが呼ばれた場合

GetEnumeratorメソッドは列挙子を返します。**列挙子**とは、IEnumerableインタフェースを実装したオブジェクトのことで、複数の要素を順に並べ、反復処理するために使用します。コレクションのGetEnumeratorメソッドは、コレクションに含まれる要素を順に取り出す列挙子を返します。

列挙子のMoveNextメソッドは次の要素を取得し、成功したかどうかを返します。コレクションの末尾でMoveNextメソッドを呼び出した場合、次の要素に移動できず、falseを返します。

Currentプロパティは現在の要素に含まれるオブジェクトを返します。

サンプル ▶ **CollectionForEach.cs**

```
public static void Main(string[] args)
{
    List<string> list = new List<string>()
      { "Hello", " こんにちは ", "Guten Tag"};

    // 列挙子によるコレクションの反復処理
    IEnumerator<string> enumerator = list.GetEnumerator();
    while (enumerator.MoveNext())
    {
        Console.WriteLine(enumerator.Current);
    }

    // foreach 文でコレクションを反復処理（上と同じ意味）
    foreach (string s in list)
    {
        Console.WriteLine(s);
    }
}
```

⬇

```
Hello
こんにちは
Guten Tag
Hello
こんにちは
Guten Tag
```

参考 GetEnumeratorメソッドを直接使用することは少なく、通常はforeach文を使うことで反復処理を行います。foreach文は内部的にGetEnumeratorメソッドから列挙子を取得します。

参照 P.75「すべての要素を順番に参照する」

コレクションを配列にコピーする

≫ System.Collections.Generic.ICollection

メソッド

CopyTo	配列にコピー

書式 void CopyTo(T[] array, int arrayIndex)

パラメータ T: 型パラメータ
array: コピー先の配列
arrayIndex: コピー先の開始位置インデックス

例外

ArgumentNullException	array が null の場合
ArgumentOutOfRangeException	arrayIndex が 0 未満の場合
ArgumentException	コピー先の配列の要素数がコレクションの要素の数より少ない場合

CopyToメソッドはコレクション内のすべての要素を配列にコピーします。コピー先の配列はあらかじめコレクションの要素の数以上のサイズで宣言しておく必要があります。

サンプル ▶ CollectionCopyTo.cs

```
public static void Main(string[] args)
{
    List<string> list =
      new List<string>() { "Hello", " こんにちは ", "Guten Tag"};

    // サイズ 5 の配列
    string[] array = new string[5]{"a","b","c","d","e"};

    // 配列の 2 要素目からコピー
    list.CopyTo(array, 1);
    foreach (string s in array)
    {
        Console.WriteLine(s);
    }
}
```

⬇

```
a
Hello
こんにちは
Guten Tag
e
```

コレクションの要素が条件を満たすかどうかを判定する

≫ System.Linq.Enumerable

メソッド

All	すべての要素が条件を満たすかどうかを判定
Any	いずれかの要素が条件を満たすかどうかを判定

書式

```
public bool All<T>(Func<T, bool> predicate)
public bool Any<T>(Func<T, bool> predicate)
```

パラメータ

T: 型パラメータ
predicate: 条件を表すデリゲート

例外

ArgumentNullException	predicate が null の場合

All／Anyメソッドはコレクションの要素について、特定の条件を満たすかどうかを返します。Allメソッドはすべての要素で条件を満たすかどうか、Anyメソッドはいずれかの要素で条件を満たすかどうかを返します。

条件はデリゲートで指定します。サンプルのようにラムダ式を使うことで、簡潔に記述できます。

サンプル ▶ CollectionAllAny.cs

```
public static void Main(string[] args)
{
    List<string> list =
      new List<string>() { "Hello", "こんにちは", "Guten Tag"};

    // すべての要素について、文字数が3以上かどうか
    Console.WriteLine(list.All(p => p.Length >= 3));
    // いずれかの要素で、文字数が1のものがあるかどうか
    Console.WriteLine(list.Any(p => p.Length == 1));
}
```

⬇

```
False
True
```

参照 P.127「デリゲートを定義する」
P.129「ラムダ式を利用する」

コレクションを連結する

≫ System.Linq.Enumerable

メソッド

Concat	コレクションを連結

書式

```
public IEnumerable<T> Concat<T>(
  IEnumerable<T> collection)
```

パラメータ T: 型パラメータ
collection: 連結するコレクション

例外

ArgumentNullException	collection が null の場合

Concatメソッドは2つのコレクションを連結して返します。Concatメソッドは元のコレクションに変更を加えず、2つのコレクションを連結した新しいコレクションを作成して返します。

サンプル ▶ **CollectionConcat.cs**

```
public static void Main(string[] args)
{
    List<string> list1 = new List<string>()
      { "Hello", "こんにちは", "Guten Tag"};
    List<string> list2 = new List<string>() { "a","b","c"};

    // コレクション同士を結合
    IEnumerable<string> list3 = list1.Concat(list2);
    foreach (string s in list3)
    {
        Console.WriteLine(s);
    }
}
```

⬇

```
Hello
こんにちは
Guten Tag
a
b
c
```

コレクションの重複を除去する

» System.Linq.Enumerable

メソッド

Distinct	重複を除去

書式 public IEnumerable<T> Distinct<T>()

パラメータ T: 型パラメータ

Distinctメソッドはコレクション中の重複を除去して返します。Distinctメソッドは元のコレクションに変更を加えず、重複を除去した新しいコレクションを作成して返します。

サンプル ▶ CollectionDistinct.cs

```
public static void Main(string[] args)
{
    // 重複ありリスト
    List<string> stringList1 =
      new List<string>(){"a","b","c","a","a","b","z"};

    // 重複を除去
    IEnumerable<string> distinct = list1.Distinct();
    foreach (string s in distinct)
    {
        Console.WriteLine(s);
    }
}
```

⬇

```
a
b
c
z
```

2つのコレクションの和集合／差集合／積集合を生成する

≫ System.Linq.Enumerable

メソッド

Union	和集合を生成
Except	差集合を生成
Intersect	積集合を生成

書式

```
public IEnumerable<T> Union<T>(
  IEnumerable<T> collection)
public IEnumerable<T> Except<T>(
  IEnumerable<T> collection)
public IEnumerable<T> Intersect<T>(
  IEnumerable<T> collection)
```

パラメータ

T: 型パラメータ
collection: 対象のコレクション

例外

ArgumentNullException	collection が null の場合

Union／Except／Intersectメソッドは、2つのコレクションの**和集合**／**差集合**／**積集合**を表すコレクションを返します。以下の図のように、和集合とは2つのコレクションのいずれかに含まれる要素の集合、差集合とは別のコレクションに含まれていない要素の集合、積集合とは両方のコレクションに含まれている要素の集合のことです。

▼和、差、積集合

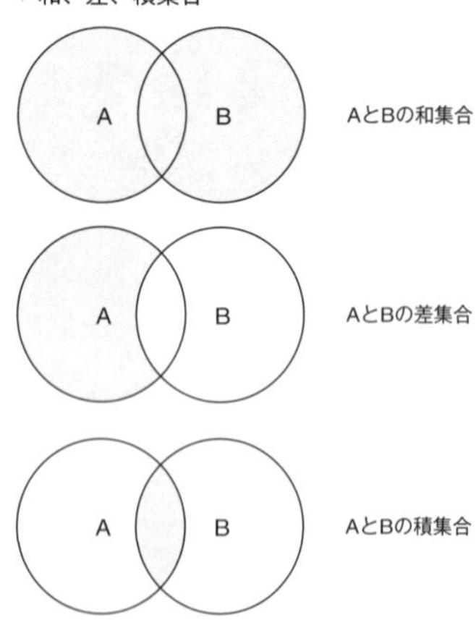

サンプル ▶ **CollectionUnion.cs**

```
public static void Main(string[] args)
{
    List<string> list1 = new List<string>(){"こんにちは",
      "Guten Tag","a","b"};
    List<string> list2 = new List<string>(){"a","b","c"};

    // 和集合/差集合/積集合を計算
    // list1,list2いずれかに含まれる要素
    IEnumerable<string> union = list1.Union(list2);

    // list2に含まれないlist1の要素
    IEnumerable<string> except = list1.Except(list2);

    // list1,list2両方に含まれる要素
    IEnumerable<string> intersect = list1.Intersect(list2);

    // string.Joinメソッドでコレクション内を,で連結して出力
    Console.WriteLine("Union:" + string.Join(",", union));
    Console.WriteLine("Except:" + string.Join(",",except ));
    Console.WriteLine("Intersect:" + string.Join(",",intersect ));
}
```

⬇

```
Union:こんにちは,Guten Tag,a,b,c
Except:こんにちは,Guten Tag
Intersect:a,b
```

参照 P.173「指定文字列を挟んで連結する」

コレクションの平均値/合計を計算する

» System.Linq.Enumerable

メソッド

Average	平均値を計算
Sum	合計を計算

書式

```
public double Average<T1>(Func<T1, T2> selector)
public T2 Sum<T1>(Func<T1, T2> selector)
```

パラメータ

T1: コレクションの型
T2: 任意の数値型
selector: 数値を計算するデリゲート

例外

ArgumentNullException	selector が null の場合
InvalidOperationException	コレクションが空の場合
OverflowException	要素の合計が数値型の最大値を超える場合

Averageメソッドはコレクション内の要素の平均値を、Sumメソッドは合計値を返します。

selectorパラメータには各要素に対応する数値を計算するためのデリゲートを指定します。

サンプル ▶ CollectionAverageSum.cs

```
public static void Main(string[] args)
{
    List<string> stringList = new List<string>() {
      "Hello", "こんにちは", "Guten Tag", "a"};

    // 文字列の長さの平均値/合計値を計算
    Console.WriteLine("文字列長の平均値：" +
        list.Average(p => p.Length));
    Console.WriteLine("文字列長の合計値：" + list.Sum(p => p.Length));
}
```

⬇

```
文字列長の平均値：5
文字列長の合計値：20
```

注意 Averageメソッドの戻り値は基本的にdoubleですが、selectorデリゲートがdecimal型を返す場合にのみ、Averageメソッドの戻り値もdecimalになります。

コレクションの最大値/最小値を取得する

≫ System.Linq.Enumerable

メソッド

Max	最大値を取得
Min	最小値を取得

書式

```
public T2 Max<T1>(Func<T1, T2> selector)
public T2 Min<T1>(Func<T1, T2> selector)
```

パラメータ

T1: コレクションの型
T2: 任意の数値型
selector: 要素から数値を計算するデリゲート

例外

ArgumentNullException	selector が null の場合
InvalidOperationException	コレクションが空の場合

Max/Minメソッドは、コレクション内の要素の最大値/最小値を返します。

selectorパラメータには各要素に対応する数値を計算するためのデリゲートを指定します。

サンプル ▶ CollectionMaxMin.cs

```
public static void Main(string[] args)
{
    List<string> list = new List<string>() {
      "Hello", "こんにちは", "Guten Tag", "a" };

    // 文字列の長さの最大値/最小値を計算
    Console.WriteLine("文字列長の最大値：" +
        list.Max(p => p.Length));
    Console.WriteLine("文字列長の最小値：" +
        list.Min(p => p.Length));
}
```

⬇

```
文字列長の最大値：9
文字列長の最小値：1
```

コレクションを条件でフィルタする

≫ System.Linq.Enumerable

メソッド

Where	条件でフィルタ

書式
```
public IEnumerable<T> Where<T>(
  Func<T[, int], bool> predicate)
```

パラメータ
T: 型パラメータ
predicate: 条件を表すデリゲート

例外

ArgumentNullException	predicate が null の場合

Whereメソッドは、コレクション内の要素について、指定された条件を満たす要素だけを返します。Whereメソッドは元のコレクションに変更を加えず、条件でフィルタした新しいコレクションを作成して返します。

predicateパラメータのデリゲートには、通常は要素を受け取って真偽値を返すメソッドを指定します。

ただし、デリゲートのint型の第2引数を省略しなかった場合は、コレクション内の要素のインデックスを表す整数もデリゲートに渡されます。この引数を使うことで、要素のインデックスを使ったフィルタを記述できます。

Column .NETのその他のプログラミング言語 - F#

F#(エフシャープ)言語は、.NET用に開発された関数型プログラミング言語です。

一般に使用されるC#、Java、VBなどの言語は手続き型プログラミング言語と呼ばれ、行うべき処理をメソッド内に順に列挙していく形でプログラミングを行います。一方、関数型プログラミング言語では数学的な関数が基本になります。

手続き型プログラミング言語のメソッドは、内部に変数を持つことができ、変数の状態によって処理結果が変わることがありますが、関数型プログラミング言語の関数は、内部状態を持たず、常に同じ結果を返します。こうした特徴から、関数型プログラミング言語はたくさんのCPUでの並列処理などにも適しています。F#は、関数型プログラミング言語を基本としつつ、手続き型プログラミング言語に近い記述方法も可能となっています。

サンプル ▶ **CollectionWhere.cs**

```
public static void Main(string[] args)
{
    List<string> list = new List<string>() {
      "Hello", "こんにちは", "Guten Tag", "a" };

    // 文字列の長さが3文字以上の要素だけを抽出
    IEnumerable<string> where = list.Where(p => p.Length >= 3);
    Console.WriteLine("3文字以上の要素：");
    foreach (string s in where)
    {
        Console.WriteLine(s);
    }

    // リスト内のインデックスが2未満の要素だけを抽出
    IEnumerable<string> where2 = list.Where((p, index) => index < 2);
    Console.WriteLine("インデックス2未満の要素：");
    foreach (string s in where2)
    {
        Console.WriteLine(s);
    }

    Console.ReadKey();
}
```

⬇

```
3文字以上の要素：
Hello
こんにちは
Guten Tag
インデックス2未満の要素：
Hello
こんにちは
```

コレクションの一部を取り出す（範囲アクセス）

≫ System.Range, System.Index

演算子

..	範囲指定
^	最後尾からのインデックス

書式 i..j
^k

パラメータ i,j: 範囲指定の最初と最後を表すインデックス。それぞれ省略可能
k: 末尾からのインデックス

C# 8より、コレクションの一部範囲を取り出すことを目的として、..演算子と^演算子という2つの演算子が追加されました。それに合わせて、範囲を表すSystem.Rangeクラス、インデックスを表すSystem.Indexというクラスも追加されました。これらの演算子、クラスを利用することで、配列やリストなど、コレクションの一部を取り出す処理をシンプルに記述できます。

..演算子はi番目からj番目までの範囲を表すSystem.Rangeオブジェクトを返します。System.Rangeオブジェクトを配列やListクラスなどのインデクサに渡すことで、コレクションの一部を取得できます。

..演算子の注意点はi、jパラメータと表す範囲の関係です。「i..j」は「i番目の要素」（C#ではインデックスは0から始まることに注意）から「j番目の1つ手前の要素」までを表します。j番目の要素は含まないことに注意してください。..演算子ではi、jパラメータが省略可能で、「i..」は「i番目～末尾まで」、「..j」は「先頭～j-1番目まで」、「..」は「全要素」を表します。

^演算子は末尾からのインデックスを表すSystem.Indexオブジェクトを返します。System.Indexオブジェクトは配列やListクラスなどのインデクサを持つクラスで使えます。^演算子は..演算子と組み合わせて使うことで、「先頭～末尾から2つめの要素まで」など、複雑な範囲指定が可能です。

サンプル ▶ **RangeAccess.cs**

```
public static void Main(string[] args)
{
    var a = new[] { 1, 2, 3, 4, 5, 6, 7, 8, 9, 10 };

    // 「インデックス 1 ～ 4」の範囲指定で取り出す（ただしインデックス 4 の値は含
まない）
    var b = a[1..4];
    // 結果は「2 3 4」
    // インデックス 1 の値は 2(インデックスは 0 始まり）
    // インデックス 2 の値は 3(同上）
```

```
    // インデックス 3 の値は 4( ここまでが取り出される )
    // インデックス 4 の値は 5 だが、「i..j」 は j を含まないので、出力されない
    Console.WriteLine("a[1..4]");
    foreach (var x in b)
    {
        Console.Write(x + " ");
    }
    Console.WriteLine();

    //「インデックス 0 ～最後から 2 番目」 の範囲指定で取り出す
    var c = a[0..^2];
    Console.WriteLine("a[0..^2]");
    // 結果は 「1 2 ... 8」
    // 最後から 2 番目の値は 9 だが、「i..j」 は j を含まないので、8 まで出力される
    foreach (var x in c)
    {
        Console.Write(x + " ");
    }
    Console.WriteLine();

    //「インデックス 6 ～末尾まで」 の範囲指定で取り出す
    var e = a[6..];
    Console.WriteLine("a[6..]");
    // 結果は 「7 8 9 10」
    foreach (var x in e)
    {
        Console.Write(x + " ");
    }
}
```

```
a[1..4]
2 3 4
a[0..^2]
1 2 3 4 5 6 7 8
a[6..]
7 8 9 10
```

参照 P.99「インデクサを定義する」

高速なデータ読み書きを行う

≫ System.Span、System.ReadOnlySpan、System.MemoryExtensions

メソッド

Span	連続したデータの一定範囲（コンストラクタ）
AsSpan	配列／文字列から Span ／ ReadOnlySpan を生成する

書式

```
public Span<T>(T[] array [, int start, int length])
public static Span<T> AsSpan<T>(this T[]? array [, Range
  range]);
public static ReadOnlySpan<char> AsSpan (this string? text,
  Range range);
```

パラメータ

T: 型パラメータ
array: 連続データ
start: 先頭のインデックス
length: 取り出すデータの個数
range: 取り出す範囲
text: 文字列

System.Spanクラスは連続したデータの一定範囲を読み書きするためのクラスです。Spanクラスを使うことで、通信データや文字列、メモリ上の領域など、さまざまなデータの一部を、コピーせずに高速にアクセスすることができます。Spanオブジェクトにはインデクサが定義されているので、配列のように各要素にアクセスできます。また、インデクサにRangeオブジェクトを渡して一部を取得することもできます。

AsSpanメソッドはSystem.MemoryExtensionsクラスで定義されている拡張メソッドで、配列の一部をSpanオブジェクトとして返します。rangeパラメータにRangeオブジェクトを渡すことで、取り出す範囲を指定できます。文字列の一部の場合は、読み込み専用のSystem.ReadOnlySpan<char>オブジェクトが返ります。ReadOnlySpanオブジェクトもSpanオブジェクトと同様、インデクサを使って配列のように各要素にアクセスできますが、書き換えることはできません。サンプルでは文字列の一部をReadOnlySpan<char>としてデータコピーせずに取り出し、文字列を解析するint.Parseメソッドに渡して数値化しています。

サンプル ▶ **SpanAccess.cs**

```
public static void Main(string[] args)
{
    var a = new[] { 1, 2, 3, 4, 5, 6, 7, 8, 9, 10 };

    // 配列 a の 2 番目から 4 つの要素を Span として取り出す
    var span = new Span<int>(a, 2, 4);
    span[0] = 0;  // 要素を書き換え
    span[2] = 10; // 要素を書き換え

    //span は元の配列データの一部なので、書き換えは配列 a にも有効
    foreach (var x in a)
    {
        Console.Write(x + " ");
    }
    Console.WriteLine();

    //AsSpan メソッドと .. 演算子を使って取り出すことも可能
    var span2 = a.AsSpan(2..5);
    foreach (var x in span2)
    {
        Console.Write(x + " ");
    }
    Console.WriteLine();

    // 文字列の一部に数字が含まれているケース
    var bufStr = "NO-2123-ABC";
    //AsSpan で ReadOnlySpan<char> として取り出すことで、データコピーせずに int.
Parse を実行できる
    var no = int.Parse(bufStr.AsSpan(3..7));
    Console.WriteLine($"No: {no}");
}
```

⬇

```
+++ スクリプト +++
1 2 0 4 10 6 7 8 9 10
0 4 10
No: 2123
```

参照 P.99「インデクサを定義する」
P.274「コレクションの一部を取り出す(範囲アクセス)」
P.147「文字列から数値に変換する」

リストを生成する

≫ System.Collections.Generic.List

メソッド

List　　配列リスト（コンストラクタ）

書式
```
public List([IEnumerable<T> collection])
public List(int capacity)
```

パラメータ
T: 型パラメータ
collection: コピーするコレクション
capacity: 初期サイズ

例外

ArgumentNullException	collection が null の場合
ArgumentOutOfRangeException	capacity が 0 未満の場合

Listクラスは動的にサイズが変化し、インデックスでアクセスできるリストです。
Listクラスのコンストラクタにcollectionパラメータを指定した場合、コレクションをコピーしたリストを返します。capacityパラメータを指定した場合、指定の初期サイズを持つリストを返します。

サンプル ▶ ListNew.cs

```
public static void Main(string[] args)
{
    // 初期サイズ1のリストを作成
    List<string> list1 = new List<string>(2);
    // 3件追加すると、動的にサイズが変更される
    list1.Add("Hello");
    list1.Add("こんにちは");
    list1.Add("Guten Tag");

    // list1をコピーしてリストを作成
    List<string> list2 = new List<string>(list1);
    list2.Add("abc");
}
```

リストの指定位置の要素を取得／設定する

≫ System.Collections.Generic.List

プロパティ

Item	要素を取得／設定（インデクサ）

書式 `public T this[int index] { get; set; }`

パラメータ T: 型パラメータ
index: 取得、設定する位置

例外

ArgumentOutOfRangeException	index が 0 未満またはリストの範囲外の場合

Itemプロパティはリストのインデックスで指定された要素を取得／設定するプロパティです。ItemプロパティはListクラスのインデクサのため、リストを配列のように扱えます。

サンプル ▶ ListItem.cs

```
public static void Main(string[] args)
{
    List<string> list1 =
      new List<string>() { "Hello", "こんにちは", "Guten Tag"};

    Console.WriteLine("1番目の要素：" + list1[0]);
    // 3番目の要素を書き換え
    list1[2] = "abc";

    // 4番目の要素はないため例外を発生
    list1[3] = "zzz";
}
```

⬇

```
1番目の要素：Hello
```

注意 Itemプロパティでの代入の際には、リストのサイズの動的な変更は行われませんので、存在しない要素を取得／設定しようとすると例外が発生します。

参照 P.99「インデクサを定義する」

リストの末尾に要素を追加する

≫ System.Collections.Generic.List

メソッド

Add	要素を追加
AddRange	コレクションを追加

書式
```
public void Add(T item)
public void AddRange(IEnumerable<T> collection)
```

パラメータ
T: 型パラメータ
item: 追加する要素
collection: 追加するコレクション

例外

ArgumentNullException	collection が null の場合

Addメソッドは要素をリストの末尾に追加します。AddRangeメソッドはコレクション内の要素すべてをリストの末尾に追加します。

Add／AddRangeメソッドでの追加の際、リストのサイズは動的に拡大します。

サンプル ▶ ListAdd.cs

```
public static void Main(string[] args)
{
    List<string> list1 = new List<string>() { "Hello",
        "こんにちは", "Guten Tag"};
    List<string> list2 = new List<string>();
    // リストにコレクションの要素をすべて追加
    list2.AddRange(list1);
    list2.Add("abc");

    foreach (string s in list2)
    {
        Console.WriteLine(s);
    }
}
```

⬇

```
Hello
こんにちは
Guten Tag
abc
```

リストの指定位置に要素を挿入する

≫ System.Collections.Generic.List

メソッド

Insert	要素を挿入
InsertRange	コレクションを挿入

書式

```
public void Insert(int index, T item)
public void InsertRange(
  int index, IEnumerable<T> collection)
```

パラメータ

T: 型パラメータ

index: 挿入する位置

item: 挿入する要素

collection: 挿入するコレクション

例外

ArgumentNullException	collection が null の場合
ArgumentOutOfRangeException	index が 0 未満またはリストの範囲外の場合

Insertメソッドはリストの指定位置に要素を挿入します。

InsertRangeメソッドはリストの指定位置にコレクションを挿入します。

Insert／InsertRangeメソッドで要素を追加した際、リストのサイズは動的に拡大します。

サンプル ▶ ListInsert.cs

```
public static void Main(string[] args)
{
    // リストに要素を追加
    List<string> list1 =
      new List<string>() { "Hello", " こんにちは ", "Guten Tag"};

    // 最初に要素を挿入
    list1.Insert(0, " おはよう ");

    List<string> list2 = new List<string>() { "a", "b", "c" };

    // コレクションを挿入
    list1.InsertRange(1, list2);

    foreach (string s in list1)
    {
        Console.WriteLine(s);
    }
}
```

⬇

```
おはよう
a
b
c
Hello
こんにちは
Guten Tag
```

リストの要素を削除する

≫ System.Collections.Generic.List

メソッド

RemoveAt	指定位置の要素を削除
RemoveRange	一定範囲の要素を削除
RemoveAll	条件を満たす要素をすべて削除

書式

```
public void RemoveAt(int index)
public void RemoveRange(int index, int count)
public int RemoveAll(Predicate<T> match)
```

パラメータ

index: 削除する位置
count: 削除する要素数
match: 削除する条件を表すデリゲート
T: 型パラメータ

例外

ArgumentOutOfRangeException	index、count が 0 未満の場合
ArgumentException	index、count がリストの範囲外の場合／match が null の場合

RemoveAtメソッドはリストの指定された位置の要素を削除します。

RemoveRangeメソッドはリストの指定された位置から指定個数の要素を削除します。

RemoveAllメソッドは、リストの要素のうち、指定された条件を満たす要素をすべて削除し、削除した要素数を返します。

サンプル ▶ ListRemove.cs

```
public static void Main(string[] args)
{
    // リストに要素を追加
    List<string> list1 = new List<string>() {
        "Hello", " こんにちは ", "Guten Tag","a","b","c","d","e","f" };

    // 最初の要素を削除
    list1.RemoveAt(0);
    // 2 番目から 4 つの要素を削除
    list1.RemoveRange(2, 4);

    Console.WriteLine("RemoveRange 後：");
    foreach (string str in list1)
    {
        Console.WriteLine(str);
    }

    // 長さ 3 文字以内の要素をすべて削除
    int result = list1.RemoveAll(p => p.Length <= 3);

    Console.WriteLine("RemoveAll で削除した個数：{0}",result);
    Console.WriteLine("RemoveAll 後：");
    foreach (string str in list1)
    {
        Console.WriteLine(str);
    }
}
```

⬇

```
RemoveRange 後：
こんにちは
Guten Tag
e
f
RemoveAll で削除した個数：2
RemoveAll 後：
こんにちは
Guten Tag
```

要素の位置を取得する

≫ System.Collections.Generic.List

メソッド

IndexOf	要素の位置を取得（前方から検索）
LastIndexOf	要素の位置を取得（後方から検索）

書式

```
public int IndexOf(T item[, int index[, int count]])
public int LastIndexOf(T item[, int index[, int count]])
```

パラメータ

T: 型パラメータ
item: 検索する要素
index: 検索開始位置
count: 検索する要素数

例外

ArgumentOutOfRangeException	index と count がリストの範囲を超える場合

IndexOf／LastIndexOfメソッドはリストから指定された要素を検索し、見つかった位置のインデックスを返します。IndexOfメソッドは前方から、LastIndexOfメソッドは後方から検索を行います。

戻り値は0で始まるインデックスで、見つからなかった場合は-1を返します。indexパラメータとcountパラメータで検索範囲を指定できます。

サンプル ▶ ListIndexOf.cs

```
public static void Main(string[] args)
{
    // リストに要素を追加
    List<string> list1 = new List<string>() {
        "Hello","a", "こんにちは", "Guten Tag","a","b","a" };

    // 前方から出現位置を検索
    Console.WriteLine(list1.IndexOf("こんにちは"));
    // 3 番目から 3 個分を検索（=2 番目の a は飛ばされる）
    Console.WriteLine(list1.IndexOf("a",3,3));
    // 後方から検索。見つからないので結果は -1
    Console.WriteLine(list1.LastIndexOf("おはよう"));
}
```

⬇

```
2
4
-1
```

リストを検索する

≫ System.Collections.Generic.List

メソッド

Find	条件を満たす要素を検索
FindAll	条件を満たすすべての要素を検索
FindIndex	条件を満たす要素を検索（前方から検索）
FindLastIndex	条件を満たす要素を検索（後方から検索）

書式

```
public T Find(Predicate<T> match)
public List<T> FindAll(Predicate<T> match)
public int FindIndex(
  [int startIndex[,int count] ,] Predicate<T> match)
public int FindLastIndex(
  [int startIndex[,int count] ,] Predicate<T> match)
```

パラメータ

T: 型パラメータ
match: 条件を表すデリゲート
startIndex: 検索開始位置
count: 検索する要素数

例外

ArgumentNullException	match が null の場合
ArgumentOutOfRangeException	startIndex と count がリストの範囲を超える場合

これらのメソッドは、コレクションから指定された条件に合う要素を検索するメソッドです。

Findメソッドは検索条件を満たす要素のうち、インデックスが最も小さい要素を返します。

FindAllメソッドは、検索条件を満たすすべての要素を含むリストを返します。

FindIndexメソッドは、前方から検索し、検索条件を満たす要素のインデックスを返します。

FindLastIndexメソッドは、後方から検索し、検索条件を満たす要素のインデックスを返します。これらのメソッドは、startIndexパラメータとcountパラメータで検索範囲を指定できます。

サンプル ▶ **ListFind.cs**

```
public static void Main(string[] args)
{
    // リストに要素を追加
    List<string> list1 = new List<string>() {
      "Hello","こんにちは", "Guten Tag","a","b","a",
      "こんにちは abcde" };

    Console.WriteLine("文字列長 10 以上の要素：" +
    list1.Find(p => p.Length >= 10));

    List<string> findAll = list1.FindAll(p => p.Length < 3);
    Console.WriteLine("文字列長 3 未満の要素：" +
    string.Join(",",findAll));

    Console.WriteLine("a の出現位置（前方から検索）：" +
    list1.FindIndex(p => p == "a"));

    Console.WriteLine("a の出現位置（後方から検索）：" +
    list1.FindLastIndex(p => p == "a"));
}
```

⬇

```
文字列長 10 以上の要素：こんにちは abcde
文字列長 3 未満の要素：a,b,a
a の出現位置（前方から検索）：3
a の出現位置（後方から検索）：5
```

別の型のリストに変換する

≫ System.Collections.Generic.List

メソッド

ConvertAll　別の型のリストに変換

書式

```
public List<TOutput> ConvertAll<TOutput>(
  Converter<T, TOutput> converter)
```

パラメータ

T: コレクションの型パラメータ
TOutput: 変換先の型パラメータ
converter: 要素を変換するデリゲート

例外

ArgumentNullException　converter が null の場合

ConvertAllメソッドは、リストの各要素を指定されたデリゲートによって別の型に変換し、変換したすべての要素を含むリストを返します。

サンプル ▶ ListConvertAll.cs

```
public static void Main(string[] args)
{
    List<int> list1 = new List<int>() { 3, 5, 10 };

    // int から string に変換
    // "." を指定回数分並べた文字列を生成
    List<string> list2 = list1.ConvertAll(
        p => new StringBuilder().Append('.', p).ToString());

    foreach (string s in list2)
    {
        Console.WriteLine(s);
    }
}
```

⬇

```
...
.....
..........
```

参照 P.280「リストの末尾に要素を追加する」

リストの要素ごとに処理する

≫ System.Collections.Generic.List

メソッド

ForEach	要素ごとに処理

書式 public void ForEach(Action<T> action)

パラメータ T: 型パラメータ
action: 要素ごとに処理するデリゲート

例外

ArgumentNullException	action が null の場合

ForEachメソッドはリスト中のすべての要素について、指定されたデリゲートを呼び出して処理を行います。リストの各要素について反復処理を行う点はforeach文と同じですが、foreach文が反復子を使ってリストから要素を取り出すのに対し、ForEachメソッドはリストから直接要素を取り出してデリゲートに渡します。

反復子を経由して要素を取り出すforeach文ではMoveNextメソッドとCurrentプロパティの参照の両方が必要になるのに対し、リストに特化したForEachメソッドはforeach文よりも処理が高速です。

また、ForEachメソッドは処理内容をデリゲートで指定しますので、複数のコレクションに対して同様の処理を行う場合には、foreach文よりも簡潔な記述が可能です。

サンプル ▶ **ListForEach.cs**

```
public static void Main(string[] args)
{
    List<string> list1 = new List<string>(){"a","b","c"};
    // ForEach メソッドですべての要素を表示
    list1.ForEach(s => Console.WriteLine(s));
}
```

```
a
b
c
```

参照 P.75「すべての要素を順番に参照する」

リストを並べ替える

≫ System.Collections.Generic.List

メソッド

Sort　　並べ替え

書式 `public void Sort(Comparison<T> comparison)`

パラメータ T: 型パラメータ
comparison: 比較を行うデリゲート

例外

InvalidOperationException　comparison が null の場合
ArgumentException　ソート中にエラーが発生した場合

Sortメソッドは指定された条件に基づいて並べ替えを行います。comparisonパラメータには、2つの引数を取り、第1引数が小さい場合は負の値を、等しい場合は0を、大きい場合は正の値を返すデリゲートを指定します。

サンプル ▶ **ListSort.cs**

```
public static void Main(string[] args)
{
    List<string> list1 = new List<string>();
    list1.Add("HelloHello");
    list1.Add("こんにちは");
    list1.Add("Guten Tag");
    list1.Add("a");
    list1.Add("b123");

    // 文字列の長さで比較
    // ここでは2つの数値を比較する、int型のCompareToメソッドを使用
    list1.Sort((x, y) => x.Length.CompareTo(y.Length));
    foreach (string s in list1)
    {
        Console.WriteLine(s);
    }
}
```

⬇

```
a
b123
こんにちは
Guten Tag
HelloHello
```

セットを生成する

≫ System.Collections.Generic.HashSet

メソッド

HashSet　　セット（コンストラクタ）

書式 public HashSet([IEnumerable<T> collection])

パラメータ T: 型パラメータ
collection: 初期化時に格納するリスト

例外

ArgumentNullException　　collectionがnullの場合

HashSetクラスは重複なしの値のセットを表すクラスです。コンストラクタにコレクションを指定すると、そのコレクションの要素をすべてコピーしたセットを生成します。

サンプル ▶ HashSetNew.cs

```
public static void Main(string[] args)
{
    // 空のセットを生成
    HashSet<string> hashSet1 = new HashSet<string>();
    // 要素を追加
    hashSet1.Add("abc");
    // 同じ要素を追加しても無視される
    hashSet1.Add("abc");

    List<string> list1 = new List<string>(){"Hello",
        "こんにちは","Guten Tag"};

    // リストの要素をコピーしたセットを生成
    HashSet<string> linkedList2 = new HashSet<string>(list1);
    Console.WriteLine("リスト中の要素を含むか："
        + linkedList2.Contains("こんにちは"));
}
```

⬇

```
リスト中の要素を含むか：True
```

参照 P.260「コレクションに要素が含まれているかどうかを判定する」

セットとコレクションとの関係を調べる

≫ System.Collections.Generic.HashSet

メソッド

IsSubsetOf	サブセットか
IsSupersetOf	スーパーセットか
Overlaps	共通の要素があるか

書式

```
public bool IsSubsetOf(IEnumerable<T> other)
public bool IsSupersetOf(IEnumerable<T> other)
public bool Overlaps(IEnumerable<T> other)
```

パラメータ

T: 型パラメータ

other: 対象のコレクション

例外

ArgumentNullException	other が null の場合

IsSubsetOf／IsSupersetOfメソッドは、セットが指定されたコレクションのサブセット／スーパーセットかどうかを返します。

Overlapsメソッドは、セットと指定されたコレクションに共通の要素があるかどうかを返します。

サンプル ▶ **HashSetSubSuper.cs**

```
public static void Main(string[] args)
{
    List<string> list1 = new List<string>(){"Hello",
        "こんにちは","Guten Tag"};

    HashSet<string> set = new HashSet<string>();
    set.Add("Hello");
    set.Add("こんにちは");

    Console.WriteLine("サブセットか：" + set.IsSubsetOf(list1));
    Console.WriteLine("スーパーセットか：" + set.IsSupersetOf(list1));
    Console.WriteLine("共通の要素を持つか：" + set.Overlaps(list1));
}
```

⬇

```
サブセットか：True
スーパーセットか：False
共通の要素を持つか：True
```

ディクショナリを生成する

≫ System.Collections.Generic.Dictionary

メソッド

Dictionary	ディクショナリ（コンストラクタ）

書式 public Dictionary([IDictionary<TKey, TValue> dictionary])

パラメータ TKey: キーの型パラメータ
TValue: 値の型パラメータ
dictionary: 初期化時に格納するディクショナリ

例外

ArgumentNullException	dictionary が null の場合
ArgumentException	dictionary に重複するキーが含まれる場合

Dictionaryクラスはキーと値の組み合わせを格納するクラスです。コンストラクタに別のディクショナリを指定すると、そのディクショナリのすべてのキーと値をコピーしたディクショナリを生成します。

Dictionaryクラスのコンストラクタには、キーの型としてTKeyを、値の型としてTValueを指定します。

サンプル ▶ **DictionaryNew.cs**

```
public static void Main(string[] args)
{
    // 空のディクショナリを作成
    Dictionary<string, int> dict1 = new Dictionary<string, int>();
    // ディクショナリに値を追加
    dict1.Add(" みかん ", 100);

    // ディクショナリをコピーして新しいディクショナリを作成
    Dictionary<string, int> dict2 = new Dictionary<string,
      int>(dict1);
    dict2.Add(" すいか ", 800);

    Console.WriteLine(" みかんが含まれるか：" + dict2.ContainsKey(" みか
      ん "));
}
```

⬇

```
みかんが含まれるか：True
```

4 コレクション

ディクショナリにキーと値を追加する

≫ System.Collections.Generic.Dictionary

メソッド

Add　　キーと値を追加

書式 void Add(TKey key, TValue value)

パラメータ TKey: キーの型パラメータ
TValue: 値の型パラメータ
key: 追加するキー
value: 追加する値

例外

ArgumentNullException　　key が null の場合
ArgumentException　　同じキーが既に存在する場合

Addメソッドはディクショナリにキーと値を追加します。ディクショナリのキーは重複を許さないため、既に存在するキーを追加しようとすると例外が発生します。

サンプル ▶ DictionaryAdd.cs

```
public static void Main(string[] args)
{
    // 空のディクショナリを作成
    Dictionary<string, int> dict1 = new Dictionary<string, int>();
    // ディクショナリに値を追加
    dict1.Add("りんご", 150);
    dict1.Add("みかん", 100);
    dict1.Add("キウィ", 200);

    // ディクショナリの内容を表示
    foreach (string key in dict1.Keys)
    {
        Console.WriteLine("{0} : {1}", key, dict1[key]);
    }
}
```

⬇

```
りんご : 150
みかん : 100
キウィ : 200
```

ディクショナリから値を取得する

» System.Collections.Generic.Dictionary

メソッド

TryGetValue	値を取得

プロパティ

Item	値を取得（インデクサ）

書式

```
public TValue this[TKey key] { get; set; }
public bool TryGetValue(TKey key, out TValue value)
```

パラメータ

TKey: キーの型パラメータ
TValue: 値の型パラメータ
key: 取得するキー
value: 取得する値

例外

ArgumentNullException	key が null の場合
KeyNotFoundException	Item プロパティで、ディクショナリに key が存在しない場合

Itemプロパティは指定したキーに対応する値を取得／設定するプロパティです。ItemプロパティはDictionaryクラスのインデクサのため、文字列をキーとする配列(連想配列)のようにディクショナリを扱えます。

TryGetValueメソッドは指定したキーに対応する値をvalueパラメータに格納し、取得に成功したかどうかを返します。

Itemプロパティはキーが存在しない場合に例外を発生させますが、TryGetValueメソッドは例外を発生させる代わりにfalseを返します。

サンプル ▶ **DictionaryItem.cs**

```
public static void Main(string[] args)
{
    // 空のディクショナリを作成
    Dictionary<string, int> dict1 = new Dictionary<string, int>();
    // ディクショナリに値を追加
    dict1.Add("りんご", 150);
    dict1.Add("みかん", 100);
    dict1.Add("キウィ", 200);

    // インデクサで値を取得
    Console.WriteLine("りんごの値段：" + dict1["りんご"]);

    int value;
    bool result = dict1.TryGetValue("みかん", out value);
    if(result)
        Console.WriteLine("みかんの値段：" + value);

    try
    {
        Console.WriteLine(dict1["ぶどう"]);
    }
    catch (KeyNotFoundException)
    {
        Console.WriteLine("KeyNotFoundException発生");
    }
}
```

⬇

```
りんごの値段：150
みかんの値段：100
KeyNotFoundException発生
```

注意 Itemプロパティを使用すると、キーが存在しなかった場合の処理が例外処理となり、オーバーヘッドが発生します。キーが存在しない可能性があり、頻繁に呼び出す場合はTryGetValueメソッドを使用してください。

ディクショナリに指定したキー／値が含まれるかどうかを判定する

≫ System.Collections.Generic.Dictionary

メソッド

ContainsKey	キーが含まれるかを判定
ContainsValue	値が含まれるかを判定

書式

```
public bool ContainsKey(TKey key)
public bool ContainsValue(TValue value)
```

パラメータ

TKey: キーの型パラメータ
TValue: 値の型パラメータ
key: 検索するキー
value: 検索する値

例外

ArgumentNullException	keyがnullの場合

ContainsKeyメソッドは指定されたキーがディクショナリに存在するかどうかを返します。ContainsValueメソッドは指定された値がディクショナリに存在するかどうかを返します。

サンプル ▶ DictionaryContains.cs

```
public static void Main(string[] args)
{
    // 空のディクショナリを作成
    Dictionary<string, int> dict1 = new Dictionary<string, int>();
    // ディクショナリに値を追加
    dict1.Add("りんご", 150);
    dict1.Add("みかん", 100);

    Console.WriteLine("キー「りんご」は含まれるか："
        + dict1.ContainsKey("りんご"));
    Console.WriteLine("値「300」のものはあるか："
        + dict1.ContainsValue(300));
}
```

⬇

```
キー「りんご」は含まれるか：True
値「300」のものはあるか：False
```

注意 TryGetValueメソッドを使えば、「ContainsKeyメソッドでキーをチェックし、Itemプロパティで値を取得する」、という操作をまとめて行えます。

参照 P.295「ディクショナリから値を取得する」

キー／値のコレクションを取得する

≫ System.Collections.Generic.Dictionary

プロパティ

Keys	キーのコレクションを取得
Values	値のコレクションを取得

書式

```
public Dictionary<TKey, TValue>.KeyCollection Keys { get; }
public Dictionary<TKey, TValue>.ValueCollection Values
  { get; }
```

パラメータ

TKey: キーの型パラメータ
TValue: 値の型パラメータ

Keysプロパティはキーのコレクションを、Valuesプロパティは値のコレクションを返します。戻り値のKeyCollection／ValueCollectionオブジェクトはICollectionインタフェースを実装したコレクションです。

どちらのプロパティも、静的にディクショナリのキーや値のコレクションをコピーしたものではないため、ディクショナリ側の変更が反映されます。

サンプル ▶ **DictionaryKeysValues.cs**

```
public static void Main(string[] args)
{
    Dictionary<string, int> dict1 = new Dictionary<string, int>();
    dict1.Add("りんご", 150);
    dict1.Add("みかん", 100);

    // キーコレクションを取得
    Dictionary<string, int>.KeyCollection keys = dict1.Keys;

    dict1.Add("オレンジ", 400);

    foreach (string key in keys)
    {
        // キーのコレクション取得後の変更内容も表示
        Console.WriteLine("{0}：{1}", key, dict1[key]);
    }
}
```

⬇

```
りんご：150
みかん：100
オレンジ：400
```

キューを生成する

≫ System.Collections.Generic.Queue

メソッド

Queue　　キュー（コンストラクタ）

書式 ▶ public Queue([IEnumerable<T> collection])

パラメータ ▶ T: 型パラメータ
collection: 初期化時に格納するリスト

例外

ArgumentNullException　　collection が null の場合

Queueクラスは先入れ先出しのキューを表します。コンストラクタにコレクションを指定すると、そのコレクションの要素をすべてコピーしたキューを生成します。

サンプル ▶ QueueNew.cs

```
public static void Main(string[] args)
{
    // 空のキューを作成
    Queue<string> queue1 = new Queue<string>();
    queue1.Enqueue("Hello");
    Console.WriteLine("Dequeue 結果：" + queue1.Dequeue());

    // リストを作成
    List<string> list1 = new List<string>(){"Hello",
        "こんにちは","Guten Tag"};

    // リストの内容をコピーしたキューを作成
    Queue<string> queue2 = new Queue<string>(list1);
}
```

⬇

```
Dequeue 結果：Hello
```

キューの要素を追加／取得する

≫ System.Collections.Generic.Queue

メソッド

Enqueue	末尾に追加
Dequeue	先頭を削除して取得
Peek	先頭を削除せず取得

書式

```
public void Enqueue(T item)
public T Dequeue()
public T Peek()
```

パラメータ

T: 型パラメータ
item: 追加する要素

例外

InvalidOperationException	Dequeue、Peek メソッドでキューが空の場合

Enqueueメソッドはキューの末尾に要素を追加します。
Dequeueメソッドはキューの先頭から要素を削除して取得します。
Peekメソッドはキューの先頭から要素を削除せずに取得します。

Column　Unity と C#

Unityとはゲームエンジンの一種で、ゲーム機、スマートフォン、タブレットなど、さまざまなプラットフォームに対応しています。Unityがサポートする言語の中にはC#が含まれているため、C#を使ってマルチプラットフォーム対応のゲーム開発を行うことができます。

Unityの用途はゲームだけにとどまらず、建築、医療、映像、教育などさまざまな分野で活用されているほか、**VR(バーチャルリアリティ)**アプリケーションなども含まれています。

サンプル ▶ **QueueEnDe.cs**

```
public static void Main(string[] args)
{
    // 空のキューを作成
    Queue<string> queue1 = new Queue<string>();
    // 末尾に要素を追加していく
    // 要素は末尾から先頭へと進んでいく
    queue1.Enqueue("Hello");
    queue1.Enqueue("こんにちは");
    queue1.Enqueue("Guten Tag");

    // キューの内容を表示。要素に影響なし
    Console.WriteLine("foreach文で取り出し");
    foreach (string s in queue1)
    {
        Console.WriteLine(s);
    }

    // 先頭から削除せず取り出す
    Console.WriteLine("最初に追加した要素をPeek：" + queue1.Peek());

    Console.WriteLine("Dequeueで取り出し");
    // 要素数が0になるまで先頭から順に削除しながら取り出す
    while (queue1.Count > 0)
    {
        Console.WriteLine(queue1.Dequeue());
    }
}
```

⬇

```
foreach文で取り出し
Hello
こんにちは
Guten Tag
最初に追加した要素をPeek：Hello
Dequeueで取り出し
Hello
こんにちは
Guten Tag
```

参考 foreach文を使用すると、キューの内容を変更せずに要素を反復処理できます。

スタックを生成する

≫ System.Collections.Generic.Stack

メソッド

Stack　スタック（コンストラクタ）

書式 public Stack([IEnumerable<T> collection])

パラメータ T: 型パラメータ
collection: 初期化時に格納するリスト

例外

ArgumentNullException　collection が null の場合

Stackクラスは先入れ後出しのスタックを表すクラスです。コンストラクタにコレクションを指定すると、そのコレクションの要素をすべてコピーしたスタックを生成します。

サンプル ▶ StackNew.cs

```
public static void Main(string[] args)
{
    // 空のスタックを作成
    Stack<string> stack1 = new Stack<string>();
    // スタックに値をプッシュ、ポップ
    stack1.Push("Hello");
    Console.WriteLine("Pop 結果：" + stack1.Pop());

    // リストを作成
    List<string> list =
      new List<string>() { "Hello", "こんにちは", "Guten Tag" };

    // リストの内容をコピーしたスタックを作成
    Stack<string> stack2 = new Stack<string>(list);
}
```

⬇

```
Pop 結果：Hello
```

スタックの要素を追加／取得する

≫ System.Collections.Generic.Stack

メソッド

Push	先頭に追加
Pop	先頭を削除して取得
Peek	先頭を削除せず取得

書式

```
public void Push(T item)
public T Pop()
public T Peek()
```

パラメータ

T: 型パラメータ
item: 追加する要素

例外

InvalidOperationException	Pop／Peek メソッドでスタックが空の場合

Pushメソッドはスタックの先頭に要素を追加します。
Popメソッドはスタックの先頭から要素を削除して取得します。
Peekメソッドはスタックの先頭から要素を削除せずに取得します。

サンプル ▶ StackPushPop.cs

```
public static void Main(string[] args)
{
    Stack<int> stack1 = new Stack<int>();
    // スタックに値をプッシュ
    stack1.Push(1);
    stack1.Push(2);
    Console.WriteLine("先頭の要素をPeek:" + stack1.Peek());
    Console.WriteLine("先頭の要素をPop:" + stack1.Pop());
    Console.WriteLine("次の要素をPop:" + stack1.Pop());
}
```

```
先頭の要素をPeek:2
先頭の要素をPop:2
次の要素をPop:1
```

参考 foreach文を使用すると、スタックの内容を変更せずに要素を反復処理できます。

Column **Visual Studioのリファクタリング - フィールドのカプセル化**

Visual Studioのリファクタリング(P.155のコラム 参照)機能には、フィールドのカプセル化という機能があります。フィールドのカプセル化とは、クラスのフィールドをプロパティに変換することです。これにより、直接クラスのフィールドにアクセスするコードを、プロパティ経由でアクセスするように書き換えることができます。

カプセル化したいフィールドを選択した状態で、コンテキストメニューの[クイックアクションとリファクタリング]を実行します。フィールドを直接アクセスしていた箇所が一覧表示され、それぞれの箇所がどのように修正されるかがプレビューされます。

フィールドのカプセル化を積極的に行い、外部のクラスが、クラスの内部構造に依存しないようなコードを記述するようにしましょう。

Chapter 5

入出力

概要

本章では、ファイルシステムへのアクセスやバイナリ/テキスト入出力/ネットワーク通信など、C#の入出力機能について解説します。

ファイルシステム

C#でファイルシステムのファイルやディレクトリを扱うクラスは2種類あります。

1つはSystem.IO.File/Directoryクラスです。これらのクラスはファイル、ディレクトリ情報の取得や操作を行うための静的メソッドを提供します。

もう1つはSystem.IO.FileInfo/DirectoryInfoクラスです。これらのクラスは対象のファイル、ディレクトリのパスに基づいてコンストラクタで生成され、そのファイル、ディレクトリの情報を表すプロパティや、操作を行うメソッドを提供します。

これらのクラスが異なる点は、File/Directoryクラスが静的メソッドで操作するのに対して、FileInfo/DirectoryInfoクラスがインスタンスメソッドで操作する点です。

また、File/Directoryクラスは対象のファイル、ディレクトリに対するセキュリティのチェックをメソッドの呼び出しごとに行いますが、FileInfo/DirectoryInfoクラスの場合は同一のファイル、ディレクトリに対するチェックを省略する場合があります。そのため、同じファイル、ディレクトリに対して複数回の操作を行う場合には、FileInfo/DirectoryInfoクラスの使用を推奨します。逆に、ファイルやディレクトリに対して一度だけ操作を行う場合には、File/Directoryクラスの静的なメソッドの方が効率的な場合があります

バイナリ入出力

C#のバイナリ入出力の基本は、**ストリーム**という概念です。ストリームとは、以下の図のような連続するバイト列のことで、現在位置のデータを読み書きできます。データを読み書きするとストリームの現在位置が移動し、次のデータを読み書きできるようになります。このストリームという概念を導入することで、実際のデータがファイル/メモリ/ネットワークなど異なる場所にあっても、同じ要領でアクセスできます。

▼ストリームの概念

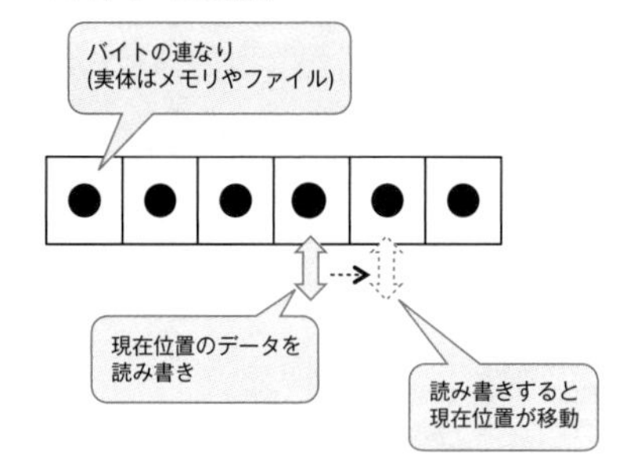

System.IO.Streamクラスはストリームを表す抽象クラスで、基本的なストリームの読み書き機能を提供します。他のストリームを表すクラスは、このStreamクラスを継承します。

本章では、以下のクラスについて解説します。

- ファイルを対象とするFileStreamクラス
- メモリ上のバッファを対象とするMemoryStreamクラス
- ネットワーク上のデータを対象とするNetworkStreamクラス

また、ストリームを使わないバイナリファイルの入出力方法についても解説します。

テキスト入出力

C#のテキスト入出力の基本は**リーダー**／**ライター**という概念です。リーダー／ライターは以下の図のように連続する文字の連なりを対象として読み書きを行います。バイナリ入出力の場合のストリームと同様に、文字を読み書きすると現在位置が移動し、次の文字を読み書きできます。

▼リーダー／ライターの概念

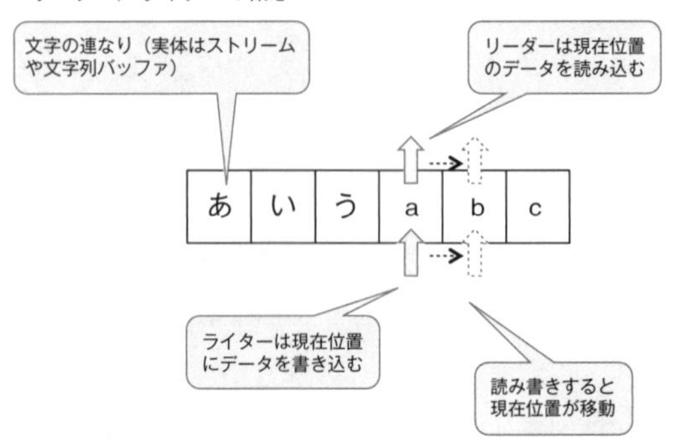

ストリームとの大きな違いとしては、ストリームは読み書き両用でしたが、リーダーは読み込み専用、ライターは書き込み専用である点です。System.IO.TextReaderクラスがリーダーの抽象クラス、System.IO.TextWriterクラスがライターの抽象クラスで、基本的なテキスト入出力機能を提供します。

本章では、TextReader／TextWriter クラスに加え、以下のクラスについて解説します。

- 文字列を対象としたStringReader／StringWriterクラス
- ファイルやネットワークなどのバイト列によるストリームを対象としたStreamReader／StreamWriterクラス

TCP/IP ネットワーク

TCP/IP(Transmission Control Protocol/Internet Protocol)とは、インターネットで使用されている通信プロトコル(コンピュータ同士が通信を行う際の手順、規約)のことです。TCP/IPにおいては、**IPアドレス**と呼ばれるコンピュータごとに割り振られたアドレスと、**ポート番号**と呼ばれるコンピュータ内のプログラムを特定するための番号の組み合わせで通信相手を指定します。

古くからTCP/IPを使ったネットワーク通信を行うプログラムでは**ソケット(Socket)**と呼ばれるAPIが使われており、Windows用のソケットであるWinsock(Windows Socket)がC#でもサポートされています。本章では、TCP通信のサーバー機能を持つTcpListenerクラスと、TCP通信のクライアント機能を持つTcpClientクラスについて解説します。

HTTP ネットワーク

HTTP(HyperText Transfer Protocol)とは、Webで使用されている通信プロトコルです。C#では、Webサーバーにアクセスするための機能をまとめたSystem.Net.WebClientというクラスが提供されており、わずかな手順でWebサーバーと通信し、データのダウンロード/アップロードを行えます。本章ではWebClientクラスの機能について解説します。

非同期入出力

本章で解説する入出力機能の一部には、非同期処理に対応するメソッドが存在します。非同期処理版メソッドの多くは同期処理版のメソッド名の末尾にAsyncが付いた名前となっています。基本的な使用方法は同期版のメソッドと同様ですが、呼び出し時にawaitキーワードを使用する必要があります。awaitキーワードについてはP.134を、非同期処理全般については6章を、それぞれ参照してください。

ファイル情報／ディレクトリ情報オブジェクトを作成する

≫ System.IO.FileInfo、DirectoryInfo

メソッド

FileInfo	ファイル情報（コンストラクタ）
DirectoryInfo	ディレクトリ情報（コンストラクタ）

書式

```
public FileInfo(string fileName)
public DirectoryInfo(string path)
```

パラメータ

fileName: ファイルのパス
path: ディレクトリのパス

例外

ArgumentNullException	fileName、path が null の場合
ArgumentException	fileName、path の形式が正しくない場合
SecurityException	DirectoryInfo コンストラクタで必要なアクセス許可がない場合
UnauthorizedAccessException	FileInfo コンストラクタで必要なアクセス許可がない場合
PathTooLongException	ファイル名がシステムで定義された最大長を超える場合
DirectoryNotFoundException	path で指定したパスが無効の場合

FileInfo／DirectoryInfoクラスは、ファイル情報／ディレクトリ情報を表すクラスです。これらのクラスのインスタンスからは、作成日時や属性など、ファイルシステム上の情報を取得できます。また、ファイル／ディレクトリの新規作成や削除、移動なども行えます。

サンプル ▶ **FileDirectoryInfo.cs**

```
public static void Main(string[] args)
{
    // C:¥Windows¥explorer.exe のファイル情報を作成
    FileInfo fileInfo = new FileInfo(@"C:¥Windows¥explorer.exe");
    // 作成日時を出力
    Console.WriteLine(@"C:¥Windows¥explorer.exe の作成日時 :"
        + fileInfo.CreationTime);

    // C:¥Windows のディレクトリ情報を作成
    DirectoryInfo directoryInfo = new DirectoryInfo(@"C:¥Windows");
    // ディレクトリが存在するかをチェック
    Console.WriteLine(@"C:¥Windows は存在するか :"
        + directoryInfo.Exists);

    // ディレクトリ情報からファイル一覧を取得
    Console.WriteLine("¥nC:¥¥Windows のファイル一覧表示 ");
    foreach (var file in directoryInfo.EnumerateFiles())
    {
        Console.WriteLine(file.FullName);
    }
}
```

```
C:¥Windows¥explorer.exe の作成日時 :2023/12/13 9:55:11
C:¥Windows は存在するか :True

C:¥Windows のファイル一覧表示
C:¥Windows¥bfsvc.exe
C:¥Windows¥bootstat.dat
C:¥Windows¥DirectX.log
C:¥Windows¥DPINST.LOG
C:¥Windows¥DtcInstall.log
C:¥Windows¥dxgi.prev
C:¥Windows¥explorer.exe
C:¥Windows¥HelpPane.exe
C:¥Windows¥hh.exe
…後略…
```

注意 fileNameパラメータには、絶対パス、相対パスの両方を指定可能です。

ファイルを新規作成する

» System.IO.File、FileInfo

メソッド

File.Create	ファイルを新規作成（静的メソッド）
FileInfo.Create	ファイルを新規作成

書式
```
public static FileStream Create(string path)
public FileStream Create()
```

パラメータ path: 作成するファイル名

例外

UnauthorizedAccessException	必要なアクセス許可がない場合／読み取り専用ファイルを上書きしようとした場合
ArgumentNullException	path が null の場合
ArgumentException	path の形式が正しくない場合
PathTooLongException	ファイル名がシステムで定義された最大長を超える場合
DirectoryNotFoundException	path で指定したパスが無効の場合
IOException	I/O エラーが発生した場合

Createメソッドは指定されたファイルを新規作成し、書き込み用のFileStreamオブジェクトを返します。対象のファイルが既に存在する場合は上書きします。

サンプル ▶ **FileCreate.cs**

```
public static void Main(string[] args)
{
    // ファイルを作成
    FileStream stream = File.Create("sample.txt");
    // FileStreamを閉じ、ファイルを保存
    stream.Close();

    FileInfo fileInfo = new FileInfo("sample2.txt");
    FileStream stream2 = fileInfo.Create();
    // FileStreamを閉じ、ファイルを保存
    stream.Close();
}
```

参照 P.335「ファイルストリームを作成する」

ファイルをコピーする

≫ System.IO.File、FileInfo

メソッド

File.Copy	ファイルをコピー（静的メソッド）
FileInfo.CopyTo	ファイルをコピー

書式

```
public static void Copy(
  string sourceFileName, string destFileName[, bool
          overwrite])
public FileInfo CopyTo(
  string destFileName[, bool overwrite])
```

パラメータ

sourceFileName: コピー元ファイル名
destFileName: コピー先ファイルパス
overwrite: コピー先ファイルを上書きするか

例外

IOException	I/O エラーが発生した場合。移動先のファイルが存在し、overwrite が未指定か false の場合
SecurityException	Copy メソッドで必要なアクセス許可がない場合
ArgumentNullException	sourceFileName、destFileName が null の場合
ArgumentException	sourceFileName、destFileName の形式が正しくない場合
UnauthorizedAccessException	CopyTo メソッドで必要なアクセス許可がない場合
PathTooLongException	ファイル名がシステムで定義された最大長を超える場合
DirectoryNotFoundException	sourceFileName、destFileName で指定したパスが無効の場合

Copy／CopyToメソッドは指定されたファイルをコピーします。

どちらのメソッドにおいても、overwriteパラメータにtrueを指定すると、コピー先に同名のファイルが存在する場合は上書きします。

サンプル ▶ FileCopy.cs

```
public static void Main(string[] args)
{
    // ファイルをコピー
    File.Copy("sample.txt", @"temp¥sample.txt");
    // ファイルを上書きコピー
    File.Copy("sample.txt", @"temp¥sample.txt", true);
    // sample.txt のファイル情報を作成
    FileInfo fileInfo = new FileInfo("sample.txt");
    fileInfo.CopyTo(@"temp¥sample2.txt");
}
```


Column Visual Studioのリファクタリング - パラメーターの順序変更

Visual Studioのリファクタリング(P.155のコラム 参照)機能には、パラメーターの順序変更という機能があります。パラメーターの順序変更とは、メソッドの引数(パラメーター)の順序を入れ替えるための機能です。可変長引数やオプション引数など、引数の順番が重要になるケースで役立ちます。

変更したいメソッドを選択した状態で、[編集]メニューの[リファクター]－[パラメーターの順序変更]を実行します。以下の図のように引数の一覧が表示され、右の矢印ボタンやドラッグ＆ドロップで引数の順番を入れ替えることができます。

▼「パラメーターの順序変更」リファクタリング

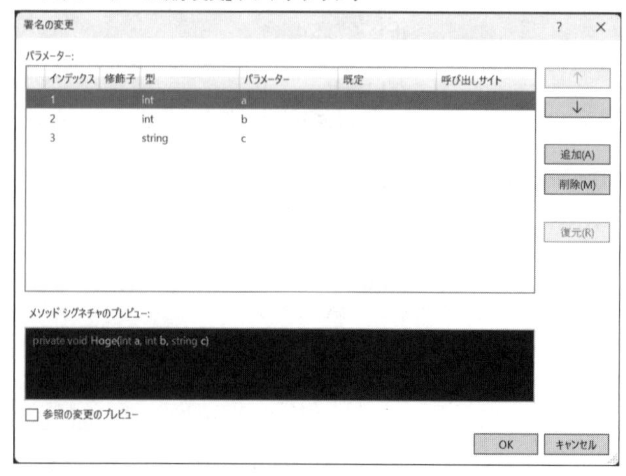

ファイルを削除する

≫ System.IO.File、FileInfo

メソッド

File.Delete	ファイルを削除（静的メソッド）
FileInfo.Delete	ファイルを削除

書式
```
public static void Delete(string path)
public void Delete()
```

パラメータ path: ファイルのパス

例外

IOException	ファイルが使用中の場合
ArgumentNullException	path が null の場合
ArgumentException	path の形式が正しくない場合
UnauthorizedAccessException	必要なアクセス許可がない場合／ path がディレクトリや読み取り専用ファイルを指す場合
PathTooLongException	path がシステムで定義された最大長を超える場合
DirectoryNotFoundException	path が無効の場合

Deleteメソッドは指定されたファイルを削除します。ディレクトリや読み取り専用ファイルを削除しようとすると例外が発生します。ただし、対象のパスが存在しない場合は例外を発生させません。

サンプル ▶ **FileDelete.cs**

```
public static void Main(string[] args)
{
    // File.Delete メソッドでファイルを削除
    File.Delete("sample.txt");
    // FileInfo.Delete メソッドでファイルを削除
    FileInfo fileInfo = new FileInfo("sample2.txt");
    fileInfo.Delete();
}
```

ファイルを移動する

≫ System.IO.File、FileInfo

メソッド

File.Move	ファイルを移動（静的メソッド）
FileInfo.MoveTo	ファイルを移動

書式

```
public static void Move(
  string sourceFileName, string destFileName)
public void MoveTo(string destFileName)
```

パラメータ

sourceFileName: 移動元ファイル名
destFileName: 移動先ファイルパス

例外

IOException	I/O エラーが発生した場合／移動先のファイルが既に存在する、または移動元ファイルが見つからない場合
ArgumentNullException	sourceFileName、destFileName が null の場合
ArgumentException	sourceFileName、destFileName の形式が正しくない場合
UnauthorizedAccessException	必要なアクセス許可がない場合
PathTooLongException	ファイル名がシステムで定義された最大長を超える場合
DirectoryNotFoundException	sourceFileName、destFileName で指定したパスが無効の場合

Move／MoveToメソッドは指定されたファイルを移動します。

どちらのメソッドも、異なるドライブ間で正常に動作します。また、これらのメソッドではファイルを上書きできず、移動先に同名のファイルが存在する場合は例外が発生します。

サンプル ▶ **FileMove.cs**

```
public static void Main(string[] args)
{
    // File.Move メソッドでファイルを移動
    File.Move("sample.txt",@"temp¥sample.txt");
    // FileInfo.Move メソッドでファイルを移動
    FileInfo fileInfo = new FileInfo("sample2.txt");
    fileInfo.MoveTo(@"temp¥sample2.txt");
}
```

ディレクトリを作成する

≫ System.IO.Directory、DirectoryInfo

メソッド

Directory.CreateDirectory	ディレクトリを作成（静的メソッド）
DirectoryInfo.Create	ディレクトリを作成

書式

```
public static DirectoryInfo CreateDirectory(string path)
public void Create()
```

パラメータ path: 作成するディレクトリのパス

例外

IOException	I/O エラーが発生した場合
ArgumentNullException	path が null の場合
ArgumentException	path の形式が正しくない場合
UnauthorizedAccessException	必要なアクセス許可がない場合
PathTooLongException	ファイル名がシステムで定義された最大長を超える場合
DirectoryNotFoundException	path で指定したパスが無効の場合

CreateDirectory／Createメソッドは指定されたディレクトリを作成します。CreateDirectoryメソッドは、作成されたディレクトリを表すDirectoryInfoオブジェクトを返します。

どちらのメソッドも、パスで指定されたディレクトリのうち、上位のまだ存在しないディレクトリも含めてまとめて作成します。また、指定されたパスと同じディレクトリがある場合、これらのメソッドは何も実行しません。

サンプル ▶ **DirectoryCreate.cs**

```
public static void Main(string[] args)
{
    // CreateDirectory メソッドでディレクトリ作成
    DirectoryInfo directoryInfo =
        Directory.CreateDirectory(@"temp¥a");

    // Create メソッドでディレクトリ作成
    DirectoryInfo directoryInfo2 = new DirectoryInfo(@"temp¥b");
    directoryInfo2.Create();
}
```

ディレクトリを削除する

≫ System.IO.Directory、DirectoryInfo

メソッド

Directory.Delete	ディレクトリを削除（静的メソッド）
DirectoryInfo.Delete	ディレクトリを削除

書式
```
public static void Delete(string path [, bool recursive])
public void Delete([bool recursive])
```

パラメータ
path: 削除するディレクトリのパス
recursive: 再帰的に削除するか

例外

IOException	I/O エラーが発生した場合
ArgumentNullException	path が null の場合
ArgumentException	path の形式が正しくない場合
UnauthorizedAccessException	必要なアクセス許可がない場合
PathTooLongException	ファイル名がシステムで定義された最大長を超える場合
DirectoryNotFoundException	path または DirectoryInfo オブジェクトの表すディレクトリが存在しない場合

Deleteメソッドは、指定されたディレクトリを削除します。recursiveパラメータにtrueを指定した場合は、ディレクトリ内を含めて再帰的に削除します。

サンプル ▶ **DirectoryDelete.cs**

```
public static void Main(string[] args)
{
    DirectoryInfo directoryInfo =
        Directory.CreateDirectory(@"a¥b¥c¥d¥e¥f");
    // DirectoryInfo クラスの Delete メソッドで f ディレクトリを削除
    directoryInfo.Delete();

    // c ディレクトリを、下の階層のディレクトリも含め再帰的に削除
    Directory.Delete(@"a¥b¥c", true);
}
```

ディレクトリを移動する

≫ System.IO.Directory、DirectoryInfo

メソッド

Directory.Move	ディレクトリを移動（静的メソッド）
DirectoryInfo.MoveTo	ディレクトリを移動

書式

```
public static void Move(
  string sourceDirName, string destDirName)
public void MoveTo(string destDirName)
```

パラメータ

sourceDirName: 移動元ディレクトリのパス
destDirName: 移動先のパス

例外

IOException	I/O エラーが発生した場合／移動先のパスが既に存在する、または別のドライブにディレクトリを移動しようとした場合
ArgumentNullException	sourceDirName ／ destDirName が null の場合
ArgumentException	sourceDirName ／ destDirName の形式が正しくない場合
UnauthorizedAccessException	必要なアクセス許可がない場合
PathTooLongException	ファイル名がシステムで定義された最大長を超える場合
DirectoryNotFoundException	sourceDirName ／ destDirName で指定したパスが無効の場合

Move／MoveToメソッドは指定されたディレクトリを移動します。

どちらのメソッドも、destDirNameパラメータには移動後のディレクトリの名前まで含めて指定します。destDirNameパラメータを同じ親ディレクトリの異なる名前のパスを指定すれば、移動せずディレクトリの名前を変更できます。

サンプル ▶ **DirectoryMove.cs**

```
public static void Main(string[] args)
{
    // ディレクトリを作成
    DirectoryInfo directoryInfo =
        Directory.CreateDirectory(@"a¥b¥c");

    // c ディレクトリを temp¥c に移動
    // temp¥ と指定すると例外が発生するので注意
    directoryInfo.MoveTo(@"temp¥c");

    // a ディレクトリを temp¥a に移動
    Directory.Move(@"a", @"temp¥a");
    // temp¥a を temp¥b に名前変更
    Directory.Move(@"temp¥a", @"temp¥b");

    // temp¥ のディレクトリ一覧を表示
    foreach (string file in Directory.EnumerateDirectories(@"temp¥"))
    {
        Console.WriteLine(file);
    }
}
```

⬇

```
temp¥b
temp¥c
```

注意　Moveメソッド／MoveToメソッドのdestDirNameパラメータには、そのディレクトリの名前も含めたパスを指定します。移動先の親ディレクトリを指定すると、既に存在するパスへ移動することになり、例外が発生しますので注意してください。

ファイル／ディレクトリの存在を確認する

≫ System.IO.File、Directory、FileInfo、DirectoryInfo

メソッド

File.Exists	ファイルが存在するか（静的メソッド）
Directory.Exists	ディレクトリが存在するか（静的メソッド）

プロパティ

FileInfo.Exists	ファイルが存在するか
DirectoryInfo.Exists	ディレクトリが存在するか

書式

```
public static bool Exists(string path)
public bool Exists { get; }
```

パラメータ path: 対象のファイル／ディレクトリのパス

Existsメソッドは、指定されたファイル／ディレクトリが存在するかどうかを返します。いずれのケースにおいても、対象のファイル／ディレクトリへのアクセスの際にエラーが発生した場合に、例外ではなくfalseを返します。

Column C#インタラクティブ

Visual Studio 2015以降使用可能になったのが**C#インタラクティブ**という機能です。これはC#のコードをその場で実行できる機能です。通常のプロジェクト作成やデバッグ実行などの手順を経ることなく、C#のコードスニペット(断片)を入力すると、その場で結果を確認できます。[表示]メニューより[その他のウィンドウ]－[C#インタラクティブ]を選択することでC#インタラクティブウィンドウを表示できます。

▼C#インタラクティブでC#コードを実行

```
C# Interactive
Microsoft (R) Visual C# インタラクティブ コンパイラ バージョン 4.8.0-7.23572.1 ()
'CSharpInteractive.rsp' からコンテキストを読み込んでいます。
詳細については、「#help」と入力します。
> Console.WriteLine("C#インタラクティブでC#コードを実行！");
C#インタラクティブでC#コードを実行！
> |
```

サンプル ▶ **FileExists.cs**

```
public static void Main(string[] args)
{
    Console.WriteLine("File , Directory クラス ");
    Console.WriteLine(@"C:¥Windows¥ は存在するか :"
        + Directory.Exists(@"C:¥Windows"));
    Console.WriteLine(@"C:¥Windows¥explorer.exe は存在するか :"
        + File.Exists(@"C:¥Windows¥explorer.exe"));

    Console.WriteLine("FileInfo , DirectoryInfo クラス ");
    // a¥b¥c¥d¥e のディレクトリ情報を作成
    DirectoryInfo directoryInfo = new DirectoryInfo(
        @"a¥b¥c¥d¥e");
    // ディレクトリが存在するかをチェック
    Console.WriteLine(@"a¥b¥c¥d¥e は存在するか :"
        + directoryInfo.Exists);
    FileInfo fileInfo = new FileInfo(@"C:¥Windows¥explorer.exe");
    Console.WriteLine(@"C:¥Windows¥explorer.exe は存在するか :"
        + fileInfo.Exists);
}
```

⬇

```
File , Directory クラス
C:¥Windows¥ は存在するか :True
C:¥Windows¥explorer.exe は存在するか :True
FileInfo , DirectoryInfo クラス
a¥b¥c¥d¥e は存在するか :False
C:¥Windows¥explorer.exe は存在するか :True
```

参考 File／FileInfo クラスの Exists メソッドはファイルだけを、Directory／DirectoryInfo クラスのExistsメソッドはディレクトリだけを対象とします。

ファイル一覧を取得する

≫ System.IO.Directory、DirectoryInfo

メソッド

Directory.GetFiles	ファイル一覧を取得（静的メソッド）
DirectoryInfo.GetFiles	ファイル一覧を取得

書式

```
public static string[] GetFiles(
  string path[, string searchPattern[, SearchOption
       searchOption]])
public FileInfo[] GetFiles(
  [string searchPattern[, SearchOption searchOption]])
```

パラメータ

path: 検索するディレクトリのパス
searchPattern: 検索する文字列
searchOption: 検索オプション

例外

ArgumentException	path ／ searchPattern の形式が正しくない場合
ArgumentNullException	path ／ searchPattern が null の場合
ArgumentOutOfRangeException	searchOption の値が正しくない場合
UnauthorizedAccessException	必要なアクセス許可がない場合
DirectoryNotFoundException	指定されたパスが無効の場合
PathTooLongException	ファイル名がシステムで定義された最大長を超える場合
IOException	path がファイルを指す場合／ネットワークエラーが発生した場合

Directory クラスの GetFiles メソッドは、対象のディレクトリのファイル一覧を文字列配列として返します。DirectoryInfo クラスの GetFiles メソッドは、対象のディレクトリのファイル一覧を FileInfo オブジェクトの配列として返します。

searchPattern パラメータを指定することで、特定の名前を持つファイル／ディレクトリを検索できます。searchPattern パラメータには以下の表のようなワイルドカード文字を使用できます。

▼searchPattern パラメータで使用可能なワイルドカード文字

文字	意味
?	任意の文字1個
*	任意の文字0個以上

searchOptionパラメータには検索対象にサブディレクトリを含めるかどうかを表すSearchOption列挙体の値を指定します。

▼SearchOption列挙体の値と意味

値	意味
TopDirectoryOnly	現在のディレクトリのみ検索
AllDirectories	現在のディレクトリとすべてのサブディレクトリから検索

サンプル ▶ **DirectoryGetFiles.cs**

```
public static void Main(string[] args)
{
    string[] fileNames = Directory.GetFiles(@"C:¥");
    Console.WriteLine(@"C:¥ にあるファイル数 : " + fileNames.Length);

    // 対象は Chap5 ディレクトリ
    DirectoryInfo directoryInfo =
        new DirectoryInfo(@"..¥..¥");

    FileInfo[] aspxFiles = directoryInfo.GetFiles("*.cs");
    Console.WriteLine(
        @"Chap5 にある *.cs ファイルの数 : "
        + aspxFiles.Length);
    FileInfo[] allTxtFiles = directoryInfo.GetFiles(
        "*.txt",SearchOption.AllDirectories);
    Console.WriteLine(
        @"Chap5 以下にあるすべての *.txt ファイルの数 : "
        + allTxtFiles.Length);
}
```

```
C:¥ にあるファイル数 : 6
Chap5 にある *.cs ファイルの数 : 39
Chap5 以下にあるすべての *.txt ファイルの数 : 2
```

参考　GetFilesメソッドは呼び出された時点で対象のファイル一覧をすべて取得します。大量のファイルが対象となるケースではEnumerateFilesメソッドを使用してください。

参照　P.327「ファイル／ディレクトリ一覧を高速に列挙する」

ディレクトリ一覧を取得する

≫ System.IO.Directory、DirectoryInfo

メソッド

Directory.GetDirectories	ディレクトリ一覧を取得(静的メソッド)
DirectoryInfo.GetDirectories	ディレクトリ一覧を取得
Directory.GetFileSystemEntries	ファイル、ディレクトリ一覧を取得(静的メソッド)
DirectoryInfo.GetFileSystemInfos	ファイル、ディレクトリ一覧を取得

書式

```
public static string[] GetDirectories(
  string path[, string searchPattern [, SearchOption
  searchOption]])
public FileInfo[] GetDirectories(
  [string searchPattern [, SearchOption searchOption]])
public static string[] GetFileSystemEntries(
  string path[, string searchPattern[, SearchOption
  searchOption]])
public FileSystemInfo[] GetFileSystemInfos(
  [string searchPattern [, SearchOption searchOption]])
```

パラメータ

path: 検索するディレクトリのパス
searchPattern: 検索する文字列
searchOption: 検索オプション

例外

ArgumentException	path／searchPatternの形式が正しくない場合
ArgumentNullException	path／searchPatternがnullの場合
ArgumentOutOfRangeException	searchOptionの値が正しくない場合
UnauthorizedAccessException	必要なアクセス許可がない場合
DirectoryNotFoundException	指定されたパスが無効の場合
PathTooLongException	ファイル名がシステムで定義された最大長を超える場合
IOException	pathがファイルを指す場合／ネットワークエラーが発生した場合

GetDirectoriesメソッドは、対象のディレクトリ配下のディレクトリ一覧を返します。Directoryクラスの場合は文字列配列として、DirectoryInfoクラスの場合はDirectoryInfoオブジェクトの配列として返します。

GetFileSystemEntries／GetFileSystemInfosメソッドは、対象のディレクトリのファイルとディレクトリの一覧を返します。GetFileSystemEntriesメソッドは文字列配列として、GetFileSystemInfosメソッドはFileSystemInfoオブジェクトの配列として返します。FileSystemInfoクラスはFileInfoクラスとDirectoryInfoクラスの基底クラスで、ファイルとディレクトリ両方の情報を表します。

searchPatternパラメータ／searchOptionパラメータの指定方法はGetFilesメソッドと同様です。

サンプル ▶ DirectoryGetDirectories.cs

```
public static void Main(string[] args)
{
    string[] dirNames = Directory.GetDirectories(@"C:¥");
    Console.WriteLine(@"C:¥にあるディレクトリ数 : "
        + dirNames.Length);

    // 対象はC:¥
    DirectoryInfo directoryInfo =
        new DirectoryInfo(@"C:¥");

    // Programで始まるディレクトリを取得
    DirectoryInfo[] dirs = directoryInfo.GetDirectories("Program*");
    Console.WriteLine(
        @"C:¥にあるProgram*のディレクトリの数 : " + dirs.Length);

    // C:¥のファイルとディレクトリすべてを取得
    FileSystemInfo[] allFileAndDirs =
        directoryInfo.GetFileSystemInfos();
    Console.WriteLine(
        @"C:¥にあるすべてのファイルとディレクトリの数 : "
        + allFileAndDirs.Length);
}
```

⬇

```
C:¥にあるディレクトリ数 : 22
C:¥にあるProgram*のディレクトリの数 : 3
C:¥にあるすべてのファイルとディレクトリの数 : 27
```

参考 これらのメソッドは、呼び出された時点で対象のファイルやディレクトリの一覧をすべて取得します。大量のファイル、ディレクトリが対象となるケースではEnumerateDirectoriesメソッドなどを使用してください。

参照 P.327「ファイル／ディレクトリ一覧を高速に列挙する」

ファイル／ディレクトリ一覧を高速に列挙する

≫ System.IO.Directory、DirectoryInfo

メソッド

Directory.EnumerateFiles	ファイル一覧を取得（静的メソッド）
Directory.EnumerateDirectories	ディレクトリ一覧を取得（静的メソッド）
Directory.EnumerateFileSystemEntries	ファイル、ディレクトリ一覧を取得（静的メソッド）
DirectoryInfo.EnumerateFiles	ファイル一覧を取得
DirectoryInfo.EnumerateDirectories	ディレクトリ一覧を取得
DirectoryInfo.EnumerateFileSystemInfos	ファイル、ディレクトリ一覧を取得

書式

```
public static IEnumerable<string> EnumerateFiles(
  string path[, string searchPattern[, SearchOption
  searchOption]])
public static IEnumerable<string> EnumerateDirectories(
  string path[, string searchPattern[, SearchOption
  searchOption]])
public static IEnumerable<string>
  EnumerateFileSystemInfos(
  string path[, string searchPattern[, SearchOption
  searchOption]])
public IEnumerable<FileInfo> EnumerateFiles(
  [string searchPattern[, SearchOption searchOption]])
public IEnumerable<DirectoryInfo>
  EnumerateDirectories(
  [string searchPattern[, SearchOption searchOption]])
public IEnumerable<FileSystemInfo>
  EnumerateFileSystemInfos(
  [string searchPattern[, SearchOption searchOption]])
```

パラメータ

path：検索するディレクトリのパス
searchPattern：検索する文字列
searchOption：検索オプション

例外

ArgumentException	path／searchPatternの形式が正しくない場合
ArgumentNullException	path／searchPatternがnullの場合
ArgumentOutOfRangeException	searchOptionの値が正しくない場合
UnauthorizedAccessException	必要なアクセス許可がない場合
DirectoryNotFoundException	指定されたパスが無効の場合
PathTooLongException	ファイル名がシステムで定義された最大長を超える場合
IOException	pathがファイルを指す場合／ネットワークエラーが発生した場合

Directory クラス の EnumerateFiles／EnumerateDirectories／EnumerateFileSystemEntriesメソッドは、対象のディレクトリのファイル、ディレクトリ、ファイルとディレクトリの一覧を文字列のコレクションとして返します。

DirectoryInfo クラス の EnumerateFiles／EnumerateDirectories／EnumerateFileSystemInfosメソッドは、対象のディレクトリのファイル、ディレクトリ、ファイルとディレクトリの一覧をFileInfo／DirectoryInfo／FileSystemInfoのコレクションとして返します。

searchPatternパラメータ、searchOptionパラメータの指定方法はGetFilesメソッドと同様です。

サンプル ▶ **DirectoryEnumerate.cs**

```
public static void Main(string[] args)
{
    IEnumerable<string> dirNames =
        Directory.EnumerateDirectories(@"C:¥");
    Console.WriteLine(@"C:¥にあるディレクトリ一覧");
    foreach (string name in dirNames)
    {
        Console.WriteLine(name);
    }

    // 対象はC:¥Windows¥Media
    DirectoryInfo directoryInfo =
        new DirectoryInfo(@"C:¥Windows¥Media");

    Console.WriteLine(
        @"C:¥Windows¥MediaにあるWindows*のファイル一覧");
    // Windows*で始まるファイル一覧を取得
    IEnumerable<FileInfo> infos = directoryInfo.EnumerateFiles(
        "Windows*",SearchOption.AllDirectories);
    foreach (FileInfo info in infos)
    {
        Console.WriteLine(info.Name);
```

```
    }
}
```

↓

```
C:¥にあるディレクトリ一覧
C:¥$Recycle.Bin
C:¥BOOT
C:¥Documents and Settings
C:¥inetpub
C:¥Intel
C:¥MSOCache
C:¥PerfLogs
C:¥Program Files
C:¥Program Files (x86)
C:¥ProgramData
C:¥System Volume Information
C:¥temp
C:¥Users
C:¥Windows
C:¥Windows¥Mediaにある Windows* のファイル一覧
Windows Balloon.wav
Windows Battery Critical.wav
Windows Battery Low.wav
…後略…
```

参考 これらのメソッドは、呼び出された時点で対象のファイル、ディレクトリすべてを検索する代わりに、最初に見つかったファイル、ディレクトリをすぐに返します。それ以降の検索はforeach文などでコレクションが列挙された時点で必要に応じて行われます。大量のファイル／ディレクトリを検索する場合にはGetFilesなどの、結果をすべて取得して配列で返すメソッドではなく、結果をコレクションで返すこちらのメソッドを使用してください。

参照 P.323「ファイル一覧を取得する」
P.325「ディレクトリ一覧を取得する」

ファイル／ディレクトリの情報を取得／設定する

≫ System.IO.File、FileInfo、Directory、DirectoryInfo

メソッド

File.GetCreationTime、Directory.GetCreationTime	作成日時を取得
File.SetCreationTime、Directory.SetCreationTime	作成日時を設定
File.GetLastAccessTime、Directory.GetLastAccessTime	最終アクセス日時を取得
File.SetLastAccessTime、Directory.SetLastAccessTime	最終アクセス日時を設定
File.GetLastWriteTime、Directory.GetLastWriteTime	最終更新日時を取得
File.SetLastWriteTime、Directory.SetLastWriteTime	最終更新日時を設定

プロパティ

FileInfo.CreationTime、DirectoryInfo.CreationTime	作成日時
FileInfo.LastAccessTime、DirectoryInfo.LastAccessTime	最終アクセス日時
FileInfo.LastWriteTime、DirectoryInfo.LastWriteTime	最終更新日時

書式

```
public static DateTime GetCreationTime(string path)
public static void SetCreationTime(string path,
  DateTime time)
public static DateTime GetLastAccessTime(string path)
public static void SetLastAccessTime(string path,
  DateTime time)
public static DateTime GetLastWriteTime(string path)
public static void SetLastWriteTime(string path,
  DateTime time)
public DateTime CreationTime { get; set; }
public DateTime LastAccessTime { get; set; }
public DateTime LastWriteTime { get; set; }
```

パラメータ

path: ファイル／ディレクトリのパス
time: 設定する日時

例外

`UnauthorizedAccessException`	必要なアクセス許可がない場合
`ArgumentException`	path の形式が正しくない場合
`ArgumentNullException`	path が null の場合
`PathTooLongException`	ファイル名がシステムで定義された最大長を超える場合
`ArgumentOutOfRangeException`	time の日付がファイルシステム上で許可される範囲外の場合

File／Directory クラスの GetCreationTime／GetLastAccessTime／GetLastWriteTimeメソッドはファイル／ディレクトリの作成日時／最終アクセス日時／最終更新日時を返します。SetCreationTime／SetLastAccessTime／SetLastWriteTimeメソッドは、ファイル／ディレクトリの作成日時／最終アクセス日時／最終更新日時を指定日時に設定します。

FileInfo／DirectoryInfo クラスの CreationTime／LastAccessTime／LastWriteTimeプロパティは、同様にファイル／ディレクトリの作成日時／最終アクセス日時／最終更新日時を取得／設定するプロパティです。

Column Visual Studioの機能 -ソースコードの折りたたみ-

Visual Studioのコードエディタには、クラスやメソッドなどの単位でソースコードの一部を折りたたんで非表示にする機能があります。以下の図のように、コードエディタ左端の[-]、[+]をクリックすると、展開状態、折りたたみ状態を切り替えることができます。

▼CultureInfoNewクラスの行は展開状態。hogeメソッドの行は折りたたみ状態

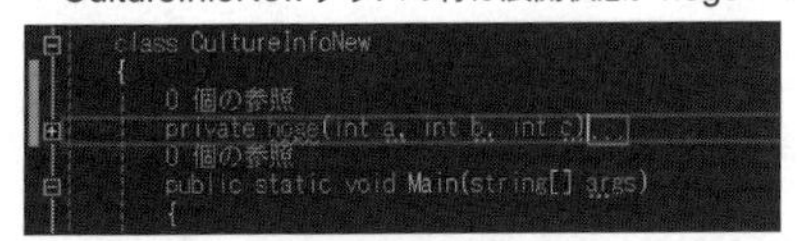

また、以下の図のように#region～#endregionというキーワードを書くと、ソースコード中の任意の部分を折りたためるようになります。#regionキーワードの後ろに説明を書いておくと、そのテキストが折りたたんだときに表示されます。

▼任意の部分の折りたたみ

```
#region 初期設定
//この部分が折りたたまれる
int a;
a = a + 1;
#endregion

//↓#regionの後の文字列が表示される
処理内容
```

サンプル ▶ **FileTime.cs**

```
public static void Main(string[] args)
{
    Console.WriteLine(@"C:¥Windows¥の作成日時:"
        + Directory.GetCreationTime(@"C:¥Windows¥"));
    Console.WriteLine(@"C:¥pagefile.sysの最終アクセス日時:"
        + File.GetLastAccessTime(@"C:¥pagefile.sys"));
    FileInfo fileInfo = new FileInfo("sample.txt");
    Console.WriteLine("sample.txtの最終更新日時:"
        + fileInfo.LastWriteTime);

    Console.WriteLine(@"sample.txtの最終更新日時書き換え");
    // 最終更新日時を2017/12/31に書き換え
    fileInfo.LastWriteTime = DateTime.Parse("2017/12/31");
    Console.WriteLine(@"sample.txtの最終更新日時:"
        + fileInfo.LastWriteTime);

    // 1099/12/31はDateTime型の範囲内
    // だがWindowsのファイルシステムではエラー発生
    try
    {
        fileInfo.LastWriteTime = DateTime.Parse("1099/12/31");
    }
    catch (ArgumentOutOfRangeException)
    {
        Console.WriteLine("例外発生:日付が範囲外");
    }
}
```

⬇

```
C:¥Windows¥の作成日時:2022/05/07 14:17:22
C:¥pagefile.sysの最終アクセス日時:2023/12/13 10:59:02
sample.txtの最終更新日時:2023/12/20 10:44:15
sample.txtの最終更新日時書き換え
sample.txtの最終更新日時:2017/12/31 0:00:00
例外発生:日付が範囲外
```

参考　各種日時の設定可能な範囲はシステムによって異なります。

5 入出力

ドライブの情報を取得する

≫ System.IO.DriveInfo

メソッド

DriveInfo	ドライブ情報（コンストラクタ）
GetDrives	ドライブ一覧を取得

プロパティ

Name	ドライブの名前
DriveFormat	ドライブの形式
TotalFreeSpace	ドライブの空き容量
AvailableFreeSpace	ドライブの利用可能な空き容量
TotalSize	ドライブの容量

書式

```
public DriveInfo(string driveName)
public static DriveInfo[] GetDrives ()
public string Name { get; }
public string DriveFormat { get; }
public long TotalFreeSpace { get; }
public long AvailableFreeSpace { get; }
public long TotalSize { get; }
```

パラメータ driveName: ドライブ名

例外

ArgumentNullException	driveName が null の場合
ArgumentException	driveName がアルファベットでないか、無効なドライブの場合
UnauthorizedAccessException	ドライブ情報へのアクセスが拒否された場合
DriveNotFoundException	ドライブが見つからない場合
IOException	I/O エラーが発生した場合

DriveInfo クラスはファイルシステムのドライブの情報を表すクラスです。DriveInfo クラスのコンストラクタにはドライブ名を半角アルファベットで指定します。大文字／小文字はどちらでも構いません。

GetDrives メソッドはコンピュータのすべてのドライブ情報を配列で返します。

Name プロパティはドライブ名を文字列として返します。

DriveFormat プロパティはドライブのファイルシステムの名前を返します。

TotalFreeSpace プロパティはドライブの空き容量をバイト単位で返します。

AvailableFreeSpace プロパティはドライブの利用可能な空き容量をバイト単位で返します。このプロパティはクォータ（ユーザーごとのディスク割り当て上限）を反映するため、TotalFreeSpaceプロパティと異なる値を返す場合があります。
TotalSizeプロパティはドライブの全容量をバイト単位で返します。

サンプル ▶ **DriveInfoProperty.cs**

```
public static void Main(string[] args)
{
    DriveInfo[] drives = DriveInfo.GetDrives();
    foreach (DriveInfo drive in drives)
    {
        Console.WriteLine("ドライブ名:" + drive.Name);
    }

    // Cドライブのドライブ情報オブジェクトを作成
    DriveInfo cdrive = new DriveInfo("c");

    Console.WriteLine("Cドライブのファイルシステム:"
        + cdrive.DriveFormat);
    Console.WriteLine(
        "Cドライブの空き容量: {0:N}"
        ,cdrive.TotalFreeSpace);
    Console.WriteLine(
        "Cドライブの利用可能な空き容量: {0:N}"
        ,cdrive.AvailableFreeSpace);
    Console.WriteLine(
        "Cドライブの全容量: {0:N}" , cdrive.TotalSize);

    Console.ReadKey();
}
```

```
ドライブ名:C:¥
ドライブ名:D:¥
ドライブ名:Q:¥
Cドライブのファイルシステム:NTFS
Cドライブの空き容量: 5,354,528,768.00
Cドライブの利用可能な空き容量: 5,354,528,768.00
Cドライブの全容量: 79,917,842,432.00
```

ファイルストリームを作成する

≫ System.IO.FileStream、File

メソッド

FileStream	ファイルストリーム（コンストラクタ）
File.Open	ファイルを開く
File.OpenRead	ファイルを読み取り専用で開く
File.OpenWrite	ファイルを書き込み専用で開く
FileStream.Close	ファイルを閉じる

書式

```
public FileStream(
  string path, FileMode mode[, FileAccess access])
public static FileStream Open(
  string path, FileMode mode[, FileAccess access])
public static FileStream OpenRead(string path)
public static FileStream OpenWrite(string path)
public virtual void Close()
```

パラメータ

path: ファイルのパス
mode: ファイルを開く方法
access: 許可する操作

例外

ArgumentNullException	path が null の場合
ArgumentException	path の形式が正しくない場合
PathTooLongException	ファイル名がシステムで定義された最大長を超える場合
DirectoryNotFoundException	指定されたパスが無効の場合
IOException	I/O エラーが発生した場合
UnauthorizedAccessException	必要なアクセス許可がない場合
ArgumentOutOfRangeException	mode、access の値が正しくない場合
FileNotFoundException	path で指定されたファイルが見つからない場合

FileStreamクラスはファイルを対象としたストリームのクラスです。コンストラクタにファイル名を指定することで、ファイルをバイト単位で読み書きできます。

modeパラメータはファイルを開く方法をFileMode列挙体の値で指定します。

▼FileMode列挙体の値と意味

値	意味
CreateNew	ファイルを新規作成。ファイルが既に存在する場合は上書きせずIOExceptionを発生
Create	ファイルを新規作成。ファイルが既に存在する場合は上書き
Open	ファイルを開く。ファイルが存在しない場合はFileNotFoundExceptionを発生
OpenOrCreate	ファイルを開く。ファイルが存在しない場合は新規作成
Truncate	内容を消してファイルを開く
Append	追記用にファイルを開く。ファイルが存在する場合はファイルを開いて末尾に追加する。ファイルが存在しない場合は新規作成

accessパラメータはこのファイルストリームで許可する操作をFileAccess列挙体の値で指定します。

▼FileAccess列挙体の値と意味

値	意味
Read	読み取りのみ許可
Write	書き込みのみ許可
ReadWrite	読み書き両方を許可

FileクラスのOpenメソッドは、ファイルを開いてファイルストリームを返します。mode／accessパラメータの指定方法はFileStreamクラスのコンストラクタと同様です。

FileクラスのOpenReadメソッドはファイルを読み込み用に開きます。OpenメソッドでmodeパラメータにOpen、accessパラメータにReadを指定するのと同じです。

FileクラスのOpenWriteメソッドはファイルを書き込み用に開きます。OpenメソッドでmodeパラメータにOpenOrCreate、accessパラメータにWriteを指定するのと同じです。

FileStreamクラスのCloseメソッドは、ファイルストリームを閉じます。

サンプル ▶ **FileStreamNew.cs**

```
public static void Main(string[] args)
    {
        // 書き込み用にファイルを新規作成
        FileStream stream = new FileStream(
            @"sample.txt",FileMode.Create,FileAccess.Write);
        // 書き込むデータ。ASCII コードで A,B,C
        byte[] data = new byte[]{0x41,0x42,0x43};
        // データの書き込み
        stream.Write(data, 0, data.Length);
        stream.Close();

        // 読み込み用にファイルを開く
        FileStream stream2 = File.Open(
            @"sample.txt", FileMode.Open,FileAccess.Read);
        byte[] data2 = new byte[20];
        // データ読み込み
        stream2.Read(data2, 0, data2.Length);
        // 読み込んだバイト列を文字列に変換
        Console.WriteLine(Encoding.ASCII.GetString(data2));
        stream2.Close();

        // 追記用にファイルを開く
        FileStream stream3 = new FileStream(
            @"sample.txt", FileMode.Append, FileAccess.Write);
        // データの書き込み（ABC をもう一回書き込む）
        stream3.Write(data, 0, data.Length);
        stream3.Close();

        // 読み込み用にファイルを開く
        FileStream stream4 = File.Open(
            @"sample.txt", FileMode.Open, FileAccess.Read);
        byte[] data4 = new byte[20];
        stream4.Read(data4, 0, data4.Length);
        // 追記された ABC も表示される
        Console.WriteLine(Encoding.ASCII.GetString(data4));
    }
```

```
ABC
ABCABC
```

参考 FileクラスのCreateメソッドでもファイルストリームを作成できます。

参照 P.312「ファイルを新規作成する」

メモリストリームを作成する

≫ System.IO.MemoryStream

メソッド

MemoryStream	メモリストリーム（コンストラクタ）
GetBuffer	バッファを取得

書式

```
public MemoryStream([byte[] buffer[, bool writable]])
public byte[] GetBuffer()
```

パラメータ

buffer: バッファとなるバイト配列
writable: 書き込みをサポートするか

例外

ArgumentNullException	path が null の場合
ArgumentException	path の形式が正しくない場合
PathTooLongException	ファイル名がシステムで定義された最大長を超える場合
DirectoryNotFoundException	指定されたパスが無効の場合
IOException	I/O エラーが発生した場合
UnauthorizedAccessException	必要なアクセス許可がない場合
ArgumentOutOfRangeException	mode ／ access の値が正しくない場合
FileNotFoundException	path で指定されたファイルが見つからない場合

MemoryStreamクラスはメモリ上のバッファを対象としたストリームのクラスです。引数に何も指定しなかった場合は、可変サイズの読み書き可能なストリームを作成します。bufferパラメータを指定した場合は、その配列をバッファとし、サイズ固定の読み書き可能なストリームを作成します。writableパラメータにfalseを指定した場合は、書き込み不可のストリームを作成します。

GetBufferメソッドはストリームのバッファをバイト配列として返します。

サンプル ▶ **MemoryStreamNew.cs**

```
public static void Main(string[] args)
{
    // メモリストリームの作成
    MemoryStream stream = new MemoryStream();
    byte[] data = Encoding.Unicode.GetBytes("こんにちはabc");
    // ストリームに書き込み
    stream.Write(data, 0, data.Length);
    // 先頭から2バイト目にシーク(=「ん」の位置)
    stream.Seek(2, SeekOrigin.Begin);
    // 読み込み用バッファ
    byte[] data2 = new byte[20];
    // ストリームから読み込み
    stream.Read(data2, 0, data2.Length);
    Console.WriteLine("ストリームに書き込んだデータ:"
        + Encoding.Unicode.GetString(data2));

    // バッファを取得
    byte[] data3 = stream.GetBuffer();
    Console.WriteLine("内部バッファの内容:"
        + Encoding.Unicode.GetString(data3));
}
```

⬇

```
ストリームに書き込んだデータ:んにちはabc
内部バッファの内容:こんにちはabc
```

ストリームから読み込む

≫ System.IO.Stream

メソッド

Read	バイト列を読み込む
ReadByte	1バイト読み込む
ReadAsync	バイト列を読み込む（非同期）

書式

```
public override int Read(
  byte[] array, int offset, int count)
public override int ReadByte()
public Task<int> ReadAsync(
  byte[] buffer, int offset, int count)
```

パラメータ

array: 読み込み先の配列
offset: 配列内の読み込み開始位置
count: 読み込むバイト数

例外

ArgumentNullException	array が null の場合
ArgumentOutOfRangeException	offset ／ count の値が負の場合
NotSupportedException	ストリームが読み込みを許可していない場合
ObjectDisposedException	ストリームが閉じている場合
IOException	I/O エラーが発生した場合
ArgumentException	offset ／ count の値が array の範囲外の場合

Readメソッドはストリームからバイト列を配列に読み込み、読み込んだバイト数を返します。offsetパラメータで配列の読み込み開始位置を、countパラメータで読み込むバイト数を指定します。ストリームの末尾に到達した場合は0を返します。

ReadByteメソッドはストリームから1バイト読み込んで返します。ストリームの末尾に到達した場合は-1を返します。

ReadAsyncメソッドはReadメソッドの非同期版です。

サンプル ▶ **FileStreamRead.cs**

```
public static void Main(string[] args)
{
    // 読み込み用にファイルを開く
    FileStream stream = File.Open(
        @"C:¥windows¥notepad.exe", FileMode.Open, FileAccess.Read);

    byte[] data = new byte[10];

    // 20 バイト読み込み
    stream.Read(data, 0, 10);
    // 20 バイト読み込み (非同期版)
    // await stream.ReadAsync(data, 0, 10);
    // 読み込んだバイト列を文字列に変換して出力
    Console.WriteLine("notepad.exe の先頭 10 バイト :"
        + BitConverter.ToString(data));

    int b;
    do
    {
        // 1 バイト読み込み
        b = stream.ReadByte();
    } while (b != -1); // 末尾に到達するまでループ
}
```

```
notepad.exe の先頭 10 バイト :4D-5A-90-00-03-00-00-00-04-00
```


Column C#をmacOSやLinuxで？

C#というとWindows専用の言語とみなされることが多いですが、実際にはWindows以外の環境でもC#で作成したプログラムを動作させることができます。以前からオープンソースで開発されていたmonoというツールを使うことで、Linux等のOS上で.NET Framework互換の環境を、ある程度再現できました。

2015年にMicrosoftが発表した.NET Coreという.NET Frameworkのサブセット環境は正式にWindows、Linux、macOSをサポートし、C#で書いたプログラムをマルチプラットフォームで動作させることができるようになりました。最新の.NET 8は.NET Coreの後継として、同じくマルチプラットフォームに対応しています。

ストリームに書き込む

≫ System.IO.Stream

プロパティ

Write	バイト列を書き込む
WriteByte	1バイト書き込む
WriteAsync	バイト列を書き込む（非同期）

書式

```
public override void Write(
  byte[] array, int offset, int count)
public override void WriteByte(byte value)
public Task WriteAsync(
  byte[] buffer, int offset, int count)
```

パラメータ

array: 書き込み元の配列
offset: 配列内の書き込み開始位置
count: 書き込むバイト数
value: 書き込むデータ

例外

ArgumentNullException	array が null の場合
ArgumentOutOfRangeException	offset ／ count の値が負の場合
NotSupportedException	ストリームが書き込みを許可していない場合
ObjectDisposedException	ストリームが閉じている場合
IOException	I/O エラーが発生した場合
ArgumentException	offset ／ count の値が array の範囲外の場合

Writeメソッドは配列からバイト列をストリームに書き込みます。offsetパラメータで配列の書き込み開始位置を、countパラメータで書き込むバイト数を指定します。

WriteByteメソッドは1バイトを書き込みます。

WriteAsyncメソッドはWriteメソッドの非同期版です。

サンプル ▶ **FileStreamWrite.cs**

```
public static void Main(string[] args)
{
    // 書き込み用にファイルを開く
    FileStream stream = File.Open(
        @"sample.txt", FileMode.Create, FileAccess.Write);

    // 書き込むデータ。ASCII コードで A,B,C
    byte[] data = new byte[] { 0x41, 0x42, 0x43 };
    // バイト列の書き込み
    stream.Write(data, 0, data.Length);
    // バイト列の書き込み（非同期版）
    // await stream.WriteAsync(data, 0, data.Length);

    // 1 バイト書き込み。ASCII コードで D
    stream.WriteByte(0x44);
    stream.Close();

    // 書き込んだ内容を読み込み
    FileStream stream2 = File.OpenRead(@"sample.txt");
    byte[] data2 = new byte[20];
    stream2.Read(data2, 0, data2.Length);

    // 読み込んだバイト列を文字列に変換
    Console.WriteLine(Encoding.ASCII.GetString(data2));
}
```

⬇

```
ABCD
```

ストリームをシークする

≫ System.IO.Stream

プロパティ

Seek	シーク（現在位置を移動）

書式 `public abstract long Seek(long offset, SeekOrigin origin)`

パラメータ offset: シークする位置
origin: シークの起点

例外

IOException	I/O エラーが発生した場合
NotSupportedException	ストリームがシークをサポートしていない場合
ObjectDisposedException	ストリームが閉じている場合

Seekメソッドはストリームの現在位置を指定された位置に移動し、シーク後の現在位置を返します。

offsetパラメータにはoriginパラメータで指定した位置からの相対位置を指定します。originパラメータで指定した位置より戻る場合は、負の値を指定します。

originパラメータにはシークを行う際の起点を表すSeekOrigin列挙体の値を指定します。

▼SeekOrigin列挙体の値と意味

値	意味
Begin	ストリームの先頭
Current	ストリームの現在位置
End	ストリームの末尾

サンプル ▶ **StreamSeek.cs**

```
public static void Main(string[] args)
{
    // メモリストリームの作成
    MemoryStream stream = new MemoryStream();

    // 1 文字 2 バイトの Unicode エンコーディングで読み書き
    byte[] data = Encoding.Unicode.GetBytes("こんにちは abc");
    // ストリームに書き込み
    stream.Write(data, 0, data.Length);

    // 先頭から 4 バイト目にシーク (=「に」の位置 )
    stream.Seek(4, SeekOrigin.Begin);
    // 読み込み用バッファ
    byte[] data2 = new byte[20];
    // ストリームから読み込み
    stream.Read(data2, 0, 20);
    Console.WriteLine("先頭から 4 バイト目以降 :"
        + Encoding.Unicode.GetString(data2));

    // 末尾から 6 バイト戻った位置にシーク (=「a」の位置 )
    stream.Seek(-6, SeekOrigin.End);
    byte[] abc = new byte[6];
    // 6 バイト読み込み
    stream.Read(abc, 0, 6);
    Console.WriteLine("末尾から 6 バイト分 :"
        + Encoding.Unicode.GetString(abc));
}
```

⬇

```
先頭から 4 バイト目以降 : にちは abc
末尾から 6 バイト分 :abc
```

参考 offsetパラメータと、移動後の現在位置を表す戻り値の単位はバイトです。

ストリームの情報を取得する

≫ System.IO.FileStream

プロパティ

CanRead	読み込み許可を取得
CanWrite	書き込みを取得
CanSeek	シーク許可を取得
Length	ファイルサイズを取得
Position	ストリーム内の現在位置を取得

書式

```
public override bool CanRead { get; }
public override bool CanWrite { get; }
public override bool CanSeek { get; }
public override long Length { get; }
public override long Position { get; set; }
```

例外

NotSupportedException	ストリームがシークをサポートしていない場合
IOException	I/O エラーが発生した場合
ArgumentOutOfRangeException	Position プロパティの値を負に設定した場合
EndOfStreamException	ストリームの末尾を越えてシークした場合

CanRead／CanWriteプロパティは、ストリームで読み込み、書き込み操作が許可されているかどうかを返します。

CanSeekプロパティは、ストリームがシークをサポートしているかどうかを返します。シークをサポートしていないストリームでLength／Positionプロパティなどを呼び出すとNotSupportedException例外が発生します。

Lengthプロパティはストリームのサイズを返します。

Positionプロパティはストリームの現在位置を取得／設定するプロパティです。シークをサポートしていないストリームや、ファイルの末尾を越えてシークすることはできません。

サンプル ▶ **FileStreamProperty.cs**

```
public static void Main(string[] args)
{
    // 読み込み用にファイルを開く
    FileStream stream = new FileStream(
        @"sample.txt", FileMode.Open, FileAccess.Read);
    Console.WriteLine("読み込み用ファイルストリーム");
    Console.WriteLine("CanRead:" + stream.CanRead);
    Console.WriteLine("CanWrite:" + stream.CanWrite);
    Console.WriteLine("CanSeek:" + stream.CanSeek);
    Console.WriteLine("Length:" + stream.Length);
    Console.WriteLine("Position:" + stream.Position);
    stream.Close();

    FileStream stream2 = File.OpenWrite(@"sample2.txt");
    Console.WriteLine("書き込み用ファイルストリーム");
    Console.WriteLine("CanRead:" + stream2.CanRead);
    Console.WriteLine("CanWrite:" + stream2.CanWrite);
    stream2.Close();
}
```

⬇

```
読み込み用ファイルストリーム
CanRead:True
CanWrite:False
CanSeek:True
Length:3
Position:0
書き込み用ファイルストリーム
CanRead:False
CanWrite:True
```

ストリームをコピーする

≫ System.IO.FileStream

プロパティ

CopyTo	ストリームをコピー
CopyToAsync	ストリームをコピー（非同期）

書式
public void CopyTo(Stream destination)
public Task CopyToAsync(Stream destination)

パラメータ
destination: コピー先のストリーム

例外

ArgumentNullException	destinationがnullの場合
IOException	I/Oエラーが発生した場合
NotSupportedException	現在のストリームが読み込み不可、あるいはdestinationが書き込み不可の場合
ObjectDisposedException	現在のストリームまたはdestinationが閉じている場合

CopyToメソッドはストリームの内容をそのまま別のストリームにコピーします。そしてストリームの現在位置からコピーを開始します。

CopyToAsyncメソッドはCopyToメソッドの非同期版です。

サンプル ▶ **FileStreamCopyTo.cs**

```
public static void Main(string[] args)
{
    // 読み込み用ファイルストリーム
    FileStream stream = File.OpenRead(@"C:¥sample.txt");
    // 書き込み用ファイルストリーム
    FileStream stream2 = File.OpenWrite(@"C:¥sample2.txt");

    // 先頭からストリームをコピー（＝ファイルのコピー）
    stream.CopyTo(stream2);
    // 先頭からストリームをコピー（＝ファイルのコピー）（非同期版）
    // await stream.CopyToAsync(stream2);
    stream2.Close();
    stream.Close();
}
```

バイナリファイルの内容を一括で読み書きする

≫ System.IO.File

プロパティ

ReadAllBytes	一括読み込み
WriteAllBytes	一括書き込み

書式

```
public static byte[] ReadAllBytes(string path)
public static void WriteAllBytes(
  string path, byte[] bytes)
```

パラメータ

path: ファイル名
bytes: 書き込むバイト列

例外

ArgumentNullException	path が null か bytes が空の配列の場合
ArgumentException	path の形式が正しくない場合
PathTooLongException	ファイル名がシステムで定義された最大長を超える場合
DirectoryNotFoundException	指定されたパスが無効の場合
IOException	I/O エラーが発生した場合
UnauthorizedAccessException	必要なアクセス許可がない場合
FileNotFoundException	path で指定されたファイルが見つからない場合

FileクラスのReadAllBytesメソッドは、指定されたファイルをオープンし、内容を一括して読み込み、バイト配列として返します。読み込み後、ファイルはクローズします。

WriteAllBytesメソッドは、指定されたファイルをオープンし、バイト列を一括して書き込み、ファイルをクローズします。同名のファイルが存在する場合は上書きします。

サンプル ▶ **FileReadWriteAll.cs**

```
public static void Main(string[] args)
{

    // 書き込むデータ。ASCII コードで A,B,C,D
    byte[] data = new byte[] { 0x41, 0x42, 0x43, 0x44 };

    // 一括書き込み
    File.WriteAllBytes(@"sample2.txt", data);

    // 一括読み込み
    byte[] data2 = File.ReadAllBytes(@"sample2.txt");

    Console.WriteLine(" 読み込んだデータ量 :" + data.Length);

    // 読み込んだバイト列を文字列に変換
    Console.WriteLine(Encoding.ASCII.GetString(data2));
}
```

↓

```
読み込んだデータ量 :4
ABCD
```

参考　これらのメソッドはファイルのオープン／読み書き／クローズを一括して行えるため利便性が高いです。ただし、ファイルストリームとは異なり、すべてのデータをメモリ上で扱うため、特にReadAllBytesメソッドでは実行時間や使用するメモリ量に注意が必要です。

ストリームのリーダー／ライターを作成する

≫ System.IO.StreamReader、StreamWriter、File

メソッド

StreamReader	ストリームのリーダー（コンストラクタ）
StreamWriter	ストリームのライター（コンストラクタ）
File.OpenText	ファイルをリーダーで開く

書式

```
public StreamReader(Stream stream[, Encoding encoding])
public StreamReader(string path[, Encoding encoding])
public StreamWriter(Stream stream[, Encoding encoding])
public StreamWriter(string path[, Encoding encoding])
public static StreamReader OpenText(string path)
```

パラメータ

stream: 対象とするストリーム
encoding: エンコーディング
path: 対象とするファイル

例外

UnauthorizedAccessException	必要なアクセス許可がない場合
ArgumentNullException	path ／ stream ／ encoding が null の場合
ArgumentException	path の形式が正しくない場合／ stream が読み込みまたは書き込みをサポートしていない場合
PathTooLongException	ファイル名がシステムで定義された最大長を超える場合
DirectoryNotFoundException	path で指定したパスが無効の場合
FileNotFoundException	path で指定されたファイルが見つからない場合
IOException	I/O エラーが発生した場合

StreamReader／StreamWriterクラスはストリームを対象とするリーダー／ライターです。コンストラクタにはストリームを指定するものと、ファイル名を指定するものの2種類があります。

ストリームを対象とするリーダー／ライターはバイト列を文字列として読み書きするため、encodingパラメータでエンコーディングを指定します。省略時はUTF-8エンコーディングとみなして読み書きを行います。

FileクラスのOpenTextメソッドは、指定されたファイルを開いて読み込み用のStreamReaderオブジェクトを返します。エンコーディングはUTF-8に固定されています。

サンプル ▶ **StreamReaderWriter.cs**

```
public static void Main(string[] args)
{
    // メモリストリームを作成
    FileStream stream = File.OpenWrite(@"sample.txt");
    // ストリームライターを作成
    StreamWriter writer = new StreamWriter(stream);
    // ライターに書き込み
    writer.WriteLine("あいうえお");
    writer.Write("abc");
    writer.Close();

    // コンストラクタでリーダーを作成
    StreamReader reader = new StreamReader(@"sample.txt");
    // リーダーから読み込んで出力
    Console.WriteLine("new StreamReaderで読み込み:"
        + reader.ReadToEnd());
    // File.OpenTextメソッドでリーダーを作成
    StreamReader reader2 = File.OpenText(@"sample.txt");
    Console.WriteLine("File.OpenTextで読み込み: "
        + reader2.ReadToEnd());
}
```

⬇

```
new StreamReaderで読み込み:あいうえお
abc
File.OpenTextで読み込み:あいうえお
abc
```

文字列のリーダー／ライターを作成する

≫ System.IO.StringReader、StringWriter

メソッド

StringReader	文字列を対象としたリーダー（コンストラクタ）
StringWriter	文字列を対象としたライター（コンストラクタ）
StringWriter.ToString	書き込まれた文字列を返す

書式

```
public StringReader(string s)
public StringWriter([StringBuilder sb])
public override string ToString()
```

パラメータ

s: 読み込み対象の文字列

sb: 書き込み対象のStringBuilderオブジェクト

例外

ArgumentNullException	s ／ sb が null の場合

StringReader／StringWriterクラスは文字列を対象とするリーダー／ライターです。

StringReaderコンストラクタは指定された文字列を読み込み対象とするリーダーを作成します。

StringWriterコンストラクタは文字列を書き込み対象とするライターを作成します。内部的には可変文字列を扱うStringBuilderクラスが使用されます。コンストラクタにsbパラメータを指定することで、明示的に書き込み対象のStringBuilderオブジェクトを設定できます。

StringWriterクラスのToStringメソッドは、ライターに書き込んだ内容を文字列として返します。

サンプル ▶ **StringReaderWriter.cs**

```
public static void Main(string[] args)
{
    // 読み込み対象文字列
    string source = "あいうえお";
    // 文字列リーダー作成
    StringReader reader = new StringReader(source);
    Console.WriteLine(
        "文字列リーダーから読み込んだ内容:" + reader.ReadToEnd());

    // 書き込み対象StringBuilder
    StringBuilder sb = new StringBuilder();
    // あらかじめStringBuilderに書き込んでおく
    sb.Append("abc");
    // StringBuilderを元に文字列ライターを作成
    StringWriter writer = new StringWriter(sb);
    // 文字列ライターに書き込み
    writer.Write("あいうえお123");

    // 内容出力。あらかじめStringBuilderに書き込んだ内容も含む
    Console.WriteLine(
        "文字列ライターに書き込んだ内容:" + writer.ToString());
}
```

```
文字列リーダーから読み込んだ内容:あいうえお
文字列ライターに書き込んだ内容:abcあいうえお123
```

Column C#によるスマートフォンアプリ開発

iOSやAndroid用のアプリを作成する場合、iOSの場合はSwiftやObjective-C、Androidの場合はJavaやKotlinを使って開発するのが一般的です。しかし、.NET MAUIというマルチプラットフォーム対応のフレームワークにより、Windows、macOS、iOS、Androidに対応したネイティブアプリをC#で開発できます。元々C#でのスマートフォンアプリについてはXamarinという開発ツールがサポートされていましたが、後継の.NET MAUIの登場に伴い、2024年にサポートが終了する予定です。

リーダーから読み込む

≫ System.IO.TextReader

メソッド

Read	1文字読み込む
ReadLine	1行読み込む
ReadToEnd	終わりまで読み込む
ReadLineAsync	1行読み込む（非同期）
ReadToEndAsync	終わりまで読み込む（非同期）

書式

```
public virtual int Read()
public virtual string ReadLine()
public virtual string ReadToEnd()
public virtual Task<string> ReadLineAsync()
public virtual Task<string> ReadToEndAsync()
```

例外

IOException	I/Oエラーが発生した場合
ObjectDisposedException	リーダーが閉じている場合
OutOfMemoryException	メモリが不足する場合
ArgumentOutOfRangeException	1行の文字数がInt32.MaxValueを超える場合

Readメソッドはリーダーから1文字読み込んで返します。リーダーから読み込みできなかった場合は-1を返します。

ReadLineメソッドはリーダーから1行読み込んで文字列として返します。リーダーから読み込みできなかった場合はnullを返します。なお、読み込んだデータには改行文字自体は含まれません。

ReadToEndメソッドは、リーダーからすべてのデータを読み込んで文字列として返します。

ReadLineAsync、ReadToEndAsyncメソッドはそれぞれReadLine、ReadToEndメソッドの非同期版です。

サンプル ▶ ReaderRead.cs

```
public static void Main(string[] args)
{
    // 読み込み対象文字列
    string source = "あいうえお¥nabc¥nかきくけこ";

    // 文字列リーダー作成
    StringReader reader = new StringReader(source);

    char c;
    // 改行コード（¥n）まで1文字ずつ読み込む
    do
    {
        // 1文字読み込み。Readの戻り値はintなのでcharにキャスト
        c = (char)reader.Read();
        Console.WriteLine("1文字読み込み:" + c);
    }while(c != '¥n');

    Console.WriteLine("1行読み込み:" + reader.ReadLine());

    Console.WriteLine("末尾まで読み込み:" + reader.ReadToEnd());
    // Console.WriteLine("1行読み込み(非同期版):"
    //    + await reader.ReadLineAsync());

    // Console.WriteLine("末尾まで読み込み(非同期版):"
    //    + await reader.ReadToEndAsync());
}
```

⬇

```
1文字読み込み:あ
1文字読み込み:い
1文字読み込み:う
1文字読み込み:え
1文字読み込み:お
1文字読み込み:

1行読み込み:abc
末尾まで読み込み:かきくけこ
```

ライターに書き込む

≫ System.IO.TextWriter

メソッド

Write	書き込む
WriteLine	改行付きで書き込む
WriteAsync	書き込む（非同期）
WriteLineAsync	改行付きで書き込む（非同期）
Flush	バッファをクリアして書き込む
Close	ライターを閉じる

書式

```
public virtual void Write(T value)
public virtual void Write(
  string format, params Object[] arg)
public virtual void WriteLine([T value])
public virtual void WriteLine(
  string format, params Object[] arg)
public virtual Task WriteAsync(char value)
public virtual Task WriteAsync(string value)
public virtual Task WriteLineAsync(char value)
public virtual Task WriteLineAsync(string value)
public virtual void Flush()
public virtual void Close ()
```

パラメータ

T: 任意のデータ型
value: 書き込むデータ
format: 書式
arg: 埋め込むオブジェクト

例外

ArgumentNullException	format、arg が null の場合
FormatException	format、arg の書式指定が無効の場合
ObjectDisposedException	ライターが閉じている場合
IOException	I/O エラーが発生した場合

Write／WriteLineメソッドは、指定されたデータをライターに書き込みます。valueパラメータには数値型、文字列、オブジェクト型など各種データ型を指定可能です。

WriteLineメソッドはデータと末尾の改行文字を書き込みます。WriteLineメソッドでvalueパラメータを省略した場合は改行文字のみを書き込みます。

Write、WriteLineメソッドでformat、argパラメータを指定した場合は、string

クラスのFormatメソッドと同様に文字列を整形して書き込みます。
Flushメソッドはライターのバッファをクリアして、書き込み内容を反映させます。
Closeメソッドはライターを閉じます。
WriteAsync、WriteLineAsyncメソッドはそれぞれWrite、WriteLineメソッドの非同期版です。ただし、Write、WriteLineメソッドが各種データ型を指定可能なのに対し、WriteAsync、WriteLineAsyncメソッドに指定可能なデータ型は限られています。

サンプル ▶ **WriterWrite.cs**

```
public static void Main(string[] args)
{
    StreamWriter writer = new StreamWriter(@"sample.txt");
    // 数値の書き込み
    writer.Write(123);
    // 文字列書き込み（非同期版）
    // await writer.WriteAsync("123");

    // 改行文字の書き込み
    writer.WriteLine();
    // 改行文字書き込み（非同期版）
    // await writer.WriteLineAsync();

    // オブジェクト（日時型）の書き込み
    writer.Write(DateTime.Now);

    // バッファをフラッシュ
    writer.Flush();
    // ライターを閉じる
    writer.Close();

    // ライターの書き込み内容を取得
    string text = File.ReadAllText(@"sample.txt");
    Console.WriteLine("ライターに書き込んだ内容:" + text);
}
```

⬇

```
ライターに書き込んだ内容:123
2011/08/26 13:20:57
```

参照 P.180「文字列を整形する」

テキストファイルの内容を一括で読み書きする

» System.IO.File

メソッド

ReadAllText	テキストをすべて読み込む
ReadAllLines	すべての行を読み込む
WriteAllText	すべて書き込む
WriteAllLines	すべての行を書き込む

書式

```
public static string ReadAllText(
  string path[, Encoding encoding])
public static string[] ReadAllLines(
  string path[, Encoding encoding])
public static void WriteAllText(
  string path, string contents[, Encoding encoding])
public static void WriteAllLines(
  string path, string[] contents[, Encoding encoding])
```

パラメータ

path: 対象とするファイル
encoding: エンコーディング
contents: 書き込むテキスト

例外

ArgumentException	path の形式が正しくない場合
ArgumentNullException	path、contents が null の場合
PathTooLongException	ファイル名がシステムで定義された最大長を超える場合
DirectoryNotFoundException	指定されたパスが無効の場合
IOException	I/O エラーが発生した場合
UnauthorizedAccessException	必要なアクセス許可がない場合
FileNotFoundException	path で指定されたファイルが見つからない場合

ReadAllText／ReadAllLinesメソッドは、指定されたファイルの内容をすべて読み込んで返します。ReadAllTextメソッドはすべての内容を1つの文字列として、ReadAllLinesメソッドは行ごとに分割した文字列の配列として返します。

WriteAllTextメソッドは指定されたファイルに文字列を書き込みます。WriteAllLinesメソッドは指定されたファイルに文字列の配列を改行文字を挟みながら書き込みます。同名のファイルが存在する場合は上書きします。

いずれのメソッドでもencodingパラメータを省略した場合は、UTF-8エンコーディングとみなして読み書きを行います。

サンプル ▶ **FileReadWriteAllText.cs**

```
public static void Main(string[] args)
{
    // 文字列を一括書き込み
    File.WriteAllText(@"sample.txt",
        "abc¥n123¥n あいうえお ");
    // 文字列を一括読み込み
    string data = File.ReadAllText(@"sample.txt");
    Console.WriteLine("ReadAllText の内容 :" + data);

    string[] lines = {"ABC","999"," こんにちは "};
    // 文字列配列を一括書き込み。エンコーディングは UTF-8
    File.WriteAllLines(
        @"sample2.txt", lines, Encoding.UTF8);
    // 文字列配列を一括読み込み。エンコーディングは UTF-8
    string[] data2 = File.ReadAllLines(
        @"sample2.txt", Encoding.UTF8);
    // 読み込んだデータを行ごとに「,」で挟んで出力
    Console.WriteLine("ReadAllLines の内容 : "
        + string.Join(",",data2));
}
```

⬇

```
ReadAllText の内容 :abc
123
あいうえお
ReadAllLines の内容 :ABC,999, こんにちは
```

参考 これらのメソッドはファイルのオープン／読み書き／クローズを一括して行えるため利便性が高いです。ただし、すべてのデータをメモリ上で扱うため、特にReadAllText／ReadAllLinesメソッドでは実行時間や使用するメモリ量に注意が必要です。大きいファイルを扱う際には、行単位に読み込みを行うReadLinesメソッドを使用することをお勧めします。

参照 P.200「エンコーディングを変換する」
P.361「テキストファイルの内容を行単位に読み込む」

テキストファイルの内容を行単位に読み込む

≫ System.IO.File

メソッド

ReadLines	行単位に読み込む

書式

```
public static IEnumerable<string> ReadLines(
  string path[, Encoding encoding])
```

パラメータ

path: 対象とするファイル
encoding: エンコーディング

例外

ArgumentException	path の形式が正しくない場合
ArgumentNullException	path が null の場合
PathTooLongException	ファイル名がシステムで定義された最大長を超える場合
DirectoryNotFoundException	指定されたパスが無効の場合
IOException	I/O エラーが発生した場合
UnauthorizedAccessException	必要なアクセス許可がない場合
FileNotFoundException	path で指定されたファイルが見つからない場合

FileクラスのReadLinesメソッドは、指定されたファイルの内容を行単位で読み込み、文字列のコレクションとして返します。encodingパラメータを省略した場合は、UTF-8エンコーディングとみなして読み書きを行います。

サンプル ▶ **FileReadLines.cs**

```
public static void Main(string[] args)
{
    // 文字列を一括書き込み
    File.WriteAllText(@"sample.txt",
        "abc¥n123¥nあいうえお");

    // 文字列を行ごとに読み込み
    IEnumerable<string> lines = File.ReadLines(@"sample.txt");

    // foreachで列挙→1行ずつ読み込みが行われる
    foreach (string s in lines)
    {
        // 読み込んだ行を表示
        Console.WriteLine(s);
    }

}
```

⬇

```
abc
123
あいうえお
```

参考 ReadLinesメソッドはファイルのすべての行を読み込むReadAllLinesメソッドに似ていますが、ファイルの内容を一括して読み込むのではなく、コレクションを列挙する時点で1行ずつ読み込むため、実行時間やメモリ使用量の面で効率よく処理が行えます。

参照 P.359「テキストファイルの内容を一括で読み書きする」

TCP ソケットで接続待ちする

» System.Net.Sockets.TcpListener

メソッド

TcpListener	TCP ソケットリスナー（コンストラクタ）
Start	リスナーを開始
AcceptTcpClient	TCP クライアント受付
AcceptTcpClientAsync	TCP クライアント受付（非同期）
Stop	リスナーを閉じる

書式

```
public TcpListener(IPAddress localaddr, int port)
public void Start()
public TcpClient AcceptTcpClient()
public Task<TcpClient> AcceptTcpClientAsync()
public void Stop()
```

パラメータ

localaddr: ローカルIPアドレス
port: ポート番号

例外

ArgumentNullException	localaddr が null の場合
ArgumentOutOfRangeException	port が不正な場合
SocketException	ソケット処理で例外が発生した場合
InvalidOperationException	Start メソッドを呼ばずに AcceptTcpClient メソッドを呼んだ場合

TcpListenerクラスはTCPソケットのリスナー(接続待ち)クラスです。コンストラクタには、接続待ちするローカルのIPアドレスとポート番号を指定します。

Startメソッドは指定されたIPアドレスとポート番号で接続待ちを開始します。

AcceptTcpClientsメソッドは接続してきたTCPクライアントを返します。TCPクライアントが接続していない場合は、接続されるまで待ちます。AcceptTcpClientsメソッドを実行するには、あらかじめStartメソッドで接続待ちを開始しておく必要があります。TCPクライアントとの実際の通信は、戻り値のTcpClientオブジェクトのGetStreamメソッドでストリームを取得して行います。

Stopメソッドは接続待ちを解除します。

AcceptTcpClientAsyncメソッドはAcceptTcpClientメソッドの非同期版です。

サンプル ▶ **TcpListenerNew.cs**

```
public static void Main(string[] args)
{
    // ローカルの IP アドレスを作成
    IPAddress local = IPAddress.Parse("192.168.0.9");
    // ポート番号 11111 でリスナー作成
    TcpListener listener = new TcpListener(local,11111);
    // リッスン開始
    listener.Start();
    // TCP クライアントを取得
    TcpClient client = listener.AcceptTcpClient();
    // TCP クライアントを取得（非同期版）
    // TcpClient client = await listener.AcceptTcpClientAsync();

    // 通信用のストリームを取得
    NetworkStream stream = client.GetStream();
    // 書き込むデータ。Hello のバイト配列
    byte[] data = {0x48,0x65,0x6c,0x6c,0x6f};

    // TCP クライアントにメッセージを出力。次項でメッセージを受け取って表示
    stream.Write(data, 0, data.Length);
    stream.Close();
    client.Close();
    listener.Stop();
}
```

参考 TCPソケットの接続待ちを実行すると、OSや設定によってはWindowsセキュリティの警告が表示される場合があります。

参照 P.365「TCPソケットで接続する」

TCP ソケットで接続する

≫ System.Net.Sockets.TcpClient

メソッド

TcpClient	TCP ソケットクライアント（コンストラクタ）
Connect	接続
ConnectAsync	接続（非同期）
GetStream	ストリームを取得
Close	接続を閉じる

書式

```
public TcpClient()
public void Connect(IPAddress address, int port)
public void Connect(string hostname, int port)
public Task ConnectAsync(IPAddress address, int port)
public Task ConnectAsync(string host, int port)
public NetworkStream GetStream()
public void Close()
```

パラメータ

address: 接続先の IP アドレス
port: 接続先のポート番号
hostname: 接続先のホスト名

例外

ArgumentNullException	address、hostname が null の場合
ArgumentOutOfRangeException	port が不正な場合
SocketException	ソケット処理で例外が発生した場合
InvalidOperationException	接続されていない状態で GetStream メソッドを呼び出した場合
ObjectDisposedException	接続が閉じられた状態で Connect、GetStream メソッドを呼び出した場合

TcpClient クラスは TCP ソケットのクライアントクラスです。接続待ちしている TcpListener クラスに接続します。

Connect メソッドは指定された IP アドレスまたはホスト名と、ポート番号の組み合わせで接続を行います。

GetStream メソッドは接続したソケットでデータをやりとりするためのストリームを返します。NetworkStream クラスは Stream クラスを継承した、ネットワークを対象とするストリームのクラスです。

Close メソッドは接続を閉じます。

ConnectAsync メソッドは Connect メソッドの非同期版です。

サンプル ▶ **TcpClientNew.cs**

```
public static void Main(string[] args)
{
    // TCP クライアント作成
    TcpClient client = new TcpClient();

    // 192.168.0.9 のポート 11111 に接続
    client.Connect("192.168.0.9", 11111);
    // 192.168.0.9 のポート 11111 に接続（非同期版）
    // await client.ConnectAsync("192.168.0.9", 11111);

    // ネットワーク用のストリームを作成
    NetworkStream stream = client.GetStream();

    // 読み込み用バッファ
    byte[] data = new byte[10];

    // ネットワークからストリームとしてデータ読み込み
    stream.Read(data, 0, data.Length);

    Console.WriteLine(
        "TCP リスナーからのデータ :" + Encoding.ASCII.GetString(data));
}
```

⬇

```
TCP リスナーからのデータ :Hello
          ↑前項の TCP リスナーサンプルに接続してメッセージを取得
```

参照 P.363「TCPソケットで接続待ちする」

URIを処理する

≫ System.Uri

メソッド

Uri	URIクラス（コンストラクタ）
EscapeDataString	文字列をURIエスケープ
EscapeUriString	URIをURIエスケープ
UnescapeDataString	文字列をURIエスケープ解除

書式

```
public Uri(string uri)
public static string EscapeDataString(string str)
public static string EscapeUriString(string uri)
public static string UnescapeDataString(string str)
```

パラメータ

uri:URI
str:エスケープ／エスケープ解除する文字列

例外

ArgumentNullException	uri、strがnullの場合
UriFormatException	uriが正しくない形式の場合。uri、strが32766文字以上の場合

Uriクラスはインターネット上のリソースの場所を表す**URI**(Uniform Resource Identifier)を表すクラスです。HTTP通信で接続先のURIを指定するのに使用するほか、**URIエスケープ**と呼ばれる文字列を変換するためのメソッドを提供します。

Uriクラスのコンストラクタは指定された文字列をURIとみなしてUriオブジェクトを作成します。

URIエスケープとは、文字列中のURIで使えない文字を16進表記に変換することです。EscapeDataStringメソッドは、指定された文字列のうち、URIで扱えない文字をすべて16進数表記に変換して返します。EscapeUriStringメソッドは、指定された文字列のうち、:、/、?、&などのURIの予約文字以外の部分を16進数表記に変換して返します。

UnescapeDataStringメソッドは指定された文字列のURIエスケープを解除して返します。

サンプル ▶ **UriNew.cs**

```
public static void Main(string[] args)
{
    // HTTPのURI作成
    Uri uri = new Uri("http://www.wings.msn.to");
    // FTPのURIも作成可能
    Uri uri2 = new Uri("ftp://ftpServer");

    string escaped = Uri.EscapeDataString("あいうえお");
    Console.WriteLine("あいうえおをURIエスケープ:" + escaped);
    Console.WriteLine("URIエスケープ解除:"
        + Uri.UnescapeDataString(escaped));

    // Google検索用のURIをエスケープ
    string uri3 = "http://www.google.co.jp/search?q=クエリ";
    Console.WriteLine("エスケープされたURI:"
        + Uri.EscapeUriString(uri3));
    // URIをEscapeDataStringすると壊れる
    Console.WriteLine("URIをEscapeDataString:"
        + Uri.EscapeDataString(uri3));
}
```

```
あいうえおをURIエスケープ:%E3%81%82%E3%81%84%E3%81%86%E3%81%88%E3%81%8A
URIエスケープ解除:あいうえお
エスケープされたURI:http://www.google.co.jp/search?q=%E3%82%AF%E3%82%A8%E3 ↵
%83%AA
URIをEscapeDataString:http%3A%2F%2Fwww.google.co.jp%2Fsearch%3Fq%3D%E3%82 ↵
%AF%E3%82%A8%E3%83%AA
```

注意 多くのWebブラウザーは空白文字を「+」に変換しますが、この処理は標準化されていないため、Uriクラスのエスケープ用のメソッドでは行いません。

Web サーバーからデータをダウンロードする

» System.Net.WebClient

メソッド

WebClient	Web クライアント（コンストラクタ）
DownloadData	データをダウンロード
DownloadDataTaskAsync	データをダウンロード（非同期）

書式

```
public WebClient()
public byte[] DownloadData(string address)
public byte[] DownloadData(Uri uri)
public Task<byte[]> DownloadDataTaskAsync(string
  address)
public Task<byte[]> DownloadDataTaskAsync(Uri uri)
```

パラメータ

address: ダウンロードするURI文字列
uri: ダウンロードするURI

例外

ArgumentNullException	address ／ uri が null の場合

WebClientクラスはHTTP通信を行うためのクラスです。DownloadDataメソッドは指定されたURIにアクセスし、データを取得してバイト配列として返します。

DownloadDataTaskAsyncメソッドはDownloadDataメソッドの非同期版です。

サンプル ▶ **WebClientDownloadData.cs**

```
WebClient client = new WebClient();
// Web サーバーからデータをダウンロード
byte[] data = client.DownloadData("http://www.wings.msn.to/");
//UTF-8 エンコーディングで文字列化
string content = Encoding.UTF8.GetString(data);
// 先頭 300 文字を出力
Console.WriteLine(
    "http://www.wings.msn.to/ から取得したデータ : ¥n{0}"
    ,content.Substring(0,300));
```

```
http://www.wings.msn.to/ から取得したデータ :
<html><head><title> サーバサイド技術の学び舎 - WINGS</title>
…後略…
```

参考 WebClientはWebサーバーだけでなく、URIの指定によってFTPサーバーからもデータをダウンロードできます。

Webサーバーからテキストをダウンロードする

≫ System.Net.WebClient

メソッド

DownloadString	テキストをダウンロード
DownloadStringTaskAsync	テキストをダウンロード（非同期）

プロパティ

Encoding	使用するエンコーディング

書式

```
public WebClient()
public string DownloadString(string address)
public string DownloadString(Uri uri)
public Task<byte[]> DownloadStringTaskAsync(string
  address)
public Task<byte[]> DownloadStringTaskAsync(Uri uri)
public Encoding Encoding { get; set; }
```

パラメータ

address：ダウンロードするURI文字列
uri：ダウンロードするURI

例外

ArgumentNullException	address／uriがnullの場合

DownloadStringメソッドは指定されたURIにアクセスし、データを取得して文字列として返します。バイト列の文字列はEncodingプロパティで指定された文字列エンコーディングを使用して変換します。

Encodingプロパティは WebClientクラスが使用する文字列エンコーディングを取得／設定するプロパティです。.NET 8の既定ではUTF-8が使用されます。

DownloadStringTaskAsyncメソッドはDownloadStringメソッドの非同期版です。

サンプル ▶ **WebClientDownloadString.cs**

```
public static void Main(string[] args)
{
    WebClient client = new WebClient();
    Console.WriteLine(
        "デフォルトのエンコーディング:" + client.Encoding.EncodingName);
    string str = client.DownloadString("http://www.wings.msn.to/");
    // テキストのダウンロード(非同期版)
    // string str = await client.DownloadStringTaskAsync(
    //   "http://www.wings.msn.to/");
    // 先頭300文字を出力
    Console.WriteLine(
        "http://www.wings.msn.to/から取得したデータ:¥n{0}"
        , str.Substring(0, 300));
}
```

⬇

```
デフォルトのエンコーディング:Unicode (UTF-8)
http://www.wings.msn.to/から取得したデータ:
<!DOCTYPE html>
<html lang="ja">
<head>
<meta charset="UTF-8" />
<title>サーバーサイド技術の学び舎 - WINGS</title>
<link rel="stylesheet" type="text/css" href="https://wings.msn.to/style.css" />
<link rel="alternate" type="application/rss+xml"
  title="サーバーサイド技術の学び舎 - WINGS"
  href="https://wings.msn.to/redirect
```

クエリ文字列を設定する

≫ System.Net.WebClient、System.Collections.Specialized.NameValueCollection

プロパティ

WebClient.QueryString	クエリ文字列
NameValueCollection.Item	キーと値の設定（インデクサ）

書式

```
public NameValueCollection QueryString { get; set; }
public string this [string name] { get; set; }
```

パラメータ　name: キー名

クエリ文字列とは、URIの?以降の文字列のことで、Webサーバーのプログラムにパラメータなどを渡すのに使用します。クエリ文字列は「?キー1=値1&キー2=値2」のようにキーと値を=で挟み、複数のキーと値は&で挟んで記述します。

WebClientクラスのQueryStringプロパティはWebサーバーへのアクセスする際のクエリ文字列を表すプロパティです。

NameValueCollectionクラスはキーと値の組み合わせを持つコレクションです。継承関係はありませんが、キー、値がともに文字列のディクショナリ型に類似しています。

NameValueCollectionクラスのItemプロパティは、キーとして文字列を指定し、値の文字列の取得、設定を行うためのプロパティです。ItemプロパティはNameValueCollectionクラスのインデクサのため、ディクショナリと同様の形式でキーと値の取得／設定を行えます。

QueryStringプロパティに指定されたキーと値は、自動的に?、&、=といったクエリ文字列に必要な記号を含めて整形した上でURIに追加されます。

サンプル ▶ **WebClientQueryString.cs**

```
public static void Main(string[] args)
{
    WebClient client = new WebClient();

    // Google の Web 検索を行う例
    // q というキーに値（検索文字列）を設定
    client.QueryString["q"] = "WINGS";

    // QueryString プロパティが付加される
    // 実際には "http://www.google.co.jp/search?q=WINGS" にアクセス
    string str =
        client.DownloadString ("http://www.google.co.jp/search");

    // 先頭 300 文字を出力
    Console.WriteLine(str.Substring(0,300));
}
```

⬇

```
<!doctype html><head><title>WINGS - Google 検索 </title><script>window. ↵
google={kEI:"X-JoTtbPGK7nmAXFhrTADA",getEI:function(a){var b;while(a&&! ↵
(a.getAttribute&& (b=a.getAttribute("eid")))a=a.parentNode; return b|| ↵
google.kEI},kEXPI:"28936,30316,30465,30542,31775,32214,32331,32579,32603", ↵
kCSI:{e:"28936,303
```

参考　Web サーバーへの GET リクエストで、クエリ文字列を指定する場合は、QueryStringプロパティを使用する以外に、URIの一部としてクエリ文字列を指定する方法があります。ただし、コードの見やすさなどを考慮し、QueryStringプロパティの使用を推奨します。

参照　P.294「ディクショナリにキーと値を追加する」
P.367「URIを処理する」

5 入出力

Web サーバーからファイルをダウンロードする

» System.Net.WebClient

メソッド

DownloadFile	ファイルをダウンロード
DownloadFileTaskAsync	ファイルをダウンロード（非同期）

書式

```
public void DownloadFile(Uri uri, string fileName)
public void DownloadFile(string address, string fileName)
public Task DownloadFileTaskAsync(Uri uri, string fileName)
public Task DownloadFileTaskAsync(string address, string
  fileName)
```

パラメータ

uri: ダウンロードするURI
fileName: 保存するファイル名
address: ダウンロードするURI文字列

例外

ArgumentNullException	address ／ uri が null の場合
WebException	URI が無効の場合／ fileName が null または空文字列の場合／ダウンロード中にエラーが発生した場合

DownloadFileメソッドは指定されたアドレスからデータをダウンロードし、ファイルに保存します。

DownloadFileTaskAsyncメソッドはDownloadFileメソッドの非同期版です。

サンプル ▶ **WebClientDownloadFile.cs**

```
public static void Main(string[] args)
{
    WebClient client = new WebClient();
    client.DownloadFile("http://www.wings.msn.to/", "wings.html");
    IEnumerable<string> lines = File.ReadLines(
        @"wings.html", Encoding.UTF8);
    foreach (string s in lines){ Console.WriteLine(s); }
}
```

⬇

```
<html>
<head>
<title> サーバサイド技術の学び舎 - WINGS</title>
…後略…
```

Webサーバーに POSTデータを送信する

≫ System.Net.WebClient

メソッド

UploadValues	キーと値のペアを送信する
UploadString	文字列を送信する
UploadValuesTaskAsync	キーと値のペアを送信する（非同期）
UploadStringTaskAsync	文字列を送信する（非同期）

書式

```
public byte[] UploadValues(
  string address, NameValueCollection data)
public byte[] UploadValues(
  Uri uri, NameValueCollection data)
public string UploadString(string address, string str)
public string UploadString(Uri uri, string str)
public Task<byte[]> UploadValuesTaskAsync(
  string address, NameValueCollection data)
public Task<byte[]> UploadValuesTaskAsync(
  Uri uri, NameValueCollection data)
```

パラメータ

address: 送信先のURI文字列
data:POSTするキー／値のコレクション
uri: 送信先のURI
str:POSTする文字列

例外

ArgumentNullException	address ／ uri ／ data ／ str が null の場合
WebException	URI が無効の場合。通信中にエラーが発生した場合

POSTとは、HTTPの通信方法の1つで、Webサーバーに対してデータを送信する際に使用します。

UploadValuesメソッドは指定されたアドレスに対し、キーと値のコレクションをPOSTデータとして送信し、Webサーバーのレスポンス内容をバイト配列として返します。NameValueCollectionクラスはキー／値のコレクションを表すクラスです。

POSTデータはクエリ文字列と同様に「キー1=値1&キー2=値2」のように、=や&を使って記述する必要があります。UploadValuesメソッドはdataパラメータのコレクションの内容をPOSTデータの記法に整形した上で送信します。

UploadStringメソッドは指定されたアドレスに対し、文字列をPOSTデータとして送信し、Webサーバーのレスポンス内容を文字列として返します。UploadString

メソッドはUploadValuesメソッドとは異なり、与えられた文字列を整形しないので、あらかじめ=や&などを含めた文字列を与える必要があります。

UploadValuesTaskAsync、UploadStringTaskAsyncメソッドはそれぞれUploadValues、UploadStringメソッドの非同期版です。

サンプル ▶ **WebClientUpload.cs**

```
public static void Main(string[] args)
{
    WebClient client = new WebClient();
    // キー、値のコレクション
    NameValueCollection col = new NameValueCollection();
    col["name"] = "土井";
    col["city"] = "東京";
    // キー、値をPOST。文字コードはUTF-8としてエンコードされる
    // =や&などは自動的に送信される
    byte[] data = client.UploadValues(
        "http://localhost/postTest.aspx", col);
    // キー、値をPOST（非同期版）
    // byte[] data = await client.UploadValuesTaskAsync(
    //     "http://localhost/postTest.aspx", col);

    // EncodingプロパティにShift-JISエンコーディングを指定
    client.Encoding = Encoding.GetEncoding("shift-jis");
    // 文字列をPOST。=や&などは自分で付ける必要がある
    string result = client.UploadString(
        "http://localhost/postTest.aspx", "name=土井&city=東京");
    // 文字列をPOST（非同期版）
    // string result = await client.UploadStringTaskAsync(
    //     "http://localhost/postTest.aspx". "name=土井&city=東京");

}
```

参考 UploadValues、UploadValuesTaskAsyncメソッドは「POSTデータの整形が不要」という面では利便性が高いメソッドです。しかしWebClientクラスのEncodingプロパティで指定されたエンコーディングとは無関係に、キーと値をUTF-8エンコーディングで送信するため、Webサーバー側がUTF-8エンコーディングを受け入れない場合は問題が発生します。一方、UploadString、UploadStringTaskAsyncメソッドはEncodingプロパティで指定されたエンコーディングで文字列を送信するので、UTF-8以外のエンコーディングにも対応できます。

参照 P.370「Webサーバーからテキストをダウンロードする」
P.372「クエリ文字列を設定する」

Chapter 6

非同期処理

概要

アプリケーションプログラムの中に時間のかかる処理があり、その処理の間ユーザーに応答できない時、ユーザーは「アプリケーションがフリーズしている」と認識して、ストレスを感じます。時間のかかる処理では、その処理の完了を待たずに応答やUIの更新など他の処理を並列して実行する仕組みが必要となります。これを実現するのが非同期処理です。

非同期処理とは

非同期処理とは、同時に複数の仕事をするときに、1つの仕事の処理によって他の仕事の処理実行を停止させない実行制御方式です。対して、**同期処理**とは、ある仕事の処理が完了するまで、他の仕事の処理の実行を停止して待たせる実行制御方式です。

CPUコアが複数ある場合は、仕事を各CPUコアに振り分けることで非同期の同時実行が実現できます。1つの仕事をするためには**スレッド**という同時実行可能な列の単位を使用します。これは、仮想的なCPUコアに対応しています。単一のCPUコアでも、各スレッドが細切れに分割された短時間だけ順々にCPUコアなどを占有することにより、同時並行に処理をしているように見せかけることができます。複数のスレッドで処理を同時に実行できることを**マルチスレッド**と呼び、スレッドに処理を振り分けることで非同期処理を実現できます。

非同期処理の目的

時間のかかる処理のときには、ユーザーに「アプリケーションがフリーズしている」と誤解されないために「時間のかかる処理をしている」ことがわかるようにする必要があります。そのために、処理中表示、進捗表示などの応答を行います。しかし、順番に処理される同期処理では、その時間のかかる処理と応答処理を同一時点で行えません。

そこで、非同期処理を利用します。具体的には、マルチスレッドを使うことで、ユーザーと対話を行うメイン処理と、時間のかかる処理を別々のスレッドで実行します。

たとえば、GUIアプリケーションでは**UIスレッド**と呼ばれる、画面描画やユーザー操作に対する応答などを行う専用スレッドがあります。また、GUIか非GUIにかかわらず、メインの処理のスレッドとは別のスレッド利用するために、**スレッドプール**と呼ばれる、1度作成したスレッドを破棄せずに貯めておき再利用できるしくみがあります。時間のかかる処理はスレッドプールのスレッドで行うと効率的です。

入出力装置へのアクセス、ネットワークアクセスなどの時間のかかる処理があると、後続の処理に「待ち」が発生します。スレッドで待ちが発生して、後続処理が何も実行できない状態のことを**ブロック**されているといいます。非同期処理は、メイン処理を行うスレッドのブロックを極力回避するためのしくみを提供します。

▼同期処理と非同期処理

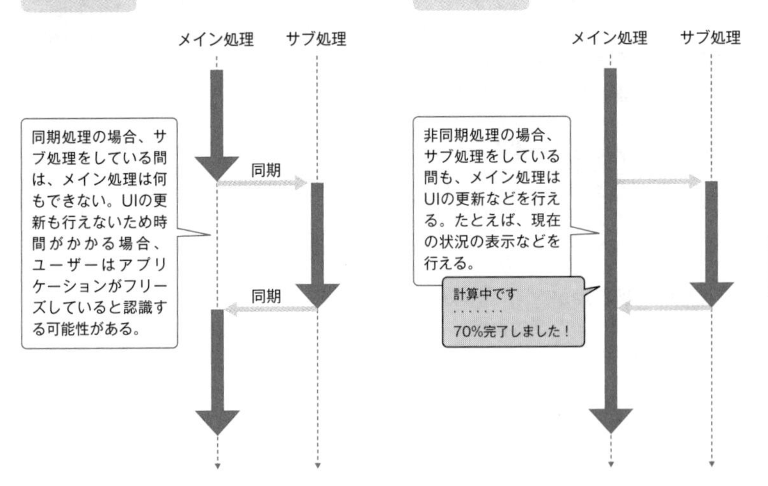

Threadクラス

System.Threading名前空間にあるThreadクラスを利用して、非同期処理をするアプリケーションを構築できます。スレッドの作成はコストが高いため、作成や割当を.NET Frameworkが管理して、使いまわして効率よく利用できるしくみのスレッドプールを利用するための、ThreadPoolクラスも提供されています。

これらのクラスは.NET Framework 1.1から提供されていますが、従来の同期的コードからの同じ処理の書き換えが、処理が多くなると複雑になり、処理内容や目的、大まかな処理の流れが把握しづらいため、他のプログラムへの展開や再利用・汎用化が困難になりがちでした。バージョンアップとともに同等の非同期コードを簡潔に書ける手段が提供されてきました。

Taskクラスとasync／awaitキーワード

.NET Framework 4のときに、スレッドプールのスレッドをより扱いやすく抽象化したSystem.Threading.Tasks.Taskクラスなど Task Parallel Library（TPL）のクラスを使用する非同期コードの書き方であるTask-based Asynchronous Pattern（**TAP**）が登場しました。

さらに.NET Framework 4.5からは、よりTAPを書きやすくするasync／awaitというキーワードが導入されました。

既存の同期メソッドを非同期にするためのコード上の変更は、後述のように、「async／awaitの付与と、戻り値をTask<T>／Taskへ変更するだけ」でとても簡単です。

同期メソッドを非同期メソッド化する

Taskクラス／Task<T>クラスは非同期処理の単位を表します。コードでは非同期メソッドの戻り値として使用します。Taskクラス／Task<T>クラスには後続処理の指定など非同期処理に関係するメソッドが定義されています。

以下に、同期メソッドを非同期メソッドにする手順を示します。

[1]修飾子asyncを付与する

メソッドの戻り値の型の前にasync修飾子を追加します。これはコンパイラに対して非同期メソッドであることを明示します。メソッドの中にawait演算子が1つ以上あるときは必須です。awaitが1つもないときは警告を発生します。

[2]戻り値の型をTask／Task<T>に書き換える

同期コードで書いた場合に戻り値があり、それがT型である場合には、戻り値をTask<T>型に書き換えます。同期コードで書いた場合の戻り値が、後続処理で必要とされなくても呼び出し側に完了のタイミングを知らせる場合は、戻り値をTask型に書き換えます。完了のタイミングも知らせる必要のない場合には、voidとします。ただし、voidの場合、例外が発生しても呼び出し側ではcatchできませんのでご注意ください。イベントハンドラーでない限り、非同期メソッドの戻り値はTask<T>／Taskにしてください。

[3]メソッドの名前をAsyncで終わるように書き換える

イベントハンドラーやオーバーライドで名前の変更が不可能な場合以外は、非同期であることを、メソッドを使用するプログラマーなどに明示するためにAsyncを付けます。

書き換えた非同期メソッドを他のコードから呼び出すとき、同期メソッドから完了を待つ場合は戻り値Taskクラス／Task<T>クラスのWaitメソッド、非同期メソッドのから完了を待つ場合は再びawait演算子をつけて呼び出しを記述できます。Waitメソッドは明示的にスレッドをブロックして待つことを意味します。

以下のサンプルコードは、時間のかかる計算をさせて、結果をtext変数に追記して、最後に表示させる同期コードです。当然ですが、「計算開始」の表示は、計算完了してからとなります。

サンプル ▶ 時間のかかる処理

```
// 出力用文字列
static string text = string.Empty;

// nが大きい数になると時間のかかる何らかの処理
private static double HeavyWork(int n)
{
    return Enumerable.Range(1, n)
        .Sum(i => 1 / (double)i) - Math.Log(n);
}
```

```
// テキスト出力
private static void Execute()
{
    text += ("計算開始") + Environment.NewLine;
    double result = HeavyWork(200000000);
    text += result.ToString() + Environment.NewLine;
}

static void Main(string[] args)
{
    // 結果を計算して、文字列に書き込むメソッド
    Execute();
    //「計算開始」と表示されるのは計算が終わった後
    Console.WriteLine(text);
    Console.ReadKey();
}
```

同内容の非同期版のHeavyWorkAsyncメソッドとHeavyTaskAsyncメソッドを作成して、それを呼び出す部分も書き換えます。Task.Runメソッドは非同期処理を作成して開始するメソッドです。詳細については、P.402「非同期処理を行う」を参照してください。また、ここでは並列処理をしていることを示すために、メイン処理では、計算処理とは別に、出力用文字列の最新の内容を出力する処理を追加しています。

サンプル ▶ 非同期メソッド化

```
// 出力用文字列
static string text = string.Empty;

// nが大きい数になると時間のかかる何らかの処理（非同期）
private async static Task<double> HeavyWorkAsync(int n)
{
    return await Task.Run(() =>
    Enumerable.Range(1, n)
        .Sum(i => 1 / (double)i) - Math.Log(n));
}

// 文字列出力（非同期版）
private async static Task ExecuteAsync()
{
    text += ("計算開始") + Environment.NewLine;
    double result = await HeavyWorkAsync(200000000);
    text += result.ToString() + Environment.NewLine;
}

static void Main(string[] args)
{
```

```
    //非同期メソッド呼び出し
    var task = ExecuteAsync();

    //非同期であれば、時間のかかる処理を待っている間も
    //別の処理（たとえば、状態や進捗などを表示）が可能
    while (!task.IsCompleted)
    {
        OutputText(task);
    }
    Console.ReadKey();
}
// taskが終わっていなければ、計算中を示す「...」の行を追加
private static void OutputText(Task task)
{
    Task.Delay(1000).Wait();
    Console.SetCursorPosition(0, 0);
    if (!task.IsCompleted)
        text += "..." + Environment.NewLine;
    Console.WriteLine(text);
}
```

❖ 非同期メソッドの処理の流れ

非同期メソッド内の処理は、await演算子が出てくるまでは、同期メソッドと同様に順々に実行されます。awaitがある呼び出しに来ると、処理の流れが分割されて、非同期呼び出しを行いつつ、メインの制御はこのメソッドを抜けます。非同期で呼び出された処理が完了した時に、戻り値の代入と後続の処理が再開されます。awaitによって、メインのスレッドを占有されないので計算実行中も他の処理(上記サンプルでは文字列の出力)をブロックしません。

▼async／await使用時の実行の流れ

```
async Task<int> ExecuteAsync(){

  … 処理A（同期コード） …

  await （待機可能オブジェクト）;

  … 処理B（同期コード） …

  return x;
}
```

asyncメソッドは、まず最初のawait直前までのコードを実行、**await**で処理を中断して制御を返す。残りは、awaitで待っているタスクの完了後に実行。

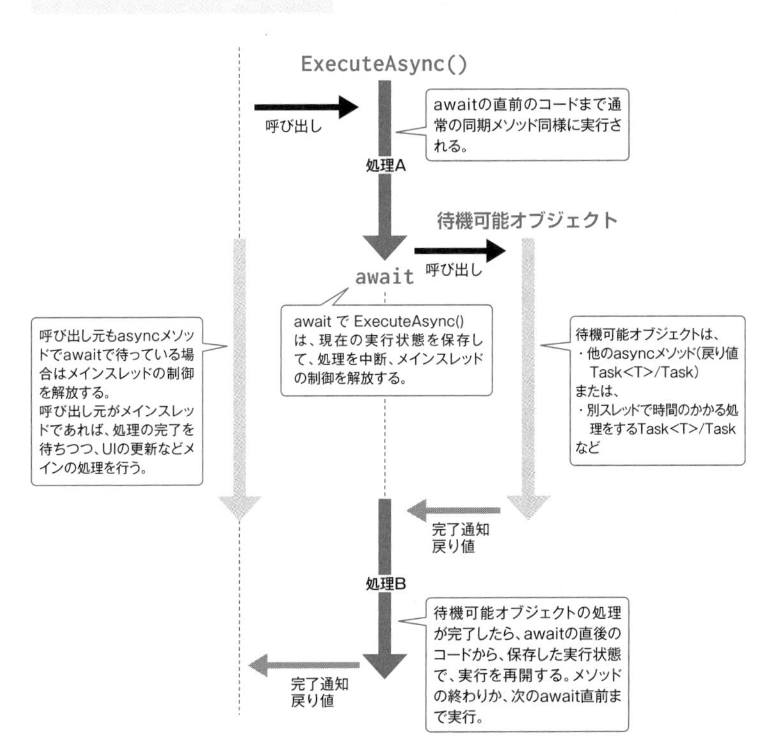

ExecuteAsync()
呼び出し
awaitの直前のコードまで通常の同期メソッド同様に実行される。
処理A
待機可能オブジェクト
await
呼び出し
await で ExecuteAsync()は、現在の実行状態を保存して、処理を中断、メインスレッドの制御を解放する。
呼び出し元もasyncメソッドでawaitで待っている場合はメインスレッドの制御を解放する。
呼び出し元がメインスレッドであれば、処理の完了を待ちつつ、UIの更新などメインの処理を行う。
待機可能オブジェクトは、
・他のasyncメソッド(戻り値Task<T>/Task)
または、
・別スレッドで時間のかかる処理をするTask<T>/Task
など
完了通知
戻り値
処理B
待機可能オブジェクトの処理が完了したら、awaitの直後のコードから、保存した実行状態で、実行を再開する。メソッドの終わりか、次のawait直前まで実行。
完了通知
戻り値

引数のない処理をスレッドとして定義する

≫ System.Threading.Thread

メソッド

Thread	スレッド（コンストラクタ）
ThreadStart	引数なし処理のデリゲート
Start	スレッドを開始

プロパティ

ThreadState	現在のスレッドの状態

書式

```
public Thread(ThreadStart start[,int maxStackSize])
public delegate void ThreadStart()
public void Start()
public ThreadState ThreadState { get; }
```

パラメータ

start: 処理を定義したデリゲート
maxStackSize: スタックサイズ(0指定で最大値)

Threadクラスはスレッドによる非同期処理を管理するためのクラスです。コンストラクタの引数のデリゲートに処理が定義されたメソッドの参照を渡します。匿名メソッドやラムダ式の形式でも記述できます。

Startメソッドで非同期処理を開始します。

ThreadStateプロパティで、対象のスレッドの状態を参照できます。

▼ThreadState列挙体

列挙体値	内容
Aborted	スレッドが停止しているが、状態がStoppedになっていない
AbortRequested	停止が要求されているが、例外を受け取っていない
Background	バックグラウンドスレッドで実行中
Running	実行中
Stopped	停止
StopRequested	停止が要求されている
Suspended	中断している
SuspendRequested	中断が要求されている
Unstarted	Thread.Startが呼び出されていない
WaitSleepJoin	スレッドがブロックされている

サンプル ▶ **ThreadThreadStart.cs**

```
static void Main(string[] args)
{
    // スレッドで非同期に行う処理を表すデリゲート
    ThreadStart ts = new ThreadStart(Dowork);
    // デリゲートを設定して、スレッドを作成
    Thread thread = new Thread(ts);
    // 引数のデリゲートに関しては、
    // 直接メソッド名、匿名メソッド、ラムダ式も記述可能
    // さらにDowork(); の部分はメソッド本体の直接記述も可能
    // Thread thread = new Thread(Dowork);
    // Thread thread = new Thread(delegate() { Dowork(); });
    // Thread thread = new Thread(()=> { Dowork(); });
    // スレッド開始
    thread.Start();
    Console.WriteLine("計算開始");
    // メインの処理では、スレッド処理の間"."を表示
    while (thread.ThreadState != ThreadState.Stopped)
    {
        Thread.Sleep(500);
        if (thread.ThreadState != ThreadState.Stopped)
            Console.Write(".");
    }
    Console.WriteLine("処理終了");
}
// スレッドで行う重い処理（時間のかかる計算）
static void Dowork() {
    int n = 300000000;
    double s = 0;
    for (int i = 0; i < n; i++)
    {
        s += ((i%2==0) ? 1 : -1) * 4 / (2 * (double)i + 1);
    }
    Console.WriteLine();
    Console.WriteLine(s);
}
```

⬇

```
計算開始
......
3.14159265025602
処理終了
```

引数を受け取る処理をスレッドとして定義する

≫ System.Threading.Thread

メソッド

Thread	スレッド（コンストラクタ）
ParameterizedThreadStart	引数つき処理のデリゲート
Start	スレッドを開始

書式

```
public Thread(ParameterizedThreadStart start
  [,int maxStackSize])
public void Start(object parameter)
public delegate void ParameterizedThreadStart(
  object obj)
```

パラメータ

start: 処理を定義したデリゲート
maxStackSize: スタックサイズ(0指定で最大値)
obj,parameter: スレッドで使用するデータ

ParameterizedThreadStartデリゲートは、引数をとる非同期処理を行う場合に使用します。引数はobject型1つで、戻り値なしのメソッドを設定できます。

処理の引数自体はStartメソッドのobject引数として渡します。引数や結果の戻り値の受け渡しに使用できます。そのためにはまず、引数や戻り値をメンバとして定義したクラスを定義します。呼び出し側でインスタンス化して、引数メンバに値を格納してStartメソッドに渡します。非同期処理側では、引数メンバを参照して使用、戻り値メンバに格納します。呼び出し側で、非同期処理の完了を待ってから、戻り値メンバの値を使用できます。

サンプル ▶ **ThreadParameterizedThreadStart.cs**

```
// 処理の引数オブジェクトとして使用
class MyParameter
{
    public int N { get; set; }
    public double ReturnValue { get; set; }
}

static void Main(string[] args)
{
    // スレッドで非同期に行う処理を表すデリゲート
    ParameterizedThreadStart pts
        = new ParameterizedThreadStart(Dowork);
    // デリゲートを設定して、スレッドを作成
    Thread thread = new Thread(pts);
```

```
    // 引数のデリゲートに関しては、
    // 直接メソッド名、匿名メソッド、ラムダ式も記述可能
    // さらに Dowork(); の部分はメソッド本体の直接記述も可能
    // Thread thread = new Thread(Dowork);
    // Thread thread
    //     = new Thread(delegate(object n) { Dowork(n); });
    // Thread thread = new Thread((n)=>Dowork(n));
    // 処理の引数と戻り値を格納するためのオブジェクト
    MyParameter p = new MyParameter();
    p.N = 500000000;
    // スレッド開始
    thread.Start(p);
    Console.WriteLine(" 処理開始 ");
    // メインの処理では、スレッド処理の間 "." を表示
    while (thread.ThreadState != ThreadState.Stopped)
    {
        Thread.Sleep(500);
        if (thread.ThreadState != ThreadState.Stopped)
            Console.Write(".");
    }
    Console.WriteLine();
    // 引数オブジェクトに格納されている結果を表示
    Console.WriteLine($" 計算結果 ={p.ReturnValue}");
}
// スレッドで行う重い処理（時間のかかる計算）
static void Dowork(object obj)
{
    MyParameter p = obj as MyParameter;
    int n = p.N;
    double s = 0;
    Console.WriteLine($"n={n}");
    for (int i = 0; i < n; i++)
    {
        s += ((i % 2 == 0) ? 1 : -1) * 4 / (2 * (double)i + 1);
    }
    // 引数のオブジェクトの戻り値用メンバに結果を格納
    p.ReturnValue = s;
}
```

⬇

```
n=500000000
処理開始
..........
計算結果 =3.14159265158926
```

スレッドタイマーで一定時間ごとに処理をする

≫ System.Threading.Timer

メソッド

Timer	コンストラクタ
TimerCallback	一定時間に実行する処理のデリゲート

書式

```
public Timer(TimerCallback callback,[object state, T dueTime,
  T period])
public delegate void TimerCallback(object state)
```

パラメータ

callback: 処理を定義したデリゲート
state: 処理で使用するデータ
dueTime: 開始遅延時間(ミリ秒)
period: 処理実行間隔(ミリ秒)
T: int／long／TimeSpan／uintのいずれか

Timerクラスは、一定時間の間隔で処理を実行する機構を提供します。処理はスレッドプールのスレッドで実行されます。処理はTimerCallbackデリゲートcallbackで指定します。間隔は、period引数で指定します。

処理自体の引数は、object型の第2引数のstateに設定します。

サンプル ▶ ThreadingTimer.cs

```
static Timer timer;
static int counter=0;
static int n = 5;// 繰り返し回数

static void Main(string[] args)
{
    // 一定時間ごとに繰り返したい処理を表すデリゲート
    TimerCallback tc = new TimerCallback(Dowork);
    // 実際には非同期処理で使用するパラメータをもつオブジェクトを渡す
    object state = new object();
    // 2 秒後に開始、1 秒ごとに処理を繰り返す
    timer = new Timer(tc, state, 2000,1000);
    while (counter < n)
    {
        Thread.Sleep(250);
        Console.Write(".");
    }
}

static void Dowork(object state)
{
    counter++;
    Console.Write(counter);
    // 指定回数繰り返したらタイマーを破棄
    if (n <= counter)
        timer.Dispose();
}
```

⬇

```
.......1....2....3....4....5.
```

システムタイマーで一定時間ごとに処理をする

≫ System.Timers.Timer

メソッド

Timer	コンストラクタ
Start	タイマーを開始
Stop	タイマーを停止

イベント

Elapsed	指定の時間間隔で発生するイベント

プロパティ

AutoReset	true の時イベントを繰り返し発生させる（省略時は true）

書式

```
public Timer([double interval])
public void Start()
public void Stop()
public delegate void ElapsedEventHandler(
  object sender,ElapsedEventArgs e)
public bool AutoReset { get; set; }
```

パラメータ

interval:Elapsedイベント発生間隔（ミリ秒）指定しないと100ミリ秒
sender:System.Timers.Timerオブジェクト
e.SignalTime:イベント発生時刻

System.Timers.Timerクラスは、一定の時間後に、Elapsedイベントを発生させるシステムタイマーを提供します。AutoResetプロパティの指定によりElapsedイベントを1度だけ発生することも繰り返しも可能です。

個々のスレッドによらない、時間監視のしくみをもちます。

処理はElapsedのイベントハンドラーとして定義します。

処理の側では、ElapsedEventArgsのSignalTimeプロパティにイベント発生時刻が格納されています。

Startメソッドで開始、Stopメソッドで停止します。

サンプル ▶ SystemTimersTimer.cs

```
static void Main(string[] args)
{
    // マルチスレッドの確認のためにメインのマネージドスレッド ID を表示
    Console.WriteLine(
        $"Main ThreadId:{Thread.CurrentThread.ManagedThreadId}");
    // 1 秒ごとに、Elapsed イベントを発行するタイマーを作成
    //（ここでは、同じタイミングでイベントが起きる複数のタイマーを作成）
```

```
    System.Timers.Timer timer1 = new System.Timers.Timer(1000);
    System.Timers.Timer timer2 = new System.Timers.Timer(1000);
    // 1秒ごとに行う処理をイベントハンドラーとして登録
    timer1.Elapsed += Timer_Elapsed;
    timer2.Elapsed += Timer_Elapsed;
    // イベントを繰り返す指定。既定値がtrueなので指定しなくてもよい
    timer1.AutoReset = true;
    // 終了時刻を5秒後とする
    DateTime endTime = DateTime.Now.AddSeconds(5);
    // タイマーを開始する
    timer1.Start();
    timer2.Enabled = true; // Start()と同じ
    while (timer1.Enabled || timer2.Enabled)
    {
        Thread.Sleep(500);
        Console.WriteLine("... ... ...");
        // 終了時刻になったらタイマーを止める
        if (endTime < DateTime.Now) {
            timer1.Stop(); timer2.Stop();}
    }
}
// マネージドスレッドIDとイベント発生時刻を表示
private static void Timer_Elapsed(
    object sender, System.Timers.ElapsedEventArgs e)
{
    // senderにはtimerオブジェクトが入っている
    // var timer = sender as System.Timers.Timer;
    // ElapsedEventArgsにイベント発生時刻SignalTimeが入っている
    DateTime signalTime = e.SignalTime;
    Console.WriteLine(
        $"Timer ThreadId:{Thread.CurrentThread.ManagedThreadId}"
            +$"({signalTime:HH:mm:ss}),");
}
```

⬇

```
Main ThreadId:1
... ... ...
... ... ...
Timer ThreadId:4(00:48:24),
Timer ThreadId:5(00:48:24),
... ... ...
```

スレッドを待機／再開させる

≫ System.Threading.AutoResetEvent、Thread

メソッド

AutoResetEvent	コンストラクタ
AutoResetEvent.WaitOne	他のスレッドが Set を呼び出すまで待機する
AutoResetEvent.Set	待機しているスレッドに待機解除を通知
Thread.Sleep	スレッドを指定時間の間停止

書式

```
public AutoResetEvent(bool initialState)
public virtual bool WaitOne(
  [int millisecondsTimeout[,bool exitContext]])
public virtual bool WaitOne(TimeSpan timeout,
  bool exitContext)
public bool Set()
public static void Sleep(int millisecondsTimeout)
public static void Sleep(TimeSpan timeout)
```

パラメータ

initialState: 初期状態(false で WaitOne を呼び出したスレッドを待機させる)

millisecondsTimeout,timeout: 待機する時間(ミリ秒)。省略時 -1(無制限に待機)

exitContext: 待機前の同期コンテキストを抜けるかどうか。省略時は false

AutoResetEvent クラスは、複数のスレッドで待機の制御を行う機能を提供します。

initialState が false(待機状態)の時に、WaitOne メソッドを呼び出したスレッドは、他のスレッドが Set メソッドを呼び出すまで待機します。Set を呼び出すとすぐに(待機状態)に戻ります。

他のスレッドの処理結果の利用など、依存関係がある場合に有用です。

Thread.Sleep メソッドは、指定した時間が経過するまでスレッドを停止します。

サンプル ▶ ThreadingAutoResetEvent.cs

```
static AutoResetEvent arEvent;
static int oddNumber = 0;
static int n = 10;
static void Main(string[] args)
{
    arEvent = new AutoResetEvent(false);
    Thread thread1 = new Thread(Dowork1);
    Thread thread2 = new Thread(Dowork2);
```

```
    thread1.Start();
    thread2.Start();
    while (thread1.ThreadState != ThreadState.Stopped)
    {
        Thread.Sleep(500);
        Console.WriteLine("...");
    }
}
static void Dowork1()
{
    for (int i = 1; i <= n; i++)
    {
        Console.WriteLine("Dowork1: 処理中 ");
        // 時間のかかる計算の代わりに Thread.Sleep
        Thread.Sleep(500);
        oddNumber = 2 * i - 1;
        Console.WriteLine($"Dowork1:{i} 番目の奇数 ={oddNumber}");
        // 待機解除を通知
        arEvent.Set();
        // このスレッドの処理が次の oddNumber の値を書き込む前に、
        // Dowork2 が動作できるようにこのスレッドをブロック
        Thread.Sleep(10);
    }
}
static void Dowork2() {
    int sum = 0;
    while (oddNumber<2*n-1)
    {
        Console.WriteLine("Dowork2: Dowork1 の処理待ち ");
        // Dowork1 が奇数を書き込むまで待機
        arEvent.WaitOne();
        sum += oddNumber;
        Console.WriteLine(
            $"Dowork2: 奇数 {oddNumber} までの奇数和 ={sum}");
        Console.WriteLine("-------------------");
    }
}
```

⬇

```
Dowork1: 処理中
Dowork2: Dowork1 の処理待ち
Dowork1:1 番目の奇数 =1
Dowork2: 奇数 1 までの奇数和 =1
(中略)
...
Dowork1:10 番目の奇数 =19
Dowork2: 奇数 19 までの奇数和 =100
```

非同期処理を作成して開始する

≫ System.Threading.Tasks.Task

メソッド

Task	非同期処理（コンストラクタ）
Start	タスクを開始

書式

```
public Task(Action action
  [,CancellationToken cancellationToken]
  [,TaskCreationOptions creationOptions]
)
public Task(Action<Object> action,Object state
  [,CancellationToken cancellationToken]
  [,TaskCreationOptions creationOptions]
)
public void Start( [TaskScheduler scheduler])
```

パラメータ

action: 非同期処理の内容を表すアクション
cancellationToken: キャンセル通知に使用するトークン
creationOptions: 非同期処理オプション
state: パラメータオブジェクト
scheduler: スケジューラー

Taskは非同期処理を表すオブジェクトを表します。コンストラクタの引数デリゲートに処理を記述します。値を返さない同期メソッドの非同期版を作成するとき、戻り値として使用します。StartメソッドはTaskの処理を開始します。キャンセルのしくみを導入することもできます。依存関係を指定することもできます。

サンプル ▶ **TaskStart.cs**

```
static void Main(string[] args)
{
    // HeavyWork1()は何らかの時間のかかる処理
    Task task = new Task(() => { SampleMethods.HeavyWork1();});
    // 非同期処理を開始
    task.Start();

    Console.WriteLine("タスクは別のスレッドで実行されています。");
    task.Wait();
    Console.WriteLine("完了しました。");
}
```

⬇

```
タスクは別のスレッドで実行されています。
完了しました。
```

参照 P.398「非同期処理の依存関係を指定する」
P.417「非同期処理をキャンセルする」

Column 複数スレッドで変数を共有する場合の注意

複数のスレッドでcount変数の値をインクリメントする以下のコードを考えます。

```
static int CountIntegers()
{
    int count = 0;
    var tasksQuery = Enumerable.Range(1, 10000)
        .Select(i => Task.Run(() =>{count++;}));
    Task.WaitAll(tasksQuery.ToArray());
    return count;
}
```

実行すると、期待される答えの10000にはほとんどなりません。この理由はたとえば、あるスレッドAがcountから値αを読み取り、別のスレッドBもαを読み取り、Aが$\alpha+1$を書き戻し、さらにBも$\alpha+1$を書き戻す(1しか増えない)といったことが起こるからです。

正しい結果を得るには、各スレッドのインクリメント処理の間は他のスレッドがアクセスできないようにする(排他制御する)必要があります。C#では、lockステートメントによって排他制御を簡潔に記述できます。lockでは共通のスコープにあらかじめ用意した参照型の任意の変数を指定して、排他が必要な範囲を囲みます。

```
static int CountIntegers()
{
    int count = 0;
    // ロックのためのオブジェクト
    var lockObj = new object();
    var tasksQuery = Enumerable.Range(1, 10000)
        .Select(i =>Task.Run(() =>{
                // インクリメントの間排他制御
                lock (lockObj) {
                    count++;
                }
    Task.WaitAll(tasksQuery.ToArray());
    return count;
  }
```

非同期処理から値を返す

≫ System.Threading.Tasks.Task<TResult>

メソッド

Task<TResult>	値を返す非同期処理（コンストラクタ）

プロパティ

Result	タスクの処理の戻り値

書式

```
public Task(Func<TResult> function
  [,CancellationToken cancellationToken]
  [,TaskCreationOptions creationOptions]
)
public Task(Func<Object, TResult> function,Object state
  [,CancellationToken cancellationToken
  [,TaskCreationOptions creationOptions
)
public TResult Result { get; }
```

パラメータ

function: 非同期処理の内容を表すメソッド
cancellationToken: キャンセル通知に使用するトークン
creationOptions: 非同期処理オプション
TResult: 戻り値の型
state: パラメータオブジェクト

Task<TResult>クラスはTaskクラスのジェネリック版であり、値を返すことのできる非同期処理を表します。値を返す同期メソッドの非同期版の戻り値として使用します。Taskクラスを継承しているので、Taskクラスのメソッドやプロパティを使用できます。型パラメータは戻り値の型を表します。非同期メソッド完了後、戻り値をResultプロパティで取得できます。ただし、非同期処理が完了していない場合、呼び出し元のスレッドをブロックして、完了を待機します。

サンプル ▶ **TaskTResult.cs**

```
static void Main(string[] args)
{
    // HeavyWork2() は何らかの時間のかかる処理
    Task<double> task = new Task<double>(() =>
    SampleMethods.HeavyWork2(10000000L));
    // 非同期処理を開始
    task.Start();
    Console.WriteLine("タスクは別のスレッドで実行されています。");
    while (!task.IsCompleted)
    {
        // タスクが完了するまでメインでは別の処理を行える
        Task.Delay(500).Wait();
        Console.Write(".");
    }
    // 結果を Result プロパティで取得
    double result = task.Result;
    Console.WriteLine("完了しました。");
    Console.WriteLine($"計算結果 ={result}");
}
```

⬇

```
タスクは別のスレッドで実行されています。
.......完了しました。
計算結果 =3.14175080233248
```

参考 async メソッドの中では、メインのスレッドをブロックせずに、await Task<TResult> で結果を取得するようにしてください。

参照 P.411「非同期処理の完了を待つ」

非同期処理の依存関係を指定する

≫ System.Threading.Tasks.Task

プロパティ

CreationOptions　タスク作成時のオプション

書式 ▶ `public TaskCreationOptions CreationOptions { get; }`

CreationOptionsプロパティは、タスク作成時にオプションを表します。オプションの設定は、Taskクラスのコンストラクタで行います。戻り値はTaskCreationOptions列挙値です。このうちAttachedToParentは、タスクに親子関係を設定します。親タスクはすべての子タスクの完了を待ってから完了できます。

▼TaskCreationOptions列挙体

値	説明
None	既定の動作
PreferFairness	なるべくスケジュール順どおりの実行
LongRunning	時間のかかる処理の時、他の処理を待たせないようスケジューラーに指示をする
AttachedToParent	タスクを生成した外側タスクを親とする。親は子タスクの完了を待ってから完了する
DenyChildAttach	親タスクとして指定されないようにする
HideScheduler	タスクが実行中のスケジューラーでなく既定のタスクスケジューラーを参照

サンプル ▶ **TaskTaskCreationOptions.cs**

```
static void Main(string[] args)
{
    // 親タスク
    var parentTask = new Task(() =>
        {
            // 入れ子になったタスク
            var nestedTask = new Task(() =>
                {
                    SampleMethods.HeavyWork2(5000000);
                    Console.WriteLine("入れ子タスク(A)完了");
                }
            );
            // 子タスク
            nestedTask.Start();
            // TaskCreationOptions.AttachedToParentを指定して
            // 子タスクとして作成
```

```
            var childTask = new Task(() =>
                {
                    SampleMethods.HeavyWork2(1000000);
                    Console.WriteLine(" 子タスク (B) 完了 ");
                }, TaskCreationOptions.AttachedToParent
            );
            childTask.Start();
        }
        // DenyChildAttach を指定すると子タスクの
        // AttachedToParent は無効になる
        // ,TaskCreationOptions.DenyChildAttach
        );
    parentTask.Start();
    while (!parentTask.IsCompleted)
    {
        // 完了を待つ
    }
    // 単なる入れ子タスクの場合、親タスクは入れ子タスクを待たない
    // 親子関係がある場合、親タスクは子タスクの完了を待ってから終了する
    Console.WriteLine(" 親タスク (C) 完了 ");
    // 入れ子タスク (A) を 3 秒は待つ（A は 3 秒以内に完了するとは限らない）
    Task.Delay(3000).Wait();
    // 一般に (A) に関しては、(B) より早く完了する場合も、
    // (B) と (C) の間の可能性もある。
}
```

```
子タスク (B) 完了
親タスク (C) 完了
入れ子タスク (A) 完了
```

参考　外部に公開したタスクを親として使用された場合、その子タスクが完了しない場合、親タスクも完了せずに問題になる可能性があります。そうならないようにするには、TaskCreationOptions.DenyChildAttachを使用します。そのタスクを親としようとすると、InvalidOperationException例外が発生します。

参考　非同期処理を含むコードのデバッグ時には、[タスク]ウィンドウを使用すると、タスクの実行期間や親子ビューなど、Taskの状態を把握できます。[タスク]ウィンドウは、デバッグ時にVisual Studioのメニューバーから[デバッグ]－[ウィンドウ]－[タスク]で開けます。

非同期処理が実行されるスレッドを限定する

≫ System.Threading.Tasks.TaskScheduler

メソッド

FromCurrentSynchronizationContext	UIスレッドのタスクスケジューラーを取得（GUIアプリ）

プロパティ

Current	現在のタスクスケジューラーを取得
Default	既定のタスクスケジューラーを取得

書式

```
public static TaskScheduler
  FromCurrentSynchronizationContext()
public static TaskScheduler Current { get; }
public static TaskScheduler Default { get; }
```

TaskSchedulerはタスクのスケジュールを制御するオブジェクトです。Taskのコンストラクタや、Task.Factory.StartNewメソッドで指定できます。デフォルトでは、スレッドプールのスレッドにタスクをスケジュールします。GUIアプリケーションでは、UIの更新は専用のUIスレッドでないとできないため、UIの更新タスクはFromCurrentSynchronizationContextメソッドで取得できるスケジューラーを指定する必要があります。一般に、重い処理はUIスレッドをブロックしないように非同期にスレッドプールのスレッドで行い、画面の更新はUIスレッドで行うようにする必要があります。

Currentプロパティは、現在のタスクスケジューラーを取得します。

Defaultプロパティは、既定のタスクスケジューラーを取得します。

サンプル ▶ **TaskSchedulerFromCurrentSynchronizationContext.cs**

```
private static void Button1_Click(object sender, RoutedEventArgs e)
{
    Task task = new Task(() =>
    {
        // デフォルトではTaskの非同期処理は
        // スレッドプールのスレッドで実行される
        // UIスレッド以外からのUIは更新できないため例外が発生する
        TextBox1.Text = "OK";
    });
    // 同期コンテキストから取得したタスクスケジューラーを
    // Startに渡すことで、UIスレッドで実行できるようになる
    TaskScheduler scheduler
        = TaskScheduler.FromCurrentSynchronizationContext();
    // 引数未指定だとTaskScheduler.Defaultになり例外が発生する
    task.Start(scheduler);
}
```

注意 このサンプルコードはGUI(WPF)アプリケーションのボタンクリックのハンドラーです。コンソールアプリケーションでは同期コンテクスト(UIスレッド)を使用しないため実行時エラーとなりますのでご注意ください。

参考 スレッドプールでの非同期処理の結果をUIに反映させる方法は他にもありますが、それらはGUIアプリケーションの種類によってコードが異なります。TaskSchedulerを使用する方法であれば、種類によらずに簡潔に記述できます。

Windows Formsアプリケーションの場合

```
private void button1_Click(object sender, EventArgs e)
{
    Task task = new Task(()=> {
        this.Invoke(new Action(()=> {
            textBox1.Text = "OK";
        }));
    });
    task.Start();
}
```

WPFアプリケーションの場合

```
private void Button1_Click(object sender,
RoutedEventArgs e)
{
    Task task = new Task(() => {
        this.Dispatcher.Invoke(() => {
            TextBox1.Text = "OK";
        });
    });
    task.Start();
}
```

非同期処理を行う

≫ System.Threading.Tasks.Task、TaskFactory

メソッド

Task.Run	タスクを作成して開始（簡易版）
TaskFactory.StartNew	タスクを作成して開始

書式

```
public static Task<TResult> Run<TResult>(
  Func<TResult> function
  [,CancellationToken cancellationToken]
)
public Task<TResult> StartNew<TResult>(
  Func<Object, TResult> function
  [,Object state]
  [,CancellationToken cancellationToken]
  [,TaskCreationOptions creationOptions]
  [,TaskScheduler scheduler]
)
```

パラメータ

function: 非同期処理の内容を表すメソッド
cancellationToken: キャンセル通知に使用するトークン
state: パラメータオブジェクト
TResult: 戻り値の型
creationOptions: 非同期処理オプション
scheduler: スケジューラー

Task.Runメソッド／TaskFactory.StartNewメソッドはタスクの作成と開始を1度に行います。Task.RunはTaskFactory.StartNewの簡易版です。

サンプル ▶ **TaskRun.cs**

```
static void Main(string[] args)
{
    Console.WriteLine("タスクを実行します。");
    // コンストラクタとStartメソッドを一度に呼び出す場合
    // RunまたはFactory.StartNew
    Task<double> task =
        Task.Run<double>(
        () => SampleMethods.HeavyWork2(10000000));
    // TaskCreationOptionsやTaskSchedulerを指定する場合は
    // Task.Factory.StartNewを使用する
    Task<double> task2 =
        Task.Factory.StartNew<double>(
        () => SampleMethods.HeavyWork2(15000000));
    // タスクが未完了の場合はResultプロパティは
    // メインスレッドをブロックする
    Console.WriteLine("task計算結果:{0}", task.Result);
    Console.WriteLine("task2計算結果:{0}", task2.Result);
}
```

```
タスクを実行します。
task計算結果:3.14099414992929
task2計算結果:3.14123037825965
```

参考 TaskCreationOptions／TaskSchedulerオブジェクトを引数にとって、諸設定を宣言できるコンストラクタもあります。

参照 P.394「非同期処理を作成して開始する」

非同期処理の状態を取得する

≫ System.Threading.Tasks.Task

プロパティ

Status	タスクの状態
IsCompleted	タスクが完了している場合 true
IsCanceled	タスクがキャンセル要求で完了している場合 true
IsFaulted	タスクが例外で完了している場合 true
Exception	IsFaulted が true の時の例外

書式

```
public TaskStatus Status { get; }
public bool IsCompleted { get; }
public bool IsCanceled { get; }
public bool IsFaulted { get; }
public AggregateException Exception { get; }
```

Statusプロパティは、タスクの状態を表します。戻り値は、TaskStatus列挙体で、以下の値があります。

▼TaskCreationOptions列挙体

値	説明
Created	まだスケジュールされていない状態
WaitingForActivation	スケジュールされていてアクティブ化待ち状態
WaitingToRun	スケジュールされていて実行待ち状態
Running	実行中状態
WaitingForChildrenToComplete	子タスクの完了待ち状態
RanToCompletion	正常に完了
Canceled	キャンセルされた
Faulted	ハンドルされていない例外のために終了した

サンプル ▶ **TaskTaskStatus.cs**

```
static void Main(string[] args)
{
    Console.WriteLine(" タスクステータスサンプル ");
    Task<string> task = new Task<string>(
        ()=> SampleMethods.GetFactors(2432902008176640008L));
    // ステータスを表示
    Console.WriteLine("A:{0}", task.Status);
    task.Start();
    Console.WriteLine("B:{0}", task.Status);
    while (!task.IsCompleted)
    {
        Task.Delay(1000).Wait();
        Console.WriteLine("C:{0}", task.Status);
    }
    Console.WriteLine("D:{0}", task.Status);
    // 正常終了した場合の結果表示
    if (task.Status == TaskStatus.RanToCompletion)
    {
        Console.WriteLine("task の結果 :{0}", task.Result);
    }
}
```

⬇

```
タスクステータスサンプル
A:Created
B:WaitingToRun
C:Running
(略)
C:Running
C:RanToCompletion
D:RanToCompletion
task の結果 :2^3*304112751022080001
```

参照 P.423「非同期処理の例外を処理する」

入れ子の非同期操作を解除する

≫ System.Threading.Tasks.Task<TResult>

拡張メソッド

Unwrap	非同期操作の入れ子を解除

書式

```
public static Task Unwrap(this Task<Task> task)
public static Task<TResult> Unwrap<TResult>(
  this Task<Task<TResult>> task
)
```

パラメータ task: 対象の入れ子タスク

入れ子になった非同期処理などで、戻り値がTask<Task<TResult>>のようになることがあります。UnWrapはこれを、想定されるTask<TResult>として扱えるようにします。

サンプル ▶ **TaskUnwrap.cs**

```
static void Main(string[] args)
{
    int n = 7000;
    var task = Task.Run<IEnumerable<int>>(() =>
        Enumerable.Range(1, n)
          .Select(m =>
            Enumerable.Range(1, m)
            .Count(k => SampleMethods.GCD(k, m) == 1)));
    var task2 = task.ContinueWith((task1) =>
            Task<int>.Run(() =>
            Math.Sqrt(3d * n * n / (double)task1.Result.Sum())));
    var unwraped_task2 = task2.Unwrap();
    unwraped_task2.Wait();
    // task2 は Task<Task<double>> 型であり待機しても double にならない
    Console.WriteLine("task2 の結果：{0}", task2.Result);
    Console.WriteLine("Unwrap した task2 の結果：{0}"
        , unwraped_task2.Result);
}
```

```
task2 の結果 :System.Threading.Tasks.Task`1[System.Double]
Unwrap した task2 の結果 :3.14149436571355
```

非同期処理完了後の継続処理を設定する

≫ System.Threading.Tasks.Task、ContinuationOptions

メソッド

ContinueWith　　継続タスクを指定

書式

```
public Task ContinueWith(
  Action<Task> continuationAction
  [,CancellationToken cancellationToken]
  [,TaskContinuationOptions continuationOptions]
  [,TaskScheduler scheduler]
)
public Task<TResult> ContinueWith<TResult>(
  Func<Task, TResult> continuationFunction
  [,CancellationToken cancellationToken]
  [,TaskContinuationOptions continuationOptions]
  [,TaskScheduler scheduler]
)
public Task ContinueWith(
  Action<Task, Object> continuationAction,
  Object state
  [,CancellationToken cancellationToken]
  [,TaskContinuationOptions continuationOptions]
  [,TaskScheduler scheduler]
)
public Task<TResult> ContinueWith<TResult>(
  Func<Task, Object, TResult> continuationFunction,
  Object state
  [,CancellationToken cancellationToken]
  [,TaskContinuationOptions continuationOptions]
  [,TaskScheduler scheduler]
)
```

パラメータ continuationAction: 継続で実行するメソッド(引数は元のタスク)
continuationFunction: 継続で実行するメソッド(引数は元のタスク)
cancellationToken: キャンセル通知に使用するトークン
continuationOptions: 継続オプション
scheduler: スケジューラー
state: 状態

ContinueWithメソッドは、タスク完了後に実行される別の非同期処理をスケジュールします。継続先では、継続元の結果を使用できます。引数には継続を制御するTaskContinuationOptions列挙値を指定できます。

▼TaskContinuationOptions列挙体の値

値	説明
None	既定の動作
PreferFairness	なるべくスケジュール順に実行されるようにする
LongRunning	時間のかかる処理の時に、他の処理を待たせないようスケジューラに指示
AttachedToParent	タスクを生成した外側タスクを親とする。親は子タスクの完了を待ってから完了
DenyChildAttach	親タスクとして指定されないようにする
HideScheduler	タスクが実行中のスケジューラーでなく既定のタスクスケジューラーを参照するようにする
LazyCancellation	キャンセルトークンを前のタスクの完了を待ってからチェック
NotOnRanToCompletion	前のタスクが完了まで実行された場合は、継続タスクをスケジュールしない
NotOnFaulted	前のタスクが例外で終了した場合は、継続タスクをスケジュールしない
NotOnCanceled	前のタスクが取り消された場合は、継続タスクをスケジュールしない
OnlyOnRanToCompletion	前のタスクが完了まで実行された場合のみ継続タスクをスケジュール
OnlyOnFaulted	前のタスクが例外で終了した場合のみ継続タスクをスケジュール
OnlyOnCanceled	前のタスクが取り消された場合のみ継続タスクをスケジュール
ExecuteSynchronously	継続タスクを同じスレッドで実行

サンプル ▶ **TaskContinueWith.cs**

```
static void Main(string[] args)
{
    Task<double> task =
        Task.Run<double>(() => SampleMethods.HeavyWork2(10000000));
    // タスクが完了した後に実行されるタスクを指定する
    task.ContinueWith((antecedent) =>
    {
        Console.WriteLine("taskの実行結果：{0}", antecedent.Result);
```

```
    },TaskScheduler.Default);
    // GUI アプリで、後続タスクで結果表示などで UI にアクセスする場合は
    // TaskScheduler.FromCurrentSynchronizationContext() が必要
    while (!task.IsCompleted)
    {
        Task.Delay(500).Wait();
        if (!task.IsCompleted) Console.WriteLine("...");
    }
}
```

参考 オプションを指定せずに、ContinueWithメソッドと同様の処理フローを実現するならば、awaitキーワードを使用するほうがより簡潔に記述できます。

参照 P.411「非同期処理の完了を待つ」

Column 完了通知のある非同期処理をTask<TResult>として提供する

外部コードにTask<TResult>を提供するプログラムを実装しているとします。一方、内部では指定した処理を別スレッドで実行し、完了時に結果を完了イベントハンドラー引数として通知するクラスMyWorkerを以下のように使っているとします。コンストラクタ引数WorkはFunc<int, string>型のメソッド(時間のかかる処理)とします。

サンプル ▶ **完了通知のある非同期処理のタスク化.cs**

```
var worker = new MyWorker<int, string>(Work);
worker.Completed += result => Console.WriteLine(result);
worker.Start(1);
```

このような場合に、外部に対してTask<TResult>を提供するには、TaskCompletionSourceクラスと、そのSetResultメソッドまたはTrySetResultメソッドを使用します。

```
public static Task<string> DoWorkTask(int i)
{
    var tcs = new TaskCompletionSource<string>();
    var worker = new MyWorker<int, string>(Work);
    worker.Completed += (result) => {
        tcs.SetResult(result);
    };
      worker.Start(i);
      return tcs.Task;
  }
```

指定時間後に完了するだけの処理を作成する

≫ System.Threading.Tasks.Task

メソッド

Delay	指定した時間経過後に完了する処理

書式

```
public static Task Delay(
  T delay
  [,CancellationToken cancellationToken]
)
```

パラメータ

T:int／TimeSpanのいずれか
delay:待機する時間(ミリ秒)
cancellationToken:キャンセル通知に使用するトークン

Delayメソッドは指定時間が経つと完了する非同期処理を作成／開始します。一定時間だけ待機するので、サンプルコードで重い非同期処理の代わりに使用されることもあります。

サンプル ▶ TaskDelay.cs

```
static void Main(string[] args)
{
    Console.WriteLine(" 開始 ");
    // 指定時間経過後に終了するタスクをスケジュールして開始
    Task task = Task.Delay(3000);
    task.ContinueWith((_) =>
    {
        Console.WriteLine("3 秒経過しました。");
    }, TaskScheduler.Current);
    while (!task.IsCompleted)
    {
        Task.Delay(1000).Wait();
        if (!task.IsCompleted) Console.WriteLine("...");
    }
}
```

⬇

```
開始
...
...
...
3 秒経過しました。
```

非同期処理の完了を待つ

≫ System.Threading.Tasks.Task

メソッド

Wait　　処理の完了を待機

キーワード

await　　非同期に処理の完了を待機

書式

```
public bool Wait(
  [,int millisecondsTimeout]
  [,CancellationToken cancellationToken]
)
await expression
```

パラメータ

millisecondsTimeout: タイムアウト(ミリ秒)
cancellationToken: キャンセル通知に使用するトークン
expression: 待機可能オブジェクト(Taskなど)

Waitメソッドはタスクの完了を待ちます。この際、呼び出し元のスレッドをブロックします。

awaitキーワードは、タスクの完了を待ちながら、さらに上位の呼び出し元に制御を返します。後続のコードが実行されるのは、タスクの完了後となります。後続のコードをContinueWithメソッドで指定するのと同じ処理フローです。

サンプル ▶ **TaskWait.cs**

```
static void Main(string[] args)
{
    Console.WriteLine("計算開始");
    Task<double> task = Task.Run<double>(
        () => SampleMethods.HeavyWork2(10000000));
    // 非同期メソッドの中では
    // double result = await task;
    // として、その後に後続処理を書ける
    task.Wait();
    double result = task.Result;
    Console.WriteLine("計算結果:{0}", result);
}
```

⬇

```
計算開始
計算結果:3.14161643012904
```

注意 awaitキーワードを含むメソッドは、asyncをつけた非同期メソッドにする必要があります。

参考 WaitメソッドやawaitキーワードはTask／Task<T>だけではなく、一定の条件を満たすクラスのオブジェクト(IntelliSenseで「待機可能」と表示される)で使用できます。

Column 条件によって完了済みタスクを返す

以下のように、時間のかかる処理を定義したTask.Runメソッド結果(スケジュール済みタスク)を返すメソッドを外部に公開しているとします。

```
static Task<string> GetHeavyWorkTask(long n)
{
    return Task.Run(() => GetFactors(n));
}
```

最初の実行で結果をキャッシュしている場合など、時間のかかる処理を行わずに結果を返せる場合もあります。その場合、Task.Runメソッドを呼び出すと、無駄なコストがかかります。このような場合のために、完了済みのタスクを返せるTask.FromResult(T)メソッドが用意されています。結果値なし完了タスクであるTask.CompletedTaskプロパティ、例外で完了したタスクを返すTask.FromExceptionメソッド、キャンセル済みタスクを返すTask.FromCanceledメソッドもあります。

```
Dictionary<long, string> cacheDictionary
    = new Dictionary<long, string>();
static Task<string> GetHeavyWorkTask(long n) {
    if (n <= 0)
        return Task.FromException<string>(
            new ArgumentException());
    if (cacheDictionary.ContainsKey(n))
        return Task.FromResult(cacheDictionary[n]);
    return Task.Run(() =>{
        string result = GetFactors(n);
        cacheDictionary.Add(n, result);
          return result;
      });
  }
```

複数の非同期処理すべての完了を待つ

≫ System.Threading.Tasks.Task

メソッド

WaitAll	指定したすべてのタスクの完了を待機(スレッドをブロックして待機)
WhenAll	指定したすべてのタスクの完了で「完了」となるタスクを作成

書式

```
public static bool WaitAll(Task[] tasks,
  [,int millisecondsTimeout]
  [,CancellationToken cancellationToken])
public static Task WhenAll(params Task[] tasks)
public static Task<TResult[]> WhenAll<TResult>(
  IEnumerable<Task<TResult>> tasks)
```

パラメータ

millisecondsTimeout: タイムアウト(ミリ秒)
cancellationToken: キャンセル通知に使用するトークン
tasks: 複数のタスク

WaitAllメソッドは、指定したすべてのタスクの完了をスレッドをブロックして待ちます。

WhenAllメソッドは、指定したすべてのタスクの完了後に「完了」となるタスクを作成します。awaitキーワードを付ければ、WaitAllメソッドと同様の待機を非同期にスレッドをブロックせずに行うことができます。

サンプル ▶ TaskWaitAll.cs

```
static void Main(string[] args)
{
    Console.WriteLine("Task.WaitAll サンプル開始 ");
    Task<double> task1 = Task.Run<double>(
        () => SampleMethods.HeavyWork2(10000000));
    Task<double> task2 = Task.Run<double>(
        () => SampleMethods.HeavyWork2(5000000));
    // 現在のスレッドをブロックして待つ
    Task.WaitAll(task1, task2);
    // 非同期メソッドの中では、await を使用してブロックせずに待つ
    // await Task.WhenAll(task1, task2);
    Console.WriteLine(" すべてのタスクが終了しました。");
    Console.WriteLine("task1 の結果 {0}", task1.Result);
    Console.WriteLine("task2 の結果 {0}", task2.Result);
}
```

複数の非同期処理いずれかの完了を待つ

≫ System.Threading.Tasks.Task

メソッド

WaitAny	指定したいずれかのタスクの完了を待機（スレッドをブロックして待機）
WhenAny	指定したいずれかのタスクの完了で「完了」となるタスクを作成

書式

```
public static int WaitAny(Task[] tasks
  [,int millisecondsTimeout]
  [,CancellationToken cancellationToken])
public static Task<Task> WhenAny(params Task[] tasks)
public static Task<Task<TResult>> WhenAny<TResult>(
  IEnumerable<Task<TResult>> tasks)
```

パラメータ

tasks: 複数のタスク
millisecondsTimeout: タイムアウト(ミリ秒)
cancellationToken: キャンセル通知に使用するトークン

WaitAnyメソッドは、指定したいずれかのタスクの完了を待ちます。スレッドをブロックして待ちます。

WhenAnyメソッドは、指定したいずれかのタスクの完了後に「完了」となるタスクを作成します。awaitキーワードを付ければ、WaitAnyメソッドと同様の待機を、非同期にスレッドをブロックせずに実現できます。

サンプル ▶ **TaskWaitAny.cs**

```
Console.WriteLine("Task.WaitAny サンプル開始 ");
Task<double> task1 = Task.Run<double>(
    () => SampleMethods.HeavyWork2(10000000));
Task<double> task2 = Task.Run<double>(
    () => SampleMethods.HeavyWork2(5000000));
// 現在のスレッドをブロックして待つ
Task.WaitAny(task1, task2);
// 非同期メソッドの中では、await を使用してブロックせずに待つ
// await Task.WhenAny(task1, task2);
Console.WriteLine("1 つのタスクが終了しました。");
// 完了していないタスクがあれば Result で待つことになる
Console.WriteLine("task2 の結果 {0}", task2.Result);
Console.WriteLine("task1 の結果 {0}", task1.Result);
```

参考 WhenAnyメソッドには、タイムアウト引数がありませんが、引数taskにTask.Delayを入れることでも、タイムアウトを実装できます。

制御を返し非同期に残りの処理を行う

≫ System.Threading.Tasks.Task

メソッド

Yield	呼び出し元に制御を返し残りの処理を非同期に再開

書式 `public static YieldAwaitable Yield()`

Yieldメソッドは、時間のかかる処理によりスレッドの占有が長引く可能性がある場合に、いったん占有を解放します。残りの処理は非同期に再開されます。

サンプル ▶ **TaskYield.cs**

```
static void Main(string[] args)
{
    Console.WriteLine("Yield を使用 ");
    Execute(true).Wait();
    Console.WriteLine("-------------------");
    Console.WriteLine("Yield を不使用 ");
    Execute(false).Wait();
}
static async Task Execute(bool useYield)
{
    Task<long> task = HeavyWorkAsync(3000000, useYield);
    while (!task.IsCompleted)
    {
        await Task.Delay(500);
        // 制御が戻ってきていればここを通る
        Console.Write(".");
    }
    Console.WriteLine();
    Console.WriteLine($" 計算結果 : {task.Result}");
}
static async Task<long> HeavyWorkAsync(long n, bool useYield)
{
    long count = 0;
    for (long i = 2; i <= n; i += (i > 2) ? 2 : 1)
    {
        if (useYield && (i - 1) % 10 == 0)
            await Task.Yield(); // 制御を呼び出し元に返す
        if (IsPrime(i))
            count++;
    }
    return count;
}
```

```
public static bool IsPrime(long i)
{
    if (i < 2) return false;
    long j;
    for (j = 2; j * j <= i; j += (j > 2) ? 2 : 1)
    {
        if (i % j == 0)
        {
            break;
        }
    }
    return (j * j > i);
}
```

⬇

```
Yieldを使用
........
計算結果:216816
--------------------
Yieldを不使用

計算結果:216816
```


Column 並列スタックウィンドウ

並列スタックウィンドウでは、スレッドやタスクの呼び出し履歴が確認できます。このウィンドウを開くには、ソースコードのタスクを実行しているところにブレークポイントを置き、デバッグを開始して、その位置に来た時に、Visual Studioのメニューバーから[デバッグ]-[ウィンドウ]-[並列スタック]を選択します。左上の[スレッド]/[タスク]ボックスでスレッドビューとタスクビューを切り替えることができます。黄色い矢印が現在実行中のメソッドのスタックフレームを表します。マウスオーバーすると、スレッドやタスクの状態を表示します。

▼並列スタックウィンドウ－タスクビュー

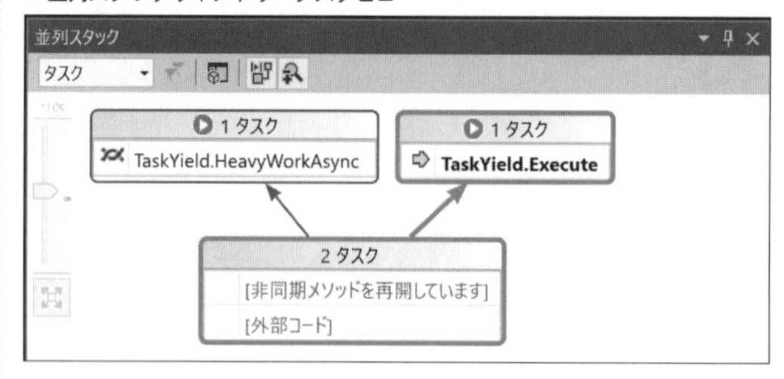

非同期処理をキャンセルする

≫ System.Threading.CancellationTokenSource、CancellationToken

メソッド

CancellationTokenSource	取り消しの通知オブジェクト(コンストラクタ)
CancellationTokenSource.Cancel	取り消しを要求
CancellationToken.ThrowIfCancellationRequested	処理を停止

プロパティ

CancellationTokenSource.Token	取り消しトークン
CancellationToken.IsCancellationRequested	取り消し要求されたか

書式

```
public CancellationTokenSource(
  [int millisecondsDelay])
public CancellationTokenSource(TimeSpan delay)
public void Cancel([bool throwOnFirstException])
public void ThrowIfCancellationRequested()
public CancellationToken Token { get; }
public bool CancellationToken.IsCancellationRequested
  { get; }
```

パラメータ

millisecondsDelay: 開始遅延時間
delay: 開始遅延時間
throwOnFirstException: 最初の例外で例外をスローするか

　タスクをキャンセルできるようにするにはCancellationTokenSourceオブジェクトを生成して、関連づいたCancellationTokenSource.Tokenプロパティをタスクに設定します。

　CancellationTokenSourceのCancelメソッドで、キャンセルをタスクに通知します。タスク側では、CancellationToken構造体のIsCancellationRequestedプロパティや、ThrowIfCancellationRequestedメソッドを利用することで、キャンセルを検出して、OperationCanceledException例外を発生させる(＝処理を停止する)ことができます。

サンプル ▶ **CancellationTokenSourceCancel.cs**

```
static CancellationTokenSource cts = null;
static void Main(string[] args)
{
    Console.WriteLine("キー入力で処理を停止できます。");
    var mainTask = ExecuteAsync();
    // キー入力待ち
    Task.Run(() => {
        Console.ReadKey(true);
        // キーが押された場合タスクのキャンセルを要求する
        cts.Cancel();
    });
    mainTask.Wait();
}

private async static Task ExecuteAsync()
{
    cts = new CancellationTokenSource();
    Task task = HeavyWorkCancellableAsync(
        1000000000000000000L,100,cts.Token);
    try
    {
        await task;
    }
    catch (OperationCanceledException ex)
    {
        Console.WriteLine("キャンセルされました。");
        Console.WriteLine(ex.Message);
        Console.WriteLine(task.Status);
    }
}

// キャンセル可能な非同期処理
static async Task HeavyWorkCancellableAsync(
    long start, long count,CancellationToken token)
{
    for (long i = start; i < start + count; i++)
    {
        // キャンセルが要求された場合に
        // OperationCanceledException をスロー
        token.ThrowIfCancellationRequested();
        Console.WriteLine("{0} = {1}",
            i,
            await GetFactorsAsync(i,token));
    }
}
```

```
// 非同期版、キャンセル可能
public static async Task<string> GetFactorsAsync(
    long n, CancellationToken token)
{
    return await Task.Run(() => {
        var sb = new StringBuilder();
        if (n <= 2) sb.Append(n);
        long d = 2;
        while (n > 2)
        {
            // キャンセルが要求された場合に
            // OperationCanceledException をスロー
            token.ThrowIfCancellationRequested();
            int i = 0;
            if (n < d * d) { sb.Append(n); break; }
            else while (n % d == 0) { n /= d; i++; }
            if (i > 0) sb.Append(d);
            if (i > 1) sb.AppendFormat("^{0}", i);
            if (i > 0 && n > 2) sb.Append("*");
            d = d > 2 ? d + 2 : 3;
        }
        return sb.ToString();
    });
}
```

```
キー入力で処理を停止できます。
100000000000000000 = 2^17*5^17
100000000000000001 = 11*103*4013*21993833369
100000000000000002 = 2*3*7*61*65701*594085421
(任意のキーを入力)
キャンセルされました。
操作は取り消されました。
Canceled
```

注意 同期メソッドからの非同期メソッドをWaitメソッドで待機している場合、それを囲むtry～catchで直接取得できる例外はAggregateExceptionになります。個々のタスクで発生したOperationCanceledExceptionなどの例外は、AggregateExceptionオブジェクトの内部に格納されています。

参照 P.423「非同期処理の例外を処理する」

非同期処理の進行状況を報告する

≫ System.IProgress<T>、System.Progress<T>

メソッド

Progress<T>	進行状況（コンストラクタ）
Report	進行状況の変更を通知

イベント

Progress<T>.ProgressChanged	進行状況の報告があった時

書式

```
public Progress(
  [Action<T> handler]
)
void IProgress<T>.Report(
  T value
)
public event EventHandler<T> ProgressChanged
```

パラメータ

T: 進捗状況の値の型
handler: 報告を受け取った時の処理
value: 進捗状況の値

非同期処理の進行状況を呼び出し元に報告するには、Progress<T>オブジェクトを使用します。Progress<T>オブジェクトには報告を受けた時のハンドラーをあらかじめ設定しておきます。このハンドラーは、設定時の同期コンテキストで実行されます。

進行状況は、非同期メソッド側でReportメソッドを呼び出すことで報告できます。

報告を受けた時にProgressChangedイベントが発生するので、ハンドラーをこちらに設定することもできます。

サンプル ▶ **ProgressReport.cs**

```
static void Main(string[] args)
{
    var cts = new CancellationTokenSource();
    // System.Progress<T> オブジェクト
    // 報告を受け取った時の処理
    var progress = new Progress<byte>(p =>
    {
        statusLine = $"{p:0}%";
        if (p == 100) {
            statusLine += " 完了 "; UpdateConsole(); }
    });
    // ProgressChanged ハンドラーに追加も可能
    // progress.ProgressChanged += (sender,p)=> { ... };
    var mainTask = HeavyWorkWithProgressAsync(
        100000000000, 10000, cts.Token, progress);
    Task.Run(() => {
        Console.ReadKey(true);
        cts.Cancel();
    });
    while (!mainTask.IsCompleted)
    {
        UpdateConsole();
        Task.Delay(250).Wait();
    }
}

private async static Task HeavyWorkWithProgressAsync(
    long start, long n,
    CancellationToken token,
    IProgress<byte> progress)
{
    try
    {
        byte interval = 1;
        for (long i = start; i <= start + n; i++)
        {
            token.ThrowIfCancellationRequested();
            if ((i - start) % (n * interval / 100) == 0)
            {
                // 進捗を報告する
                progress.Report((byte)((i - start) * 100 / n));
            }
            WriteLine("{0} = {1}",
                i,
                await SampleMethods.GetFactorsAsync(i, token));
        }
```

```
    }
    catch (OperationCanceledException ex)
    {
        Console.WriteLine(ex.Message);
    }
}
// コンソールの１行目にステータス表示用バッファ
static string statusLine = string.Empty;
// 出力用のバッファ
static List<string> output = new List<string>();
// バッファへの出力
static void WriteLine(string format, params object[] args)
{
    while (output.Count > Console.WindowHeight - 3)
    {
        output.RemoveAt(0);
    }
    output.Add(string.Format(format, args));
}
// ステータス行とバッファをコンソールに出力
private static void UpdateConsole()
{
    Console.Clear();
    Console.WriteLine(statusLine);
    for (int i = 0; i < output.Count; i++)
    {
        Console.WriteLine(output[i]);
    }
}
```

⬇

```
100% 完了
100000009973 = 53*859*2196499
100000009974 = 2*3*29*223*2577187
(中略)
100000009998 = 2*3^3*7*569*464939
100000009999 = 19*5263158421
100000010000 = 2^4*5^4*11*909091
```

6
非同期処理

非同期処理の例外を処理する

≫ System.AggregateException

メソッド

Flatten	内部例外ツリーを平坦化
Handle	内部例外を処理

プロパティ

InnerExceptions	内部例外コレクション

書式
```
public AggregateException Flatten()
public void Handle(Func<Exception, bool> predicate)
public ReadOnlyCollection<Exception> InnerExceptions
  { get; }
```

パラメータ predicate: 例外処理（戻り値は処理済みならtrue）

AggregateExceptionオブジェクトは、TaskクラスのExceptionプロパティ、もしくは、Wait／WaitAny／WaitAllメソッドを囲むtryブロックに対応したcatch文で取得できます。InnerExceptionsプロパティで例外の原因となった例外のコレクションを表します。入れ子になったタスクで発生した例外は、InnerExceptionsの入れ子で表現されます。Flattenメソッドは、InnerExceptionsのすべての下位の内部例外をフラットにします。

Handleメソッドは、InnerExceptionsの内部例外を、引数で指定したメソッドを用いて、処理をします。

サンプル ▶ **AggregateExceptionFlatten.cs**

```
static void Main(string[] args)
{
    // 入れ子を含むタスクを実行
    Task t1 = Task.Run(() =>
    {
        Task t1_1 = Task.Run(() =>
        {
            throw new Exception("t1_1 で例外 ");
        });
        Task t1_2 = Task.Run(() =>
        {
            throw new Exception("t1_2 で例外 ");
        });
        Task.WaitAll(t1_1, t1_2);
    });
    // もう 1 つのタスクを実行
```

```
    Task t2 = Task.Run(() => { throw new Exception("t2で例外"); });
    try
    {
        // すべてのタスクの完了を待機
        Task.WaitAll(t1, t2);
    }
    catch (AggregateException ae)
    {
        // 各非同期処理のスレッドで例外処理しなかった例外を
        // フラットにして、例外メッセージを表示
        // 例外処理済みとして true を返す
        ae.Flatten().Handle((ex) =>
        {
            Console.WriteLine(ex.Message);
            return true;
        });
    }
}
```

↓

```
t2で例外
t1_1で例外
t1_2で例外
```

注意 非同期メソッドで他の非同期メソッドを、Task.WaitAll等ではなくawait Task.WhenAll等で待機した場合は、最初に発生した例外がスローされます。その例外は、AggregateExceptionとは限らないので注意してください。通常の例外処理と同様、処理できる場合のみ、発生する箇所にtry~catch~finallyを記述して、適切に対応する必要があります。
一方、同期メソッドから非同期メソッドをWait系メソッドやResultプロパティで待機した場合は、非同期メソッドで例外が起きるとAggregateExceptionとなってしまうので、呼び出し側のtry~catchの個別の例外のcatchで直接振り分けることはできません。呼び出し側で、Task.Wait()やTask.Resultの代わりに、Task.GetAwaiter().GetResult()を使用して完了を待つと、最初に発生した例外が直接catchできます。

注意 async void非同期メソッドの場合は、例外が発生した場合も呼び出し側でcatchできません。例外を捕捉できるようにするために、非同期メソッドはTaskかTask<T>を戻り値とする必要があります。

注意 TaskのIsCompletedプロパティがfalseの間のループでタスク完了を待った場合は、例外が発生してもスローされず、呼び出し側のcatchできません。この場合、Task.StatusプロパティがFaultedになっており、Task.Exceptionプロパティに例外が格納されています。

参考 Visual Studioのメニューの[デバッグ]-[オプション]から開く、設定の[デバッグ]-[全般]-[マイコードのみを有効にする]のチェックがオンになっていると、[デバッグの開始(F5)]で実行した場合、各例外発生のたびに[ユーザーが処理してない例外]ダイアログが表示され、デバッガが一時停止します。[続行(F5)]で実行することもできますが、煩雑な場合は、オフにしてください。

カウンターによるループを並列処理で実行する

» System.Threading.Tasks.Parallel

メソッド

For　　整数カウンターによるループの並列化

書式 Parallel.For(int fromInclusive,int toExclusive,
[ParallelOptions parallelOptions,] Action<int> body);

パラメータ fromInclusive: ループカウンターの初期値
toExclusive: ループを終了するカウンターの値(この値のときは実行しない)
body: ループの1ステップの処理
parallelOptions: ループオプション

forループで行う処理を可能ならば並列実行します。各ループカウンタごとに独立して実行できる処理で使用できます。処理の順序に依存するコードは想定外の結果になる可能性があります。

必ずしも並列処理で実行されるわけではありません。

parallelOptionsに指定するParallelOptionsのプロパティは以下の表のとおりです。

▼ParallelOptionsのプロパティ

プロパティ名	説明
CancellationToken	キャンセルトークン(外側からキャンセルできる)
MaxDegreeOfParallelism	同時実行タスクの最大数(既定：-1で制限なしを意味する。実際にはEnvironment.ProcessorCount)
TaskScheduler	タスクスケジューラー

スケジューラーは例えば、Windowsフォームアプリ、WPFアプリで、Parallel.Forループの中から、UI要素にアクセスする場合、TaskScheduler.FromCurrentSynchronizationContext()を指定しないと、例外が発生します。P.400「非同期処理が実行されるスレッドを限定する」も参照して下さい。

サンプル ▶ ParallelFor.cs

```
var start = 1000000000000000000L;
var count = 100;
var task = Task.Run(() =>
{
    var results = new string[count + 1];
    var sw = Stopwatch.StartNew();
    // 並列処理
```

```
        Parallel.For(0, count, i =>
        {
            var x = start + i;
            results[i] = $"{x}={CommonMethods.GetFactors(x)}";
        });
        sw.Stop();
        results[count] = $"経過時間 :{sw.ElapsedMilliseconds} ms";
        return results;
    });
    // 進行状態表示（計算中は「.」を表示し、処理結果を表示する）
    CommonMethods.ShowProgress(task);
```

```
処理開始
.....
…中略…
100000000000000098=2*3^2*23*241545893719807
100000000000000099=100000000000000099
経過時間 :5741 ms
```

参照 P.417「非同期処理をキャンセルする」

列挙子によるループを並列処理で実行する

≫ System.Threading.Tasks.Parallel

メソッド

ForEach　　IEnumerable<T> によるループの並列化

書式 ▶ ForEach<TSource>(IEnumerable<TSource> source, [ParallelOptions parallelOptions,] Action<TSource> body);

パラメータ ▶ source: IEnumerable<T> シーケンス
parallelOptions: ループオプション(P.425)
body: シーケンスの要素を引数とした、ループの1ステップの処理

foreachループで行う処理を可能ならば並列実行します。シーケンスの要素ごとに独立して実行できる処理で使用できます。順序に依存するコードでは実行できないか想定外の結果になる可能性があります。

必ずしも並列処理で実行されるわけではありません。

サンプル ▶ **ParallelForEach.cs**

```
var start = 100000000000000000L;
var count = 100;
var indexes = Enumerable.Range(0, count);
var task = Task.Run(() =>
{
    var results = new string[count + 1];
    var sw = Stopwatch.StartNew();
    // 並列処理
    Parallel.ForEach(indexes, i =>
    {
        var x = start + i;
        results[i] = $"{x}={CommonMethods.GetFactors(x)}";
    });
    sw.Stop();
    results[count] = $"経過時間:{sw.ElapsedMilliseconds} ms";
    return results;
});
// 進行状態表示（計算中は「.」を表示し、処理結果を表示する）
CommonMethods.ShowProgress(task);
```

⬇

```
…前略…
100000000000000098=2*3^2*23*241545893719807
100000000000000099=100000000000000099
経過時間:4802 ms
```

6 非同期処理

PLINQ式で処理を実行する

≫ System.Collections.Generic.IEnumerable<T>, System.Linq.ParallelEnumerable

メソッド

AsParallel	クエリの並列化
ParallelEnumerableのメソッド	Enumerableにあるメソッドと同等の並列版メソッド

書式

```
public static ParallelQuery AsParallel (this IEnumerable source);
```

拡張メソッド
source.AsParallel()とインスタンスメソッドのように使用する

パラメータ source:IEnumerable<T>シーケンス

LINQクエリを並列化します。要素ごとに並列にLINQクエリを適用します。スレッドセーフでないコレクションで意図しない別スレッドによる上書きなどの競合や不整合にご注意ください。

スレッドへの分割などのオーバーヘッドなどのため必ずしも速くなりませんので、PLINQを使用しない場合との実行速度の比較をおすすめします。既定では結果のデータの順序は保証されません。

サンプル ▶ **ParallelEnumerableAsParallel.cs**

```
    var start = 100000000000000000L;
    var count = 100;
    var indexes = Enumerable.Range(0, count);
    var task = Task.Run(() =>
    {
        var sw = Stopwatch.StartNew();
        //PLINQ 並列処理 (AsParallel() をコメントアウトすると直列処理になる)
        //PLINQ を使用したからといって必ずしも速いとは限らないため確認が必要
        // 順序保存が必要な場合や競合・不整合に注意
        var list = indexes
            .AsParallel()
            .Select(i => start + i)
            .Select(x => $"{x}={GetFactors(x)}")
            .ToList();
        sw.Stop();
        list.Add($" 経過時間 :{sw.ElapsedMilliseconds} ms");
        return list;
    });

    Console.WriteLine(" 処理開始 ");
    // 処理中は . を表示
    while (!task.IsCompleted)
    {
        Task.Delay(1000).Wait();
        Console.Write(".");
    }
    Console.WriteLine();
    foreach (var str in task.Result)
    {
        Console.WriteLine(str);
    }
…後略…
```

↓

```
処理開始
.....
100000000000000000=2^17*5^17
100000000000000001=11*103*4013*21993833369
100000000000000002=2*3*7*61*65701*594085421
…中略…
100000000000000097=2311*6203*6975868309
100000000000000098=2*3^2*23*241545893719807
100000000000000099=100000000000000099
経過時間 :5052 ms
```

6 非同期処理

データフローで処理を実行する

≫ System.Threading.Tasks.Dataflow.TransformBlock<TInput,TOutput>

メソッド

LinkTo	ブロックを指定したブロックに接続する
Post	データを投入する
SendAsync	データを投入する（非同期版）
Complete	データを投入の完了を通知する（入力待ちにならないようにする）

プロパティ

Completion	ブロックの処理の完了を待機するTaskオブジェクト

書式

```
public IDisposable LinkTo (ITargetBlock<TOutput> target,
  DataflowLinkOptions linkOptions); bool Post<TInput> (this
  ITargetBlock<TInput> target, TInput item)    拡張メソッド
Task<bool> SendAsync<TInput> (this ITargetBlock<TInput>
  target, TInput item, System.Threading.CancellationToken
  cancellationToken)                            拡張メソッド
public void Complete ();
public Task Completion { get; }
```

パラメータ

target:(ITargetBlock<TOutput>)次のデータフローブロック
target:(ITargetBlock<TInput>)データフローブブロック自身
item: 投入するデータ
cancellationToken: キャンセルトークン

TPLデータフロー(Task Parallel Library Data Flow)の仕組みを利用することで、処理を独立して実行できるブロックという単位に分割できます。ブロック間のデータの受け渡しを指定することで、効率的に並列処理を行うことができます。非同期に複数のデータを入力をもとにして、処理結果の取得・目的の最終処理を実行したい場合に利用できる機能です。

▼データフロー

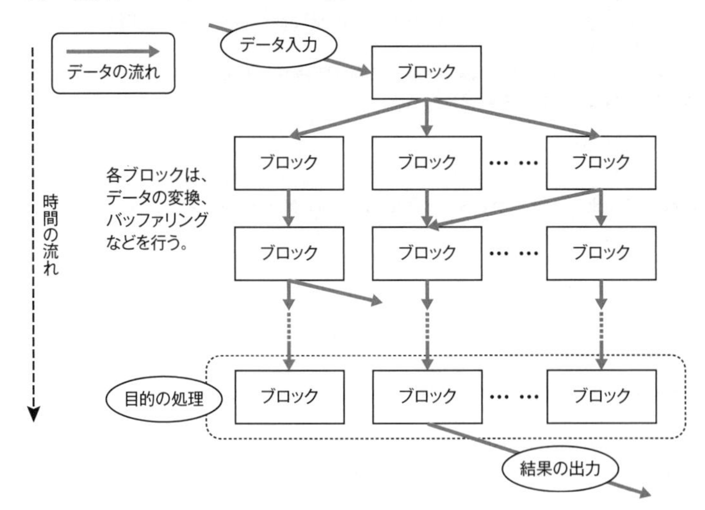

各ブロックは、入出力データの型とメソッド呼び出しやデリゲート、ラムダ式を記述したものをオブジェクトとして作成します。LinkTo()メソッドで出力を渡す次のブロックのオブジェクトを指定(接続)することで、実行時のデータフローを定義します。ブロック／データごとに独立した処理を記述することで複数データの処理を非同期・並列処理が実現できます。

コードとしてはブロック間を接続した後に記述しますが、実行時に最初のブロックに入力データを投入をPost()／SendAsync()メソッドで行います。ブロックの処理が終わると結果データは次のブロックが入力データとなります。これを次々に繰り返すことで、全体の処理(パイプライン)を構成します。データの投入は非同期に複数回可能です。投入の完了をComplete()メソッドで知らせることができます。すべての処理の完了を待機するには、最後のブロックの処理をCompletionタスクで待機します。

サンプル ▶ DataflowBlockLinkTo.cs

```
// ブロックを定義する
// フォルダーの PNG ファイルを列挙するブロック
var enumerateBlock = new TransformBlock<string, IEnumerable<FileInfo>>(
  folderPath => {
    var dir = new DirectoryInfo(folderPath);
    return dir.EnumerateFiles("*.png")
        .AsParallel();
  });

// 画像ファイルから新しい画像を作成するブロック (Convert() メソッドは別の場所で定義している)
```

```
// 別で定義している ImageDataWithName クラスは画像データと名前の組
var convertManyBlock = new TransformManyBlock<IEnumerable<FileInfo>,
ImageDataWithName>(files =>
    files.Select(file => new ImageDataWithName() { Data = Convert(file.
OpenRead()), Name = file.Name })
);

// ファイルをフォルダーに保存するブロック (SaveImage は別の場所に定義している )
var saveFileBlock = new ActionBlock<ImageDataWithName>(img =>
{
   SaveImage(img.Data, Path.Combine(destPath, img.Name));
});


// ブロックの完了を次のブロックに伝搬するようにする
var linkOptions = new DataflowLinkOptions { PropagateCompletion = true };
// ブロックを接続する
enumerateBlock.LinkTo(convertManyBlock, linkOptions);
convertManyBlock.LinkTo(saveFileBlock, linkOptions);

// 時間計測
// 同じ処理のコードを Dataflow を使用せずに書いてどちらが効率的かを比較・確認を
推奨
var sw = Stopwatch.StartNew();

// データ投入を開始
enumerateBlock.Post(srcPath);
// データ投入を完了とする
enumerateBlock.Complete();
// 完了を待機
saveFileBlock.Completion.Wait();

sw.Stop();

Console.WriteLine($"処理が完了しました。処理時間：{sw.ElapsedMilliseconds}
ms");
```

⬇

```
処理が完了しました。処理時間：7787 ms
```

Chapter 7

データベースアクセス

概要

本章では、**ADO.NET**を利用して、C#アプリケーションからデータベースにアクセスする方法を説明します。

ADO.NETとは、.NETにおいて、データベースへのアクセスを担当するAPIです。アプリケーションとデータベースの中間に位置し、.NETアプリケーションからの命令を、データベースに応じた形に変更することができます。ADO.NETのAPIは主にSystem.Data名前空間とそのサブ名前空間で定義されています。

データベースアクセス技術

.NETで、データベースを操作するための方法について解説します。

(1) 接続型データアクセス(データプロバイダー)

接続型データアクセスは、旧来からあるデータベースアクセスの手順をモデル化したAPIです。主に、物理的なデータベース接続を表すConnectionオブジェクト、クエリを表すCommandオブジェクト、結果データを読み取る機能を提供するDataReaderオブジェクトなどから構成されます。

これらのクラスは、接続先のデータベースごとに.NET Data Provider(**データプロバイダー**)として提供されています。本書では、データベースとしてSQL Serverを利用しますので、.NET Data Provider for SQL Server(Microsoft.Data.SqlClient名前空間)を使用します。他のデータベース製品を使用する場合も、データプロバイダーを差し替えることで、Connectionオブジェクト、Commandオブジェクト、DataReaderオブジェクトによる同様のデータアクセスを実現できます。

参考 データプロバイダーは、Nugetパッケージとして取得できます。[ツール]メニューの[NuGetパッケージマネージャー] - [パッケージマネージャーコンソール]より[パッケージマネージャーコンソール]ウィンドウを表示し、以下のコマンドを入力してください。

```
Install-Package Microsoft.Data.SqlClient
```

▼ADO.NETと.NET Data Provider

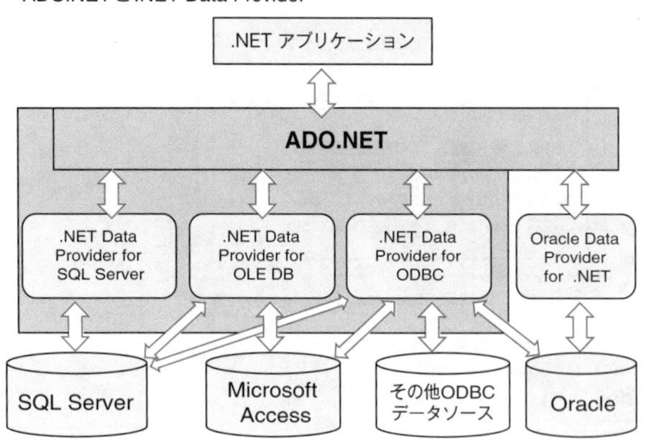

(2) 非接続型データアクセス

非接続型データアクセスでは、データベースから取得したデータを、いったんアプリケーションのメモリ(データセット)にコピーした上で操作します。

データベースからデータセットを生成、あるいはデータセットの更新をデータベースに書き戻す時にのみ、接続を開きます。プログラムからのデータアクセス自体はオフラインで実行することから、非接続型と呼ばれます。データセットは表の集合をモデル化したもので、そのままDTO(コンポーネント間でデータの受け渡しに使用するオブジェクト)として利用できます。データセットが複数個のデータテーブルを持っていて、データテーブルは複数個のデータレコードを持っています。

データセットとデータソースの間のデータをやり取りするには、データアダプターというオブジェクトを使用します。GUIアプリでは、データ表示用のコントロールにデータセット、データテーブルを渡すことで、取得したデータを簡単に表示できます。

▼接続型データアクセスと非接続型データアクセス

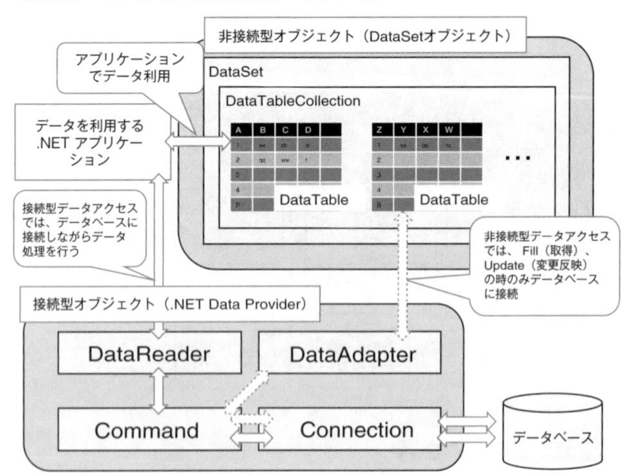

(3) Entity Framework Core

オブジェクト指向言語におけるデータ構造と、リレーショナルデータベースの表モデルはまったく異なるものです。このため、従来のデータアクセス処理では、プログラム側でマッピングコードを記述するなどして、その差異を吸収する必要がありました。

Entity Framework Core（以降、EF Core）では、アプリケーションで扱うデータをエンティティとして定義することで、こうしたマッピングをアプリケーション側で意識しなくても良いようにしています。Entity Frameworkにおけるエンティティの定義（データモデル）のことを、**Entity Data Model**と言います。

本章後半ではEF Coreを使用してデータモデルを作成します。SQL Serverのデータアクセスに EF Coreを使用するには、Entity Framework Coreと、Microsoft SQL Server database provider for Entity Framework Coreが必要です。

2024年1月時点では8.0[2023年11月公開]が最新です。Nugetパッケージとして追加インストールする必要があります。

また、作成したデータモデルにアクセスする方法としてはEntity SQLとLINQ to Entityがありますが、本書では「C#の言語要素として統合されていて、IDEのコーディングサポートも利用できる」という理由からLINQ to Entityを使用します。

▼EF Coreによるデータアクセス

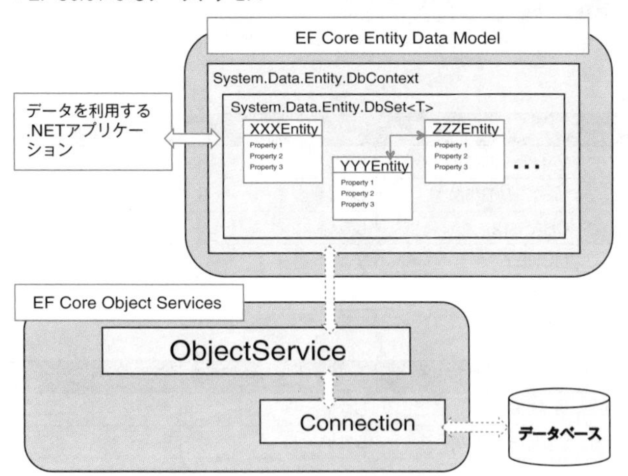


```
Install-Package Microsoft.EntityFrameworkCore
Install-Package Microsoft.EntityFrameworkCore.SqlServer
```

トランザクション制御

トランザクションとは、複数回のデータベースアクセス処理を1つにまとめた単位です。関連づけた処理がすべて成功となるときのみ、変更を確定(コミット)し、関連づけた処理のうち1つでも失敗した場合には、不整合が起きないように関連づけたすべての処理による変更を実行する前の状態に戻す(ロールバック)仕組みを提供します。

本章ではSqlTransactionオブジェクトによる**ローカルトランザクション**と、TransactionScopeによるトランザクション制御を紹介します。ローカルトランザクションでは、複数のデータベースを1つのトランザクションで扱う分散トランザクションを実現できません。TransactionScopeでは、対象のデータベースが1つでも複数でも同じコードで記述できるのが特長です。

本章で使用するデータベース

本章で使用するデータベースのテーブルレイアウトは、以下のとおりです。

▼booksテーブル

列名	データ型	NULL許容	キー
BOOK_ID	VARCHAR(6)	しない	主キー
TITLE	VARCHAR(80)	しない	—
TYPE	CHAR(12)	しない	—
PRICE	MONEY	する	—
PUBDATE	DATETIME	しない	—

▼authorsテーブル

列名	データ型	NULL許容	キー
AUTHOR_ID	VARCHAR(2)	しない	主キー
NAME	VARCHAR(80)	しない	—

▼bookauthorテーブル

列名	データ型	NULL許容	キー
AUTHOR_ID	VARCHAR(2)	しない	外部キーauthors
BOOK_ID	VARCHAR(6)	しない	外部キーbooks

エクスプローラーでターミナルを開き、createSampleDB.sqlのあるフォルダーで以下のSQL Server標準のsqlcmdコマンドを実行してください。createSampleDB.sqlで作成されるものは、この後の項で使用します。createGetBooksWithinBudget.sqlで作成されるものは、「ストアドプロシージャを実行する」で使用します。createAddBook.sqlで作成されるものは、「ストアドプロシージャでパラメータを使用する」で使用します。

サンプル ▶ createSampleDB.sqlの実行

```
sqlcmd -S "(local)¥SQLEXPRESS" -i createSampleDB.sql
sqlcmd -S "(local)¥SQLEXPRESS" -i createGetBooksWithinBudget.sql
sqlcmd -S "(local)¥SQLEXPRESS" -i createAddBook.sql
```

注意 本章のサンプルでは、繰り返しを避けるために省略している部分があります。接続文字列については、P.439、P.443を参照してください。
本章後半のLINQ to Entitiesのサンプルのエンティティクラス、コンテキストクラスの定義については、P.466、P.469を参照してください。

データベースに接続／切断する

» Microsoft.Data.SqlClient.SqlConnection

メソッド

SqlConnection	接続オブジェクト（コンストラクタ）
Open	接続を開く
Close	切断する

書式

```
public SqlConnection(string connectionString)
public override void Open()
public override void Close()
```

パラメータ connectionString: 接続文字列

例外

InvalidOperationException	開いた状態でOpenを呼び出すと発生

SqlConnectionクラスはデータベースへの接続を表します。Openメソッドは接続を確立します。Closeメソッドで接続を終了します。

コンストラクタの引数connectionStringには、接続の必要な情報(接続文字列)を指定します。接続文字列は「キーワード=値;…」の形式で指定できます。利用可能なキーワードは以下のとおりです。

▼接続文字列の主なキーワード

キーワード	エイリアス	概要
Data Source	Server	SQL Serverのインスタンス名前。(ホスト名)¥(インスタンス名)
Initial Catalog	Database	データベース名
User ID	UID	ユーザーID
Password	PWD	パスワード
Integrated Security	Trusted_Connection	Falseの場合、接続文字列のユーザー名とパスワードで認証。True、またはSSPIの場合は実行時のWindowsアカウントで認証。既定値はFalse
Connect Timeout	Timeout	サーバーへの接続を待機する時間(秒単位)
AttachDBFilename	Initial File Name	データベースファイルパス
MultipleActiveResultSets	—	Trueの場合、MARS(Multiple Active Result Sets、1つの接続で結果セットを開いたまま他のコマンドを実行できる機能)を有効にする。SQL Server 2005以降で使用可能。既定値はFalse
Persist Security Info	PersistSecurityInfo	Falseの場合、接続後に接続文字列内のパスワードなどを参照できなくなる。既定値はFalse

キーワード	エイリアス	概要
TrustServerCertificate	−	Trueに設定した場合、SSL通信が使用されてチャネルが暗号化され、証明書チェーンによる信頼性の検証は省略される

サンプル ▶ **SqlConnectionOpen.cs**

```
static void Main(string[] args)
{
    // 接続文字列
    string connectionString = @"Data Source=.¥SQLEXPRESS
        Initial Catalog=pr_cs_sampleDB;Integrated Security=True
        TrustServerCertificate=True";
    using (SqlConnection conn = new SqlConnection(connectionString))
    {
        // 接続を開く
        conn.Open();
        Console.WriteLine("データベースに接続しました。State={0}",
            conn.State);
        // データベースへのクエリなどを実行
        // using ブロックを抜けるときにClose()が呼ばれる
    }
    Console.WriteLine("データベースに接続しました。");
}
```

⬇

```
データベースに接続しました。State=Open
データベースに接続しました。
```

データベースに接続する（非同期版）

≫ Microsoft.Data.SqlClient.SqlConnection

メソッド

OpenAsync　　接続を開く

プロパティ

State　　SqlConnection オブジェクトの状態

書式

```
public override Task OpenAsync([CancellationToken
  cancellationToken])
public override ConnectionState State { get; }
```

パラメータ　cancellationToken: キャンセル可能にするためのオブジェクト

例外

InvalidOperationException　　開いた状態で Open を呼び出すと発生
SqlException　　SQL サーバーの返すエラー

Openメソッドの TAP(Task-based Asynchronous Pattern)非同期版です。

接続は時間のかかる処理であるため、同期のOpenメソッドによる同期呼び出しの場合、未接続の間、他の処理がブロックされます。

OpenAsyncメソッドは、制御はすぐに呼び出し元に返し、データベース接続は別スレッドで行います。

TAP非同期メソッドなので、awaitやWaitメソッドで待機できます。CancellationTokenSourceオブジェクトによるキャンセルも可能です。

Stateプロパティは、SqlConnectionオブジェクトの状態を表すConnectionStateオブジェクトを取得します。状態は以下の値をとります。

▼ConnectionState列挙体の値

値	説明
Closed	接続が閉じている
Connecting	接続を試みている
Open	接続がオープン、コマンドが発行できる状態

サンプル ▶ **SqlConnectionOpenAsync.cs**

```
static void Main(string[] args)
{
    // 接続文字列
    string connectionString = @"Data Source=.¥SQLEXPRESS;
    Initial Catalog=pr_cs_sampleDB;Integrated Security=True
        TrustServerCertificate=True";
    using (SqlConnection conn = new SqlConnection(connectionString))
    {
        Console.WriteLine(" 非同期接続開始 ");
        // 接続を開く
        // コードファイルの先頭に using System.Threading.Tasks; があれば、
        // System.Threading.Tasks.Task を Task と記述できる。
        Task t = conn.OpenAsync();
        if (conn.State != System.Data.ConnectionState.Open)
            Console.WriteLine("State={0}", conn.State);
        t.Wait();
        Console.WriteLine(" データベースに接続しました。State{0}",
            conn.State);
        // データベースへのクエリなどを実行する。
    }
}
```

⬇

```
非同期接続開始
State=Connecting
データベースに接続しました。State=Open
```

参照 P.377「Chapter6: 非同期処理」
P.411「非同期処理の完了を待つ」
P.417「非同期処理をキャンセルする」

設定ファイルの接続文字列を取得する

» Microsoft.Extensions.Configuration.ConfigurationBuilder,IConfigurationRoot

メソッド

ConfigurationBuilder	コンストラクタ
SetBasePath	ファイルのパスを指定
AddJsonFile	指定したパスの JSON 構成ファイルを追加
Build	構成のソースから IConfiguration オブジェクトを作成
IConfigurationRoot.Get	設定値クラスのオブジェクトに設定値を取得

書式

```
public ConfigurationBuilder ();
public IConfigurationBuilder SetBasePath (string basePath)
public IConfigurationBuilder AddJsonFile (string path[, bool
  optional,bool reloadOnChange])
public IConfigurationRoot Build();
public T? Get<T>()
```

パラメータ

builder:ConfigurationBuilderオブジェクト
basePath:設定ファイルのあるフォルダーのパス
path:JSON構成ファイルの名前
optional:省略可能かどうか
reloadOnChange:変更された場合再読み込みするかどうか
configuration:IConfigurationオブジェクト

ConfigurationBuilderオブジェクトを使って、設定値が読み込まれたIConfigurationRoot型のオブジェクトを構築できます。SetBasePath()で設定ファイルの場所を指定、AddJsonFile()でJSON形式のファイル名を指定します。Build()メソッドで構築します。

IConfigurationRoot型のオブジェクトで設定値は取得できますが、Getメソッドを使用すると自作の設定値クラス(例えば以下のSettings.cs)にそのまま構造化されたJSONを読み込むことができます。

サンプル ▶ **Settings.cs**

```
public class Settings
{
    public static Settings GetSettings(
        string fileName = nameof(Settings)+".json") {
        var configRoot = new ConfigurationBuilder()
            .SetBasePath(
                Directory.GetParent(
                    AppContext.BaseDirectory).FullName)
            .AddJsonFile(fileName, false)
            .Build();
        // 以下の Get には Microsoft.Extensions.Configuration.Binder が必要
        var settings = configRoot.Get<Settings>();
        return settings;
    }
    /// <summary>
    /// 接続文字列
    /// </summary>
    public required Dictionary<string, string> ConnectionStrings { get; set; }
}
```

サンプル ▶ **ConfigurationBuilderBuild.cs**

```
/// 接続文字列
public static string    connectionString =
    Settings.GetSettings("Settings.json").ConnectionStrings["SQLEXP"];
static void Main(string[] args)
{
    using (SqlConnection conn = new SqlConnection(connectionString))
    {
        conn.Open();
        Console.WriteLine(" データベースに接続しました。");
        Console.WriteLine(" 接続文字列：{0}", conn.ConnectionString);
    }
}
```

サンプル ▶ **Settings.json**

```
{
    "ConnectionStrings": {
        "SQLEXP": "Data Source=.¥¥SQLEXPRESS;Initial Catalog=↵
pr_cs_sampleDB;Integrated Security=True;TrustServerCertificate=True",
        "SolarSystemContext": "Server=.¥¥SQLEXPRESS;Database=Chap7.↵
SolarSystemContext;Integrated Security=True;TrustServerCertificate=True"
    }
}
```

```
データベースに接続しました。
接続文字列：Data Source=.¥SQLEXPRESS;Initial Catalog=pr_cs_sampleDB;↵
Integrated Security=True;TrustServerCertificate=True
```

参考　サンプルと同様な方法でJSON設定ファイルを利用するにあたっては、あらかじめSettings.jsonを使用するプロジェクトに追加して、プロパティ[出力ディレクトリにコピー]は[新しい場合はコピーする]と設定しておきます。

参考　JSON設定ファイルをプログラムで読み取るには、以下のようにNugetパッケージをインストールします。

```
Install-Package Microsoft.Extensions.Configuration.FileExtensions
Install-Package Microsoft.Extensions.Configuration.Json
Install-Package Microsoft.Extensions.Configuration.Binder
```

注意　以降のサンプルコードでは、以下のように、Mainの外に、connectionStringが定義されているものとして、各コードでは定義を省略しています。

```
public static string connectionString =
        Settings.GetSettings().ConnectionStrings["SQLEXP"];
```

SQL文を実行するオブジェクトを生成する

≫ Microsoft.Data.SqlClient.SqlCommand

メソッド

SqlCommand	SQLコマンド（コンストラクタ）

プロパティ

CommandText	クエリ文字列
Connection	SqlConnectionオブジェクト

書式

```
public SqlCommand([string cmdText, SqlConnection connection])
public override string CommandText { get; set; }
public SqlConnection Connection { get; set; }
```

パラメータ

cmdText:SQLクエリ
connection:使用する接続オブジェクト

SqlCommandクラスは、実行時に発行されるSQLクエリを表します。コンストラクタの引数もしくはCommandTextプロパティ、Connectionプロパティを用いて使用するSQLクエリ、SqlConnectionオブジェクトを関連づけます。

サンプル ▶ SqlCommandConstructor.cs

```
static void Main(string[] args)
{
    // SQLクエリ文
    string sql = "SELECT TITLE,TYPE,PRICE FROM books;";
    using (SqlConnection conn = new SqlConnection(connectionString))
    {
        // クエリに対応するオブジェクトを生成
        SqlCommand cmd = new SqlCommand(sql, conn);
        Console.WriteLine("接続文字列「{0}」の接続先に対して",
        cmd.Connection.ConnectionString);
        Console.WriteLine("sql「{0}」を発行します", cmd.CommandText);
        conn.Open();
        SqlDataReader sdr = cmd.ExecuteReader();
    }
}
```

⬇

```
接続文字列「Data Source=.¥SQLEXPRESS;
          Initial Catalog=pr_cs_sampleDB;
          Integrated Security=True;
          TrustServerCertificate=True」の接続先に対して
sql「SELECT TITLE,TYPE,PRICE FROM books;」を発行します
```

結果データを返すSQL文を発行する

≫ Microsoft.Data.SqlClient.SqlCommand

メソッド

ExecuteReader　コマンドを実行（結果データ）

書式 public SqlDataReader ExecuteReader()

ExecuteReaderメソッドは結果を返すSQLクエリ（主にSELECT命令）をSQL Serverに送信して、結果をSqlDataReaderオブジェクトとして返します。

SqlDataReaderオブジェクトとは、結果データを読み取るためのオブジェクトです。

サンプル ▶ **SqlCommandExecuteReader.cs**

```
static void Main(string[] args)
{
    // SQL クエリ文
    string sql = "SELECT TITLE,TYPE,PRICE FROM books;";
    using (SqlConnection conn = new SqlConnection(connectionString))
    {
        // クエリに対応するオブジェクトを生成
        SqlCommand cmd = new SqlCommand(sql, conn);
        conn.Open();
        Console.WriteLine(" データベースに接続しました。");
        // SQL を実行して結果を取得
        SqlDataReader sdr = cmd.ExecuteReader();
        Console.WriteLine("SQL「{0}」を発行しました。",
            cmd.CommandText);
        Console.WriteLine(sdr.HasRows   ? "1 行以上の結果があります。"
                                        : " 結果がありません。");
        // 結果の読み取りと処理
        // SqlDataReader を閉じる
        sdr.Close();
    }
}
```

⬇

```
データベースに接続しました。
SQL「SELECT TITLE,TYPE,PRICE FROM books;」を発行しました。
1 行以上の結果があります。
```

単一の値を取得するSQL文を発行する

≫ Microsoft.Data.SqlClient.SqlCommand

メソッド

ExecuteScalar	コマンドを実行（単一の結果）
ExecuteScalarAsync	コマンドを実行（単一の結果。非同期）

書式
```
public override Object ExecuteScalar()
public override Task<object> ExecuteScalarAsync([
  CancellationToken cancellationToken])
```

パラメータ cancellationToken：キャンセル可能にするためのオブジェクト

ExecuteScalarメソッドは、たとえばCOUNT集計関数を使用したSQLクエリの結果など、1行1列の単一の値となる場合に使用します。結果セットが1行1列とならなかった場合は最初のレコードの1列目の値を取得します。

サンプル ▶ **SqlCommandExecuteScalar.cs**

```
static void Main(string[] args)
{
    // SQL クエリ文
    string sql = "SELECT COUNT(*) FROM books;";
    using (SqlConnection conn = new SqlConnection(connectionString))
    {
        SqlCommand cmd = new SqlCommand(sql, conn);
        conn.Open();
        // 集計関数などの SQL で結果が 1 行 1 列になる場合には
        // ExecuteScalar を使用
        int x = (int)cmd.ExecuteScalar();
        Console.WriteLine(" 登録されている本のタイトル数は {0} です ", x);
    }
}
```

⬇

```
登録されている本のタイトル数は 3 です
```

参考 非同期版のサンプルは、「SqlCommandExecuteScalarAsync.cs」も参照してください。

結果データから値を取得する

≫ Microsoft.Data.SqlClient.SqlDataReader

メソッド

Read	行があればtrueを返し、結果レコードを次に進める

プロパティ

Item	フィールド値を取得（インデクサ）

書式

```
public override bool Read()
public override Object this[string name] { get; }
public override Object this[int i] { get; }
```

パラメータ

name: フィールド名
i: フィールド番号

Readメソッドは、レコードポインタを結果データの次行に移動した上で、その行を取得します。読み込んだ行の各列には、インデクサでフィールド名またはフィールド番号を指定してアクセスできます。

Column　MARS（Multiple Active Result Sets）

ADO.NETの既定では、1つの接続で結果セットを開いたまま別のコマンドを実行しようとすると、System.InvalidOperationException例外が発生します。そのような必要がある場合には、接続文字列に「MultipleActiveResultSets=true」を追加してください。MARSを有効にすることで、1つの接続上で複数のコマンドを実行できるようになります。

サンプル ▶ SampleMARS.cs

```
SqlCommand cmd1 = new SqlCommand(sql1, conn);
conn.Open();
SqlDataReader sdr1 = cmd1.ExecuteReader();
while (sdr1.Read())
{
  SqlCommand cmd2 = new SqlCommand(sql2, conn);
  // 結果セット sdr1 のデータを cmd2 のパラメータとして扱う
  SqlDataReader sdr2 = cmd2.ExecuteReader();
  // 結果 sdr2 の処理
  sdr2.Close();
}
sdr1.Close();
```

サンプル ▶ **SqlDataReaderRead.cs**

```
static void Main(string[] args)
{
    // SQL クエリ文
    string sql = "SELECT TITLE,TYPE,PRICE FROM books;";
    using (SqlConnection conn = new SqlConnection(connectionString))
    {
        // クエリに対応するオブジェクトを生成
        SqlCommand cmd = new SqlCommand(sql, conn);
        conn.Open();
        // 結果を取得する
        SqlDataReader sdr = cmd.ExecuteReader();
        // フィールド名
        Console.WriteLine("TITLE¥tTYPE¥tPRICE");

        // 結果を 1 行ずつ読み取る
        while (sdr.Read())
        {
            // フィールド名により値を取得
            Console.WriteLine("{0}¥t{1}¥t{2}",
            sdr["TITLE"], sdr["TYPE"], sdr["PRICE"]);
        }
        // SqlDataReader を閉じる
        sdr.Close();
    }
}
```

⬇

```
TITLE                           TYPE      PRICE
11 次元時空理論                 科学      3200.0000
異次元生物学                    科学      4500.0000
吾輩はシュレディンガーの猫である。  小説       700.0000
```

更新系の SQL 文を発行する

≫ Microsoft.Data.SqlClient.SqlCommand

メソッド

ExecuteNonQuery	更新系のコマンドを実行
ExecuteNonQueryAsync	更新系のコマンドを実行（非同期）

書式
```
public override int ExecuteNonQuery()
public override Task<int> ExecuteNonQueryAsync([
  CancellationToken cancellationToken])
```

パラメータ cancellationToken: キャンセル可能にするためのオブジェクト

ExecuteNonQueryメソッドは、UPDATE、INSERT、DELETEなど更新系のSQLを実行します。戻り値は影響を受けた行数です。

サンプル ▶ SqlCommandExecuteNonQuery.cs

```
static void Main(string[] args)
{
  // SQL クエリ文
  string sql =
  @"INSERT INTO books
    (BOOK_ID,TITLE,TYPE,PRICE,PUBDATE)
    VALUES
    ('100001','5次元の図形','科学',NULL,'2011-11-11');";
    using (SqlConnection conn = new SqlConnection(connectionString))
    {
        // クエリに対応するオブジェクトを生成
        SqlCommand cmd = new SqlCommand(sql, conn);
        conn.Open();
        try
        {   // 実行する
            int num = cmd.ExecuteNonQuery();
            Console.WriteLine("{0}行追加しました。", num);
        }
        catch (Exception ex)
        {
            Console.Error.WriteLine(ex.Message);
        }
    }
}
```

⬇

```
1行追加しました。
```

パラメータ付き SQL 文を発行する

≫ Microsoft.Data.SqlClient.SqlCommand、SqlParameterCollection、SqlParameter

メソッド

SqlParameterCollection.AddWithValue	パラメータ値を追加
SqlParameterCollection.Add	パラメータを追加

プロパティ

SqlCommand.Parameters	パラメータのコレクション
SqlParameter.Value	パラメータの値

書式

```
public SqlParameterCollection Parameters { get; }
public override Object Value { get; set; }
public SqlParameter AddWithValue(
  string parameterName, Object value)
public SqlParameter Add(SqlParameter value)
public SqlParameter Add(
  string parameterName, SqlDbType sqlDbType[, int size])
```

パラメータ

parameterName: パラメータの名前
value: 値
sqlDbType: パラメータの型
size: フィールドサイズ

例外

ArgumentException	value がすでに追加されている場合
InvalidCastException	value が SqlParameter ではない場合
ArgumentNullException	value が null の場合

SQLCommandオブジェクトで定義したSQLクエリにはプレイスホルダを埋め込むことができます(**名前付きパラメータクエリ**)。プレイスホルダとは、実行時に具体的な条件値を埋め込むべき、パラメータの置き場所です。「@ + 名前」の形式で指定します。一部分だけが異なる複数の類似クエリの定義が必要な場合、その部分をプレイスホルダとして抽象化することにより一つのクエリとして表現できるので、保守性が向上します。

Parametersプロパティは、このプレイスホルダに対応するパラメータ名と値の組を保持します。

AddWithValueメソッドは、コレクションの末尾にパラメータ名と値の組を追加します。Addメソッドも同様ですが、引数として、SqlParameterオブジェクト、または、パラメータの名前／データ型／フィールドサイズの組み合わせを指定できます。SqlParameterオブジェクトのValueプロパティでもパラメータ値を設定できます。

サンプル ▶ **SqlCommandParameters.cs**

```
static void Main(string[] args)
{
  // SQL クエリ文
  string sql = @"SELECT TITLE,TYPE,PRICE FROM books
          where PRICE<=@mymoney;";
    using (SqlConnection conn = new SqlConnection(connectionString))
    {
        // クエリに対応するオブジェクトを生成
        SqlCommand cmd = new SqlCommand(sql, conn);
        long mymoney=4400;
        Console.WriteLine(" 所持金 ={0}",mymoney);
        cmd.Parameters.AddWithValue("@mymoney", mymoney);
        conn.Open();
        // 結果を取得
        SqlDataReader sdr = cmd.ExecuteReader();
        if (!sdr.HasRows)
        {
            Console.WriteLine(" 購入可能な本はありません。");
        }
        else
        {
            Console.WriteLine(" 以下の書籍が購入可能です。");
            Console.WriteLine("{0,-8}¥t{1,-8}¥t{2,-8}",
              "TITLE", "TYPE", "PRICE");
        }
        // 結果を 1 行ずつ読み取る
        while (sdr.Read())
        {
            // フィールド名により値を取得
            Console.WriteLine("{0,-8}¥t{1,-8}¥t{2,-8: ¥0}",
              sdr["TITLE"], sdr["TYPE"], sdr["PRICE"]);
        }
        // SqlDataReader を閉じる
        sdr.Close();
    }
}
```

⬇

```
所持金 =4400
以下の書籍が購入可能です。
TITLE                             TYPE      PRICE
11 次元時空理論                   科学      ¥3200
吾輩はシュレディンガーの犬である。 小説      ¥700
```

参考　名前付きパラメータによるクエリは、文字列の連結によって構築したクエリと違い、値がコマンドの一部として解釈されて実行されることがないため、SQLインジェクション攻撃を防止できます。

ストアドプロシージャを実行する

≫ Microsoft.Data.SqlClient.SqlCommand

プロパティ

CommandType　　コマンドタイプ

書式 `public override CommandType CommandType { get; set; }`

CommandTypeプロパティは、CommandTextプロパティをSQL文として解釈するか、ストアドプロシージャの名前として解釈するかをCommandType列挙体で設定します。既定値はCommandType.Text(SQL文)です。CommandType.StoredProcedureに設定して、CommandTextにストアドプロシージャ名を設定することで、ストアドプロシージャを呼び出すことができます。

サンプル ▶ SqlCommandCommandType.cs

```
static void Main(string[] args)
{
    using (SqlConnection conn = new SqlConnection(connectionString))
    {
        // SqlConnection.CreateCommandでも新たなSqlCommandを作成できる
        SqlCommand cmd = conn.CreateCommand();
        // コマンドの種類をストアドプロシージャに設定
        cmd.CommandType = CommandType.StoredProcedure;
        // ストアドプロシージャ名
        cmd.CommandText = "GetBooksWithinBudget";
        Console.WriteLine("正の数字を入力してください。");
        Console.Write("所持金=");
        long mymoney;
        long.TryParse(Console.ReadLine(), out mymoney);
        cmd.Parameters.AddWithValue("@mymoney", mymoney);
        conn.Open();
        // 結果を取得する
        SqlDataReader sdr = cmd.ExecuteReader();
        Console.WriteLine((sdr.HasRows) ? "以下の書籍が購入可能です。"
                                        : "購入可能な本はありません。");
        // 結果を1行ずつ読み取る
        while (sdr.Read())
        {
            // フィールド名により値を取得
            Console.WriteLine("{0}著「{1}」,{2:¥0}",
              sdr["AUTHORS"], sdr["TITLE"], sdr["PRICE"]);
        }
        sdr.Close();
```

```
    }
}
```

サンプル ▶ **createGetBooksWithinBudget.sql**

```
USE pr_cs_sampleDB
GO
IF EXISTS(SELECT * FROM sys.objects
WHERE type = 'P' AND name = 'GetBooksWithinBudget')
    DROP PROCEDURE GetBooksWithinBudget
GO
CREATE PROCEDURE GetBooksWithinBudget
    @mymoney money = 0
AS
    SELECT B.TITLE,
    stuff((SELECT ', ' + A.NAME FROM bookauthor AS BA
    INNER JOIN authors AS A ON A.AUTHOR_ID = BA.AUTHOR_ID
    WHERE BA.BOOK_ID = B.BOOK_ID for xml path('')), 1, 1, '')
    AS AUTHORS, PRICE
    FROM books AS B
    WHERE PRICE<=@mymoney;
GO
```

⬇

```
正の数字を入力してください。
所持金 =5000
以下の書籍が購入可能です。
 ドライシュタイン著「11 次元時空理論」，¥3200
 ドライシュタイン，名もなき猫著「異次元生物学」，¥4500
 名もなき猫著「吾輩はシュレディンガーの猫である。」，¥700
```

注意 SqlCommandCommandType.csのサンプルを実行する前にcreateGetBooksWithinBudget.sqlをSQLCMDかSSMSで実行して、ストアドプロシージャGetBooksWithinBudgetを作成する必要があります。
P.438「本章で使用するデータベース」を参照して、sqlを実行してください。

ストアドプロシージャで出力パラメータを使用する

≫ Microsoft.Data.SqlClient.SqlParameter

プロパティ

Direction　　パラメータの向き

書式
```
public override ParameterDirection Direction
{ get; set; }
```

▼ParameterDirection列挙体

値	説明
Input	入力パラメータ(**既定値**)
Output	出力パラメータ
InputOutput	入出力パラメータ
ReturnValue	ストアドプロシージャ等の戻り値

Directionプロパティは、パラメータがデータベースへの入力専用、出力専用、双方向、またはストアドプロシージャの戻り値パラメータかどうかを示すParameterDirection列挙体値を指定します。

Directionプロパティの既定値はInput(入力パラメータ)ですので、ストアドプロシージャから出力パラメータや戻り値を受け取る際には、あらかじめパラメータの種類を設定しておく必要があります。

サンプル ▶ **SqlParameterDirection.cs**

```
static void Main(string[] args)
{
    using (SqlConnection conn = new SqlConnection(connectionString))
    {
        SqlCommand cmd = conn.CreateCommand();
        cmd.CommandType = CommandType.StoredProcedure;
        // ストアドプロシージャ名を設定
        cmd.CommandText = "AddBook";
        // AddWithValue のほかに Add による SqlParameter の追加方法もある
        cmd.Parameters.Add("@book_id", SqlDbType.VarChar).Value
        = "400002";
        cmd.Parameters.Add("@book_title", SqlDbType.VarChar).Value
        = " 異次元旅行記 ";
        cmd.Parameters.Add("@book_type", SqlDbType.Char).Value
        = " 小説 ";
        cmd.Parameters.AddWithValue("@book_price", 1200);
        cmd.Parameters.AddWithValue("@book_pubdate",
```

```
            new DateTime(2015, 12, 31));
        // 引数なしの SqlParameter コンストラクタ
        SqlParameter output_param = new SqlParameter();
        output_param.ParameterName = "@sum_of_book_prices";
        output_param.SqlDbType = SqlDbType.Money;
        // 出力パラメータの指定
        output_param.Direction = ParameterDirection.Output;
        // SqlCommand の Parameters に SqlParameter オブジェクトを追加
        cmd.Parameters.Add(output_param);
        // 引数でプロパティ指定する SqlParameter コンストラクタ
        SqlParameter returnvalue_param =
            new SqlParameter("@count_of_books", SqlDbType.Int);
        // 戻り値の指定
        returnvalue_param.Direction
            = ParameterDirection.ReturnValue;
        cmd.Parameters.Add(returnvalue_param);
        conn.Open();
        try
        {
            // 実行
            int l = cmd.ExecuteNonQuery();
            Console.WriteLine("{0} 行処理しました。", l);
            Console.WriteLine("{0} 冊の本が登録されました。",
            cmd.Parameters["@count_of_books"].Value);
            Console.WriteLine("1 冊ずつの合計金額は {0: ¥0} です。",
            cmd.Parameters["@sum_of_book_prices"].Value);
        }
        catch (SqlException sqlex)
        {
          foreach (SqlError error in sqlex.Errors)
          {
            Console.WriteLine(" エラー番号 :{0}, {1}",
              error.Number, error.Message);
            }
        }
    }
}
```

7 データベースアクセス

サンプル ▶ **createAddBook.sql**

```
USE pr_cs_sampleDB
GO
IF EXISTS(SELECT * FROM sys.objects
  WHERE type = 'P' AND name = 'AddBook')
    DROP PROCEDURE AddBook
GO
CREATE PROCEDURE AddBook
    @book_id varchar(6),
    @book_title varchar(80),
    @book_type char(12),
    @book_price money,
    @book_pubdate datetime,
    @sum_of_book_prices money OUTPUT
AS
BEGIN
    INSERT INTO books (BOOK_ID,TITLE,TYPE,PRICE,PUBDATE)
  VALUES (@book_id,@book_title,@book_type,
      @book_price,@book_pubdate);
    SELECT @sum_of_book_prices = sum(PRICE) from books
    DECLARE @count_books int
    SELECT @count_books = count(*) from books
    RETURN @count_books
END;
GO
```

⬇

```
1行処理しました。
4冊の本が登録されました。
1冊ずつの合計金額は¥9600です。
```

注意 SqlParameterDirection.csのサンプルを実行する前にcreateAddBook.sqlet.sqlをSQLCMDかSSMSで実行して、ストアドプロシージャAddBookを作成する必要があります。
P.438「本章で使用するデータベース」を参照して、sqlを実行してください。

トランザクションオブジェクトを作成する

≫ Microsoft.Data.SqlClient.SqlConnection

メソッド

BeginTransaction　トランザクションを開始

書式

```
public SqlTransaction BeginTransaction(
  [IsolationLevel iso][, string transactionName])
```

パラメータ

iso: 分離レベル

transactionName: 名前

例外

InvalidOperationException　使用する接続が Open していない

BeginTransactionメソッドは、分離レベルとトランザクション名を指定してトランザクションを開始し、新しいSqlTransactionオブジェクトを作成します。分離レベルは、複数ユーザーによる更新／参照の分離度合いを示すもので、以下の表のIsolationLevel列挙体値で設定します。名前は、Rollbackメソッドで戻る先として使用されるセーブポイントとして使用できます。

SqlCommandオブジェクトのTransactionプロパティを、SqlTransactionオブジェクトに設定することで、そのコマンドがそのトランザクションに参加することを表します。

▼IsolationLevel列挙体

値	概要
ReadUncommitted	他のトランザクションによるコミット前の変更を読み取ること(**ダーティリード**)が可能
ReadCommitted(既定)	コミット済みのデータのみ読み取るので、ダーティリードを防止するが、読み取り中も他のトランザクションによるデータの変更が可能で、不整合(**ノンリピータブルリード**)が発生する可能性あり
RepeatableRead(反復読み取り可能)	ReadCommittedの制御に加えて、トランザクション完了まで読み取り中のデータの他のトランザクションによる変更を禁止。反復不可能読み取りが禁止される。ただし、他のトランザクションにより現在の検索条件に一致するレコードを追加／削除された場合に検索結果が変わることがある(**ファントムリード**)。また、読み取り中は更新できないのでReadCommittedに比べて同時実行性能は低下する
Serializable(もっとも強い分離レベル)	RepeatableReadの制御に加えて、他のトランザクションによる現在の検索条件に一致するレコードの追加／削除を禁止。ファントムリードが防止される。読み取り範囲全体がロックされるので、同時実行性は最低
Snapshot	トランザクションの開始時点でコミットされていたデータのスナップショットを取得するのと同じ効果がある。ダーティリードもノンリピータブルリードもファントムリードも起きない。データベースオブジェクトのロックもしない

サンプル ▶ **SqlConnectionBeginTransactionConstructor.cs**

```
static void Main(string[] args)
{
    using (SqlConnection conn = new SqlConnection(connectionString))
    {
        // コマンドオブジェクト
        SqlCommand command = conn.CreateCommand();

        // 接続を開く
        conn.Open();

        Console.WriteLine("トランザクションを開始します。");
        // トランザクションオブジェクトを作成して開始する
        SqlTransaction transaction = conn.BeginTransaction();

        // トランザクションにコマンドを関連づける
        command.Transaction = transaction;
        // 既定の分離レベルを表示する
        Console.WriteLine("分離レベル:{0}",
          transaction.IsolationLevel);
    }
}
```

⬇

```
トランザクションを開始します。
分離レベル:ReadCommitted
```

トランザクションをコミット／ロールバックする

≫ Microsoft.Data.SqlClient.SqlTransaction

メソッド

Commit	コミット
Rollback	ロールバック
Save	セーブポイントを作成

書式

```
public override void Commit()
public override void Rollback()
public void Rollback(string savePointName)
public void Save(string savePointName)
```

パラメータ savePointName: セーブポイントの名前

例外

Exception	トランザクションのコミット、またはロールバック中にエラーが発生した場合
InvalidOperationException	接続が切断されている場合／トランザクションが既にコミットまたはロールバックされている場合

Commitメソッドはトランザクションを確定します。トランザクションに参加するコマンドがすべて実行し終わった後に記述します。最初のコマンド実行からCommitメソッド呼び出しまでをtry～catch文で囲みます。

Rollbackメソッドはトランザクションをロールバックします。Commitメソッドを囲むtry節に対応するcatch節のなかに記述します。

Saveメソッドは部分トランザクションのためのセーブポイントを設定します。引数付きのRollbackメソッドで同じ名前の指定したセーブポイントまでロールバックします。

サンプル ▶ SqlTransactionCommitRollback.cs

```
static void Main(string[] args)
{
    using (SqlConnection conn = new SqlConnection(connectionString))
    {
        // 1つ目のクエリで使用するBOOK_IDの値
        string bookid = "000004";
        // コマンドオブジェクト
        SqlCommand command = conn.CreateCommand();
        // 接続を開く
        conn.Open();
        // トランザクションオブジェクトを作成して開始する
        SqlTransaction transaction = conn.BeginTransaction();
        // トランザクションにコマンドを関連づける
        command.Transaction = transaction;
        try
        {
            // 1つ目のINSERTクエリ
            command.CommandText = @"INSERT INTO books VALUES "+
            "(@newbookid,'ワームホール','科学',740,'2011-8-10')";
            command.Parameters.AddWithValue("@newbookid", bookid);
            Console.WriteLine("[{0}]を実行します。(@newbookid={1})",
            command.CommandText, bookid);
            // 1つ目のINSERTクエリ実行
            command.ExecuteNonQuery();
            Console.WriteLine("実行しました。");
            // 2つ目のINSERTクエリ
            command.CommandText = @"INSERT INTO bookauthor "+
                        "VALUES ('13',@newbookid)";
            Console.WriteLine("[{0}]を実行します(@newbookid={1})",
              command.CommandText, bookid);
            // 2つ目のINSERTクエリ実行
            // authorsにAUTHOR_ID=13がないので失敗する
            command.ExecuteNonQuery();
            Console.WriteLine("実行しました。");
            // コミットする
            transaction.Commit();
            Console.WriteLine("トランザクションをコミットしました");
        }
        catch (Exception ex1)
        {
            Console.Error.WriteLine("  Message: {0}", ex1.Message);
            try
            {
                // ロールバックする
                transaction.Rollback();
            Console.WriteLine(
```

```
          " トランザクションをロールバックしました。");
        }
        catch (Exception ex2)
        {
          Console.Error.WriteLine(
            "  Message: {0}", ex2.Message);
        }
      }
      // ロールバックによって、1つ目のクエリも反映されていなことを確認
      command.CommandText
        = "select count(*) from books where BOOK_ID=@newbookid";
      Console.WriteLine("[{0}] を実行します (@newbookid={1})",
        command.CommandText, bookid);
      Console.WriteLine("BOOK_ID={0} のレコード数 {1} 件 ",
        bookid, command.ExecuteScalar());
    }
  }
```

```
[INSERT INTO books VALUES (@newbookid,' ワームホール ',' 科学 ',740, ↵
'2011-8-10')] を実行します (@newbookid=000004)
実行しました
[INSERT INTO bookauthor VALUES ('13',@newbookid)] を実行します ↵
(@newbookid=000004)
  Message: INSERT ステートメントは FOREIGN KEY 制約 "FK__bookautho__AUTHO__ ↵
023D5A04" と競合しています。競合が発生したのは、データベース ↵
"pr_cs_sampleDB"、テーブル "dbo.authors", column 'AUTHOR_ID' です。
ステートメントは終了されました。
トランザクションロールバックしました
[select count(*) from books where BOOK_ID=@newbookid] を実行します ↵
(@newbookid=000004)
BOOK_ID=000004 のレコード数 0 件
```

トランザクションスコープを作成する

≫ System.Transactions.TransactionScope

メソッド

TransactionScope	トランザクションスコープ（コンストラクタ）
Complete	トランザクションをコミット

書式
```
public TransactionScope([Transaction transactionToUse])
public void Complete()
```

パラメータ transactionToUse: スコープ内で実行されるトランザクション

TransactionScopeクラスは、usingブロックとともに記述することで、トランザクションスコープを表します。TransactionScopeブロックのなかでデータベースへの接続を確立すると、自動的にトランザクションに参加します。

Completeメソッドを TransactionScopeブロックのなかで記述することで、トランザクションをコミットします(それ以外の場合はロールバック)。既定では、トランザクションはSerializable分離レベルで実行されます。

サンプル ▶ TransactionScopeComplete.cs

```
static void Main(string[] args)
{
    // コードファイルの先頭に using System.Transactions; を追加しておく
    // 1つ目のクエリで使用する BOOK_ID の値
    string bookid = "000004";
    using (SqlConnection conn = new SqlConnection(connectionString))
    {
        SqlCommand command = conn.CreateCommand();
        try
        {
            using (TransactionScope ts = new TransactionScope())
            {
                conn.Open();
                // 1つ目の INSERT クエリ
                command.CommandText = "INSERT INTO books VALUES "+
              "(@newbookid,'ホワイトホール','科学',740,'2011-8-10')";
                command.Parameters.AddWithValue(
                "@newbookid", bookid);
                Console.WriteLine(
                "[{0}] を実行します (@newbookid={1})",
                command.CommandText, bookid);
                // 1つ目の INSERT クエリ実行
                command.ExecuteNonQuery();
```

```
                Console.WriteLine(" 実行しました ");
                // 2つ目の INSERT クエリ
                command.CommandText = "INSERT INTO bookauthor "
                        +"VALUES ('13',@newbookid)";
                Console.WriteLine(
                  "[{0}] を実行します (@newbookid={1})",
                  command.CommandText, bookid);
                // 2つ目の INSERT クエリ実行
                // authors に AUTHOR_ID=13 がないので失敗する
                command.ExecuteNonQuery();
                Console.WriteLine(" 実行しました ");
                ts.Complete();
                Console.WriteLine(" 正常に完了しました。");
            }
        }
        catch (Exception ex)
        {
            Console.Error.WriteLine("  Message: {0}", ex.Message);
        }
        // ロールバックによって、1つ目のクエリも反映されていないことを確認
        command.CommandText =
          "select count(*) from books where BOOK_ID=@newbookid";
        Console.WriteLine("[{0}] を実行します (@newbookid={1})",
          command.CommandText, bookid);
        Console.WriteLine("BOOK_ID={0} のレコード数 {1} 件 ",
          bookid, command.ExecuteScalar());
    }
}
```

⬇

```
[INSERT INTO books VALUES (@newbookid,' ホワイトホール ',' 科学 ',740, ⏎
'2011-8-10')] を実行します (@newbookid=000004)
実行しました
[INSERT INTO bookauthor VALUES ('13',@newbookid)] を実行します ⏎
(@newbookid=000004)
  Message: INSERT ステートメントは FOREIGN KEY 制約 "FK__bookautho__AUTHO__ ⏎
023D5A04" と競合しています。競合が発生したのは、データベース ⏎
"pr_cs_sampleDB"、テーブル "dbo.authors", column 'AUTHOR_ID' です。
ステートメントは終了されました。
[select count(*) from books where BOOK_ID=@newbookid] を実行します ⏎
(@newbookid=000004)
BOOK_ID=000004 のレコード数 0 件
```

エンティティクラスを定義する

≫ Microsoft.EntityFrameworkCore.DbContext.、DbSet<T>

プロパティ

Id	主キーにマッピング
(関連エンティティ名)+Id	関連エンティティへの外部キーにマッピング
(関連エンティティ名)+s	関連エンティティの要素を持つコレクション

書式

```
public class EntityClass
{
  public PropType1 PropName1 { get; set; }
  public PropType2 PropName2 { get; set; }
  …
  public EntityA EntityAPropName { get; set; }
  …
  public ICollection<EntityB> EntityBsPropName { get; set; }
  …
}
public [(キーの型) +]Id { get; set; }
public EntityA (関連エンティティ名)+Id { get; set; }
public ICollection<EntityB> (関連エンティティ名)s { get; set;
}
```

パラメータ

EntityClass: エンティティクラスの名前
PropType1、PropType2、…: プロパティの型
PropName1、PropName2、…: プロパティの名前
EntityA、EntityB、…: ナビゲーションプロパティのエンティティ型
EntityAPropName、EntityBsPropName、…: ナビゲーションプロパティ名

エンティティクラスはデータベースのテーブルに対応するクラスで、プロパティはフィールドに対応します。他のオブジェクトの継承やインタフェースの実装は一切必要ありません。以下のルールでデータベースへの紐づけが決まるからです。

- テーブル名はコンテキストのプロパティ名
- フィールド名はプロパティ名
- 「Id」「(クラス名)+Id」という名前を持つプロパティは主キー
- エンティティ型のプロパティは、1：1、1：多の「1」側のリレーションを表す
- ICollection<エンティティT>型で1：多、多：多の「多」側のリレーションを

表す
- 「<ナビゲーションプロパティ>＋Id」のような名前で、主キープロパティ名と同じ型を持つプロパティは外部キープロパティを表す

サンプルでは、PlanetクラスにはMoon型のコレクションプロパティがあります。一方で、MoonクラスにはPlanet型のプロパティがあります。このような状況を、PlanetとMoonは1:多の関係にあると言います。

同じく、サンプルのExplorationPlanクラスとPlanetクラスのように、互いの型のコレクションプロパティがある場合は、多：多の関係と呼びます。

サンプル ▶ SampleEntities.cs

```
using System.Collections.Generic;
using System.ComponentModel.DataAnnotations;

namespace Chap7
{
    衛星エンティティクラス
    public class Moon
    {
        衛星Id（Moonのキー）
        public int Id { get; set; }
        名前
        public string Name { get; set; }
        半径
        public int Radius { get; set; }
        軌道長半径
        public int SemiMajorAxis { get; set; }
        発見年
        public int? DiscoveryYear { get; set; }
        惑星（Planetエンティティを参照）
        public Planet Planet { get; set; }
        惑星Id（Planetエンティティのキー）
        public int PlanetId { get; set; }
    }

    惑星エンティティクラス
    public class Planet
    {
        Planetエンティティのキー
        public int Id { get; set; }
        名前
        public string Name { get; set; }
        軌道長半径
        public float SemiMajorAxis { get; set; }
        衛星のコレクション（Moonエンティティを参照）
        public ICollection<Moon> Moons { get; set; }
```

```
        探査計画のコレクション（ExplorationPlan エンティティを参照）
        public ICollection<ExplorationPlan> ExplorationPlans { get; set; }
    }

    探査計画エンティティクラス
    public class ExplorationPlan {
        ExplorationPlan のキー
        [Key]
        public string Code { get; set; }
        惑星のコレクション（Planet のエンティティを参照）
        public ICollection<Planet> Planets { get; set; }
        衛星のコレクション（Moons のエンティティを参照）
        public ICollection<Moon> Moons { get; set; }
        計画内容
        public string Plan { get; set; }
        探査機名
        public string SpaceProbe { get; set; }
    }
}
```

▼作成されるテーブル

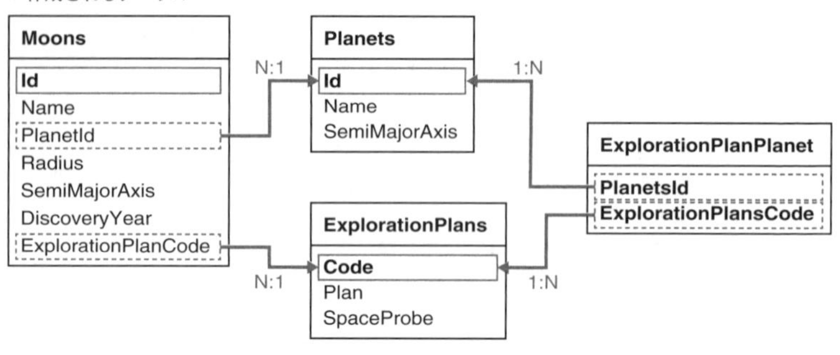

参考 サンプルでは扱っていませんが、XクラスとYクラスのそれぞれで、Y型のプロパティ、X型のプロパティがあって互いに対応している場合は、XとYは1:1の関係と呼びます。

参考 「Id」も「(クラス名)+Id」もないエンティティ定義の場合、そのままではEF Coreはキープロパティを判別できません。データ注釈の[Key]属性を使用すると、規則から外れた名前をもつプロパティでもキーにすることができます。データ注釈はクラスやプロパティ定義の上の行で指定します。
エンティティやプロパティに付与できる属性は、System.ComponentModel.DataAnnotations 名前空間、System.ComponentModel.DataAnnotations.Schema名前空間に定義されています。

▼データ注釈

属性名	対象	説明	使用例
Table	クラス	テーブル名を指定	[Table("Satellite")]
Key	プロパティ	キーであることを指定	[Key]
Column	プロパティ	テーブルにおける列での名前、列順序、型を指定	[Column("Nickname"),Order=3]
ForeignKey	プロパティ	外部キーを指定	[ForeignKey("PlanetId")]
Required	プロパティ	必須、NOT NULLを指定	[Required]
NotMapped	クラス/プロパティ	データベースにマッピングしないことを指定	[NotMapped]

Column ハッシュ関数の安全性

MD5、SHA-1、SHA-2といったハッシュ関数は、データ改ざん防止のために用いられることがあります。あらかじめデータのハッシュ値を記録しておき、実際のデータのハッシュ値と比較することで、データ内容が改ざんされていないかどうかを確認できます。ハッシュ関数には、あるハッシュ値が与えられた時、そのハッシュ値に対応するデータを作るのが困難であること(**弱衝突耐性**)、同じハッシュ値を持つ複数のデータを作るのが困難であること(**強衝突耐性**)などが求められます。

MD5については、同じハッシュ値を持つ複数のデータを作り出す(=強衝突耐性の突破)攻撃方法が発見されているため、使用は推奨されていません。SHA-1についても同様に安全性に疑問が生じ、主要なWebブラウザーなどが段階的に廃止を進めています。ついに2017年2月には、Google社が「同じSHA-1ハッシュ値を持ち、内容が異なるPDFデータを公開し、攻撃手法が確立された」ことを発表しました。

2013年に改訂された日本の**電子政府推奨暗号リスト**からもSHA-1は外され、SHA-256、SHA-384、SHA-512が推奨されています。「ハッシュ関数といえばMD5(あるいはSHA-1)」といった固定観念は避け、より安全なハッシュ関数を選択するようにしましょう。

コンテキストクラスを定義する

≫ Microsoft.EntityFrameworkCore.DbContext、DbSet<T>

書式

```
public class ContexClass : DbContext
{
    public DbSet<EntityClass1> Entity1 { get; set; }
    public DbSet<EntityClass2> Entity2 { get; set; }
    …
}
```

パラメータ

ContexClass: **コンテキストクラスの名前**
EntityClass1、EntityClass2、…: **前項で定義したエンティティクラス**
Entity1、Entity2、…: **エンティティコレクションの名前**

DbContextクラスは、データベースへの接続やコマンドの発行、データ取得／設定などを背後で行い、プログラムからはデータベースとのやり取りを意識せずにデータを単なるモデルとして簡潔に扱えるようにするためのクラスです。

コンテキストクラスは、このDbContextを継承させて定義します。コンテキストクラスにはメンバとして、DbSet<T>型(前項で作成したエンティティクラスのコレクション)のプロパティを定義します。

サンプル ▶ **SampleDbContext.cs**

```
using Microsoft.EntityFrameworkCore;
using Microsoft.Extensions.Logging;
using System.Diagnostics;

namespace Chap7
{
    public class SolarSystemContext : DbContext
    {
        接続文字列
        private readonly string _connectionString;
        コンストラクタ
        public SolarSystemContext(string connectionString = null)
        {
            接続文字列を他で定義しているSettingsクラスから取得
            if (connectionString == null) {
                connectionString = Settings
                    .GetSettings()
                    .ConnectionStrings[nameof(SolarSystemContext)];
            }
            _connectionString = connectionString;
```

```
        }
        構成（接続文字列の指定、データアクセス時のログの指定）
        protected override void OnConfiguring(
            DbContextOptionsBuilder optionsBuilder)
        {
            optionsBuilder
                .UseSqlServer(_connectionString)
                .LogTo(message => Debug.WriteLine(message),
    LogLevel.Information);
        }
        各エンティティ（データベースでテーブルにマッピングされる）
        public DbSet<Moon> Moons { get; set; }
        public DbSet<Planet> Planets { get; set; }
        public DbSet<ExplorationPlan> ExplorationPlans { get; set; }
    }
}
```

参考 OnConfiguring()メソッドをオーバーライドすることで、引数のDbContextOptionsBuilderオブジェクトを使って、データベースアクセス時の接続文字列などのオプション指定を行います。

参照 P.443「設定ファイルの接続文字列を取得する」
P.494「Column：LINQ to Entityが変換／発行しているSQL」

参考 本項で作成したDbContextクラスに基づいて、SQL Server Expressのインスタンスにデータベースを作成するには、dotnet efツールが必要です。dotnet efコマンドと関連するパッケージをインストールしておきましょう。
これには、VisualStudioのプロジェクトを右クリックし、コンテキストメニューから[ターミナルで開く]を選択してください。Visual Studioのサブウィンドウに[開発者用PowerShell]が開くので、以下のコマンドを実行します。

```
dotnet tool install --global dotnet-ef
（dotnet efツールのインストール）
dotnet add package Microsoft.EntityFrameworkCore.SqlServer
（SQL Serverプロバイダーのインストール）
dotnet add package Microsoft.EntityFrameworkCore.Design
（デザインパッケージのインストール）
```

インストールができたら、以下のコマンドでデータベースにテーブルを作成します。

```
dotnet ef migrations add InitialCreate --context SolarSystemContext
dotnet ef database  update --context SolarSystemContext
```

Column dotnet efツール

dotnet efツールがインストールされているか確認するには以下のコマンドを実行します。

コマンド ▶ efツールがインストールされているか確認

```
dotnet ef
```

「指定されたコマンドまたはファイルが見つからなかった…」というメッセージが表示される場合は、dotnet efツールはインストールされていません。ロゴとUsageが表示された場合はdotnet efツールがインストールされています。インストールされていない場合は、本文のコマンドでインストールします。既にインストール済みのefツールをアップデートするには、以下のコマンドを利用します。

コマンド ▶ dotnet efツールのアップデート

```
dotnet tool update  --global dotnet-ef
```

コードを更新してエンティティの定義を変更したら、migrations addを使用して別の名前で「移行」を作成し、database updateでデータベースのスキーマも更新できます。

直接、SQL Serverに適用するのではない場合はSQLスクリプトを出力することもできます。

▼主なコマンド

コマンド	説明
dotnet ef migrations add (移行名)	移行を新規追加
dotnet ef database update (移行名)	移行に基づいてデータベースを更新
dotnet ef dbcontext script	移行に基づいてSQLスクリプトを出力
dotnet ef dbcontext list	使用可能なDbContext型を一覧表示
dotnet ef dbcontext info	情報を表示

▼主な共通オプション

オプション	省略形	説明
--help	-h	ヘルプを表示する
--verbose	-v	実行の流れを詳細出力する
--context(DbContextクラス名)	-c	DbContextクラスを名前で指定
--json		結果をJSONで出力
--no-build		プロジェクトのビルドをしない
--configuration(構成名)		ビルド構成を指定(Debug/Release)

データベースに変更を反映する

≫ Microsoft.EntityFrameworkCore.DbContext、DbSet<T>

メソッド

DbContext	コンテキストクラス（コンストラクタ）
SaveChanges	データベースに変更を保存

書式

```
protected DbContext();
public virtual int SaveChanges();
```

DbContextコンストラクタは、データベースとのアクセスを行うコンテキストオブジェクトを作成します。usingブロックとともに使用します。

SaveChangesメソッドは、コンテキストオブジェクトやエンティティに加えられた変更をデータベースに保存します。

サンプル ▶ **DbContextSaveChanges.cs**

```
// SolarSystemContext クラス等と同じ名前空間であると仮定
static void Main(string[] args)
{
  using (var context = new SolarSystemContext())
  {
    追加済みの場合は何もしない
    if (context.Planets.Any())
    {
      Console.WriteLine(" データはすでに追加されています。");
      return;
    }
    // Planet オブジェクトの生成
    var mercury = new Planet { Name = " 水星 ",
                    SemiMajorAxis = 0.3871f };
    var venus = new Planet { Name = " 金星 ",
                    SemiMajorAxis = 0.72333f };
    var earth = new Planet { Name = " 地球 ",
                    SemiMajorAxis = 1f };
                …中略…
                // Planet オブジェクトの追加
                context.Planets.Add(mercury);
                context.Planets.Add(venus);
                …中略…
                context.Planets.Add(pluto);
                // Moon オブジェクトの生成と追加
    context.Moons.Add(new Moon {Name = " 月 ",
                   Planet = earth,
```

```
                    Radius = 1738,
                    SemiMajorAxis = 384400
                    });
    context.Moons.Add(new Moon {Name = "ダイモス",
                    Planet = mars,
                    Radius = 6,
                    SemiMajorAxis = 23400,
                    DiscoveryYear = 1877
    });
                  …中略…
        // データベースへの保存
        int num = context.SaveChanges();
        Console.WriteLine("データベースに保存しました。");
        Console.WriteLine("変更行数:¥t{0}", num);
    }
}
```

参考 設定ファイルと、接続文字列の取得に関しては、P.443「設定ファイルの接続文字列を取得する」を参照してください。

```
データベースに保存しました。
変更行数:      33
```

注意 以降の項ではこのサンプルを実行してデータが入っているとします。以降もこのサンプルのEntityクラス(Moon、Planet)の定義とDbContext継承クラス(SolarSystemContext)の定義を使用しますが、同じ名前空間に定義されているとみなしてサンプルコードでは省略します。

EF CoreのAPIでデータベースを作成／削除する

≫ Microsoft.EntityFrameworkCore.Infrastructure.DatabaseFacade

メソッド

EnsureCreated	データベースを作成
EnsureDeleted	データベースを削除

書式
```
public virtual bool EnsureCreated()
public virtual bool EnsureDeleted()
```

EnsureCreated()はデータベースの存在を確認して、なければコンテキストに基づいてデータベース／テーブルを作成します（マイグレーションファイルは作成されません）。EnsureDeleted()はデータベースがあると削除します。

データベースの作成と削除をコードから行えるので、開発時に常にクリーンな状態で動作確認できます。

サンプル ▶ DatabaseFacadeEnsureCreated.cs

```
static void Main(string[] args) {
    Console.WriteLine("データベースを作成、データを追加追加します");
    using (var context = new SolarSystemPrototypeContext())
    {
        // データベース作成
        var result = context.Database.EnsureCreated();
        Console.WriteLine("データベース"
            + (result ? "を作成しました" : "は既に存在します"));

        context.Add(new Planet() { Name = "惑星1", SemiMajorAxis = 1 });
        context.Add(new Planet() { Name = "惑星2", SemiMajorAxis = 2 });
        context.Add(new Planet() { Name = "惑星3", SemiMajorAxis = 3 });
        context.SaveChanges();
    }
    Console.WriteLine("データを読み取ります");
    using (var context = new SolarSystemPrototypeContext())
    {
        foreach (var planet in context.Planets)
        {
            Console.WriteLine(
            $"Id = {planet.Id}," +
            $" Name = {planet.Name}," +
            $" SemiMajorAxis = {planet.SemiMajorAxis}");
        }
```

```
            // データベース削除
            var result = context.Database.EnsureDeleted();
            if (result) Console.WriteLine(" データベースを削除しました ");
        }
    }
```

```
データベースを作成、データを追加追加します
データベースを作成しました
データを読み取ります
Id = 1, Name = 惑星 1, SemiMajorAxis = 1
Id = 2, Name = 惑星 2, SemiMajorAxis = 2
Id = 3, Name = 惑星 3, SemiMajorAxis = 3
データベースを削除しました
```

参照　SaveChanges()についてはP.473「データベースに変更を反映する」を参照してください。

Column　SQL ServerがどのようなSQLを受けとっているか

　SQL Serverが実際にどのようなSQL文を受けているかをリアルタイムに確認できるGUIツールがあります。

1. SQL Server プロファイラー環境（エディション、管理ツールのインストール状況）によってはSQL Severの管理ツールに含まれています。

　インストールされていれば、Microsoft SQL Server Management Studioの[ツール]メニューの[SQL Server プロファイラー]から起動できます。起動後、接続ダイアログでSQL Severへ接続して、トレースのプロパティウィンドウで諸設定をして[実行]ボタンをクリックすると開始できます。データ操作アプリケーションを実行すると、上部にイベントごとに行がリアルタイムに追加されます。TextData列に実際のSQLが表示されます。各行を選択すると、下部にそのSQLが複数行で表示されます。

2. ExpressProfiler

　SQL Server プロファイラーは、環境によっては利用できなかったので、ExpressProfilerという簡易版ツールがオープンソースで開発されました。

　以下のGitHubリポジトリから、クローンするかzipでソリューション一式をダウンロードして、Visual Studioで開き、ビルドしてExpressProfiler.exeを作成できます。

https://github.com/OleksiiKovalov/expressprofiler

　ExpressProfiler.exeを起動して、ウィンドウの上部にある右向き三角アイコンボタンをクリックで、トレースを開始できます。あとは、SQL Serverプロファイラーと同様です。

コンテキストでモデルをカスタマイズする

≫ Microsoft.EntityFrameworkCore.DbContext,ModelBuilder,EntityTypeBuilder<TEntity>

メソッド

OnModelCreating	モデル作成時のハンドラ
Entity	エンティティの構成を行うオブジェクトを取得
Property	プロパティの構成を行うオブジェクトを取得
HasKey	主キーを指定するメソッド

書式

```
protected internal virtual void OnModelCreating (ModelBuilder
  modelBuilder)
public virtual EntityTypeBuilder<TEntity> Entity<TEntity> ()
  where TEntity : class
public virtual PropertyBuilder<TProperty> Property<TProperty>
  (Expression<Func<TEntity,TProperty>> propertyExpression)
public virtual KeyBuilder HasKey (Expression<Func<TEntity,
  object?>> keyExpression)
public virtual KeyBuilder<TEntity> HasKey (params string[]
  propertyNames)
```

パラメータ

modelBuilder:modelBuilderオブジェクト
TEntity:設定対象のエンティティの型
TProperty:設定対象のプロパティの型
propertyExpression:設定対象のプロパティを指定するラムダ式
keyExpression:主キープロパティを指定するラムダ式
propertyNames:主キーに含まれるプロパティの名前の配列

コンテキストクラス(DbContextクラスの派生)のOnModelCreating()メソッドをオーバーライドすることで、エンティティ定義に属性を追加することなく、エンティティからデータベースのテーブルなどのオブジェクトへのマッピングをカスタマイズできます。

OnModelCreating()メソッドは、引数としてModelBuilderクラスのオブジェクトを受け取るので、この設定メソッドを呼び出すことでマッピング情報を設定していきます。設定メソッドは.演算子で連続して呼び出せることから、Fluent API(流暢なAPI)とも呼ばれます。

Fluent APIでは、まず、Entityメソッドを使用して型引数で指定したエンティティについての構成をするためのオブジェクトを取得します。このオブジェクトに対してエンティティの設定をするメソッドを次々に呼び出すコードを記述します。

特定のプロパティのマッピングをカスタマイズするには、Propertyメソッドで、プロパティについての構成をするためのオブジェクトを取得して、設定メソッドを記述します。

Fluent APIの設定メソッドは、エンティティ定義の規約やデータ注釈によるマッピング指定を上書きします。

例えば以下のサンプルは、主キーの紐づけをカスタマイズする例です。デフォルトでは、Idまたは、クラス名+Idという名前のプロパティを主キーに紐づけますが、HasKeyメソッドで名前に関わらず、任意のプロパティを主キーに指定できます。

その他にも、以下のようなメソッドを利用できます。

▼主なエンティティ設定メソッド

メソッド名	説明
HasKey	キープロパティを指定
ToTable	テーブル名を指定
ToView	既存のビューにマッピング
ToFunction	テーブル関数にマッピング
HasComment	テーブルにコメントを指定
Ignore	指定したプロパティを列をマッピングしない

▼主なプロパティ設定メソッド

メソッド名	説明
HasColumnName	列名を指定
HasColumnOrder	列の順序を指定
HasColumnType	列の型の指定
HasMaxLength	列の最大長を指定
HasPrecision	列の有効桁を指定
UseCollation	列の照合順序を指定
HasComment	列のコメントを指定

サンプル ▶ **ModelBuilderEntity.cs**

```
// 探査計画エンティティクラス([Key]なし)
public class ExplorationPlan2
{
    //ExplorationPlanのキー
    public string Code    { get; set; }
    // 惑星のコレクション (Planetのエンティティを参照)
    public ICollection<Planet> Planets { get; set; }
    // 衛星のコレクション (Moonsのエンティティを参照)
    public ICollection<Moon> Moons { get; set; }
    // 計画内容
    public string Plan { get; set; }
    // 探査機名
    public string SpaceProbe { get; set; }
}
```

```
// コンテキストクラス
public class SolarSystem2Context : SolarSystemContext
{
    …中略…
    protected override void OnModelCreating(ModelBuilder modelBuilder)
    {
        // ここで Code プロパティをキープロパティとしている
        modelBuilder
            .Entity<ExplorationPlan2>()
            .HasKey(e => e.Code);
    }
}

class ModelBuilderEntity
{
    static void Main(string[] args) {
        using (var context = new SolarSystem2Context())
        {
            context.Database.EnsureCreated();
            // 他で定義している Planets,Moons の登録メソッド
            CommonMethods.AddingPlanetsAndMoons(context);

            context.Add(new ExplorationPlan2() {
                Code = "A",
                Planets = [
                    context.Planets.First(p => p.Name == "水星"),
                    context.Planets.First(p => p.Name == "金星"),
                ],
                Moons = [
                    context.Moons.First(m => m.Name == "月"),
                ],
                Plan = "近場を回る",
                SpaceProbe = "CAT"
            });
            context.Add(new ExplorationPlan2()
            {
                Code = "B",
                Planets = [
                    context.Planets.First(p => p.Name == "火星"),
                    context.Planets.First(p => p.Name == "木星"),
                    context.Planets.First(p => p.Name == "海王星"),
                ],
                Moons = [
                    context.Moons.First(m => m.Name == "フォボス"),
                    context.Moons.First(m => m.Name == "ガニメデ"),
                ],
                Plan = "火星とその先に行く",
```

```
            SpaceProbe = "Octopus"
        });
        context.SaveChanges();

        foreach (var plan   in context.ExplorationPlans2)
        {
            Console.WriteLine($"探査計画  = " +
                $"{plan.Code},{plan.SpaceProbe},{plan.Plan}");
            Console.WriteLine($"¥t惑星 = {
                string.Join(",", plan.Planets.Select(p => p.Name))}");
            Console.WriteLine($"¥t衛星 = {
                string.Join(",", plan.Moons.Select(m => m.Name))}");
        }

        context.Database.EnsureDeleted();
    }
  }
}
```

⬇

```
探査計画 = A,CAT,近場を回る
    惑星 = 水星,金星
    衛星 = 月
探査計画 = B,Octopus,火星とその先に行く
    惑星 = 火星,木星,海王星
    衛星 = フォボス,ガニメデ
```

参照 P.472「Column：dotnet efツール」
P.475「EF CoreのAPIでデータベースを作成／削除する」
P.473「データベースに変更を反映する」

リレーションシップを FluentAPI で指定する

» Microsoft.EntityFrameworkCore.Metadata.Builders.EntityTypeBuilder<TEntity>,ReferenceNavigationBuilder<TEntity,TRelatedEntity>,CollectionNavigationBuilder<TEntity,TRelatedEntity>

メソッド

HasMany	1：多関係を指定
HasOne	1：1 関係を指定
WithOne	1：1 関係（逆方向）を指定
WithMany	1：多関係（逆方向）を指定
HasForeignKey	外部キープロパティを指定
IsRequired	リレーションシップが必須であるとを指定
UsingEntity	結合エンティティの名前を指定

書式

```
public virtual CollectionNavigationBuilder<TEntity,
  TRelatedEntity> HasMany<TRelatedEntity>
  (Expression<Func<TEntity,IEnumerable<TRelatedEntity>?>>?
  navigationExpression = default) where TRelatedEntity : class
public virtual ReferenceNavigationBuilder<TEntity,
  TRelatedEntity> HasOne<TRelatedEntity>
  (Expression<Func<TEntity,TRelatedEntity?>>?
  navigationExpression = default) where TRelatedEntity : class
public virtual ReferenceReferenceBuilder<TEntity,
  TRelatedEntity> WithOne (Expression<Func<TRelatedEntity,
  TEntity?>>? navigationExpression)
public virtual CollectionCollectionBuilder<TRelatedEntity,
  TEntity> WithMany (Expression<Func<TRelatedEntity,
  IEnumerable<TEntity>?>> navigationExpression)
public virtual ReferenceCollectionBuilder<TPrincipalEntity,
  TDependentEntity> HasForeignKey
  (Expression<Func<TDependentEntity,object?>>
  foreignKeyExpression)
public virtual ReferenceCollectionBuilder<TPrincipalEntity,
  TDependentEntity> IsRequired (bool required = true)
public virtual EntityTypeBuilder UsingEntity
  (string joinEntityName)
```

パラメータ　TEntity:（型引数、省略可）対象としているエンティティ型
TRelatedEntity:（型引数、省略可）関連エンティティ型
navigationExpression: エンティティのオブジェクトから参照プロパティ（関連エンティティ型）を取得するラムダ式
TPrincipalEntity:（型引数、省略可）参照先エンティティ型
TDependentEntity:（型引数、省略可）参照元エンティティ型
foreignKeyExpression: 外部キーになるプロパティを取得するラムダ式
required: 必須の時はtrue
joinEntityName: 結合テーブル名

DbContextのOnModelCreating()メソッドのModelBuilderオブジェクトを介することで、エンティティ間のリレーションシップを指定できます。それぞれ以下のメソッドの組み合わせで、それぞれ以下の関係を表現します。

- 1：1＝HasOne（参照ナビゲーション）＋WithOne（逆参照）
- 1：多＝HasMany（コレクションナビゲーション）＋WithOne（逆参照）
- 多：多＝HasMany（コレクションナビゲーション）＋WithMany（逆参照）

また、HasForeignKey()メソッドで、外部キーとして使用する（ナビゲーション）プロパティを、IsRequired()メソッドで、リレーションシップが必須であることを、それぞれ指定します。

これらの設定メソッドは、エンティティクラス定義の規則から決まるリレーションシップのマッピングを上書きします。

UsingEntity()メソッドを使用して多：多を表すためにAとBの主キーの参照を外部キー列として持つ結合テーブルを作成することができます（サンプルでは、PlanetsExplorationsテーブル）。

▼UsingEntityによる結合テーブル

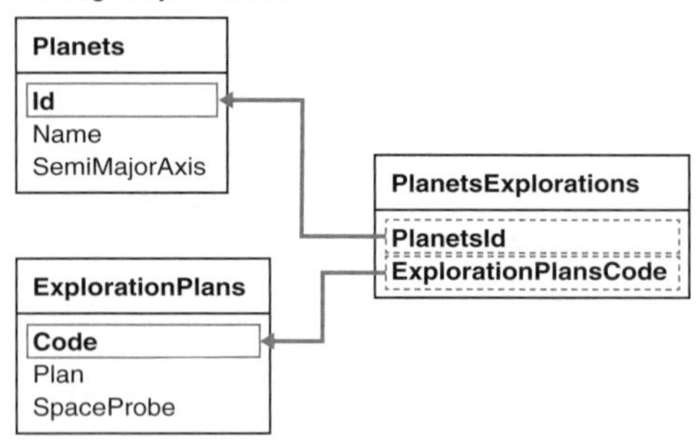

サンプル ▶ **CollectionNavigationBuilderHasMany.cs**

```
public class SolarSystemPrototypeContext : SolarSystemContext
{
    …中略…
    protected override void OnModelCreating(ModelBuilder modelBuilder)
    {
        // 明示的に 1: 多のリレーションシップを設定する
        modelBuilder
            .Entity<Planet>()
            .HasMany(p => p.Moons)
            .WithOne(m => m.Planet)
            .HasForeignKey(m => m.PlanetId)
            .IsRequired();

        // 明示的に多 : 多のリレーションシップを設定
        // 結合エンティティを作成する
        modelBuilder
            .Entity<ExplorationPlan>()
            .HasMany(plan=>plan.Planets)
            .WithMany(planet=>planet.ExplorationPlans)
            .UsingEntity("PlanetsExplorations");
    }
}

class CollectionNavigationBuilderHasMany
{
    static void Main(string[] args)
    {
        Console.WriteLine(" データベース作成・データ登録 ");
        using (var context = new SolarSystemPrototypeContext())
        {
            context.Database.EnsureCreated();
            CommonMethods.AddingPlanetsAndMoons(context);
            // 惑星エンティティ取得
            var venus = context.Planets.First(p => p.Name == " 金星 ");
            var mars = context.Planets.First(p => p.Name == " 火星 ");
            var jupiter = context.Planets.First(p => p.Name == " 木星 ");
            // 探査計画作成
            var planA = new ExplorationPlan() { Code = "A",
                Planets = [venus, mars],
                Plan = " 資源を探す ",
                SpaceProbe = " 探査機 X"
            };
            var planB = new ExplorationPlan() { Code = "B",
                Planets = [mars, jupiter] ,
                Plan = " 地球の外側の旅する ",
                SpaceProbe = " レッツ号 "
```

```
            };
            // 探査計画登録
            context.Add(planA);
            context.Add(planB);
            context.SaveChanges();
        }
        Console.WriteLine();
        Console.WriteLine(" データベースアクセス ");
        // データの取得では、惑星の方から取得してそれを含む探査計画を確認する
        using (var context = new SolarSystemPrototypeContext())
        {
            // 惑星に対する探査計画の取得クエリ
            var planetsPans = context.Planets
                .Select(p => new { p.Name, p.ExplorationPlans });
            // クエリを実行して結果を表示
            foreach (var p in planetsPans)
            {
                if (!p.ExplorationPlans.Any()) continue;
                Console.WriteLine($"Name = {p.Name}");
                foreach (var plan in p.ExplorationPlans)
                {
                    Console.WriteLine(
                     $"\t[{plan.Code},{plan.SpaceProbe},{plan.Plan}]");
                }
            }
            context.Database.EnsureDeleted();
        }
    }
}
```

```
データベース作成・データ登録

データベースアクセス
Name = 金星
        [A, 探査機 X, 資源を探す ]
Name = 火星
        [A, 探査機 X, 資源を探す ]
        [B, レッツ号 , 地球の外側の旅する ]
Name = 木星
        [B, レッツ号 , 地球の外側の旅する ]
```

参照 P.475「EF CoreのAPIでデータベースを作成／削除する」
P.473「データベースに変更を反映する」

初期データを設定する

» Microsoft.EntityFrameworkCore.Metadata.Builders.EntityTypeBuilder
<TEntity>

メソッド

HasData　初期データの追加

書式
```
public virtual DataBuilder<TEntity> HasData
(IEnumerable<TEntity> data);
public virtual DataBuilder<TEntity> HasData
(IEnumerable<object> data);
public virtual DataBuilder<TEntity> HasData (params TEntity[]
data);
public virtual DataBuilder<TEntity> HasData (params object[]
data);
```

パラメータ
TEntity: 対象のエンティティ型
data: 初期データ(エンティティのコレクション)

OnModelCreatingメソッドのオーバーライドの中で、引数のmodelBuilderのEntityメソッドで取得したオブジェクトに対して、HasData()メソッドでモデル作成時の初期データ(シードデータ)を指定できます。

サンプル ▶ **DataBuilderHasData.cs**

```
public class SolarSystemPrototype2Context : SolarSystemContext
{
    …中略…
    protected override    void OnModelCreating(ModelBuilder modelBuilder)
    {
        //Planets の初期データを登録する
        modelBuilder
            .Entity<Planet>()
            .HasData(
                new Planet{ Id = 1, Name = "水星",SemiMajorAxis = 0.3871f},
                new Planet{ Id = 2, Name = "金星",SemiMajorAxis = 0.72333f},
                new Planet{ Id = 3, Name = "地球",SemiMajorAxis = 1f},
                new Planet{ Id = 4, Name = "火星",SemiMajorAxis = 1.52366f}
            );
        //Moons の初期データを登録する
        modelBuilder
            .Entity<Moon>()
            .HasData(
```

```
                new Moon { Id = 1, Name = "月", PlanetId = 3,
                           Radius = 1738,
                           SemiMajorAxis = 384400 },
                new Moon { Id = 2, Name = "ダイモス", PlanetId = 4,
                           Radius = 6,
                           SemiMajorAxis = 23400,
                           DiscoveryYear = 1877 },
                new Moon { Id = 3, Name = "フォボス", PlanetId = 4,
                           Radius = 11,
                           SemiMajorAxis = 9387,
                           DiscoveryYear = 1877 }
            );
    }
}
class DataBuilderHasData
{
    static void Main(string[] args)
    {
        using (var context    = new SolarSystemPrototype2Context())
        {
            // データベース作成
            context.Database.EnsureCreated();
            // データベース作成後、データが登録されていることを確認する
            var moons = context.Planets
                .SelectMany(p => p.Moons)
                .Select(m => new { Planet = m.Planet.Name, m.Name });
            // 登録した衛星一覧
            foreach (var moon in moons) {
                Console.WriteLine($"{moon.Name}({moon.Planet}の衛星)");
            }
            // データベース削除
            context.Database.EnsureDeleted();
        }
    }
}
```

⬇

```
月(地球の衛星)
ダイモス(火星の衛星)
フォボス(火星の衛星)
```

注意　HasDataでデータを設定するとき、主キーのプロパティなど自動生成列にマッピングされるプロパティも値を設定する必要があります。

参照　EnsureCreated()/EnsureDeleted()についてはP.475「EF CoreのAPIでデータベースを作成／削除する」を参照してください。

一括読み込みで関連エンティティも読み込む

≫ System.Linq.IQueryable, Microsoft.EntityFrameworkCore.EntityFrameworkQueryableExtensions

メソッド

Include　　クエリ結果に関連エンティティも取得

書式
```
public IIncludableQueryable<TEntity,TProperty>
  Include<TEntity,TProperty> (Expression<Func<TEntity,
  TProperty>> navigationPropertyPath) where TEntity : class
public IQueryable<TEntity> Include<TEntity>
  (string navigationPropertyPath) where TEntity : class
```

パラメータ
TEntity: 対象のエンティティ型
TProperty: 含める関連エンティティ型
navigationPropertyPath: 含める関連エンティティ型のプロパティを示すラムダ式、もしくはプロパティ名

ナビゲーションプロパティの内容はそのままでは取得されません。Selectメソッド(P.495)、もしくはIncludeメソッドで、取得するプロパティを明示してください。含めたいナビゲーションプロパティは、Includeの引数としてラムダ式かプロパティ名で指定します。

サンプル ▶ EntityFrameworkQueryableExtensionsInclude.cs

```
static void Main(string[] args)
{
    using (var context = new SolarSystemContext())
    {
        // 惑星のコレクションを取得するだけでは、foreach 文で、planet.Moons が
null になってしまう
        //var planets =    context.Planets;

        // 衛星のプロパティも一括で取得する
        var planets = context.Planets
            .Include(planet    => planet.Moons);
        //.Include("Moons");

        foreach (var planet in planets)
        {
            Console.WriteLine($"{planet.Name} の衛星は ");
            if (planet.Moons == null) continue;
            foreach (var moon in planet.Moons)
```

```
            {
                Console.WriteLine($"¥t{moon.Name}");
            }
        }
    }
}
```

⬇

```
水星の衛星は
金星の衛星は
地球の衛星は
        月
火星の衛星は
        ダイモス
        フォボス
木星の衛星は
        イオ
        エウロパ
        ガニメデ
        カリスト
…後略…
```


参考 Includeメソッドは、いわゆるN+1問題を解決する手法です。N+1問題とは、データベースアクセスのクエリの書き方によって、実行時に対象テーブルのクエリ結果のN件のデーター一つに対し、プロパティの関連テーブルのクエリが発行され、想定外の多数(N+1)クエリのためパフォーマンス低下とリソース消費を引き起こす問題です。

LINQのクエリ式構文／メソッド構文を記述する

≫ System.Linq.Enumerable、System.Linq.Queryable

書式 クエリ式構文

```
from element in source [where filter(element)]
  select result(element)
```

メソッド構文

```
source[.Where(element => filter(element))]
  .Select(element => result(element));
```

パラメータ element: クエリ式内で要素を表す変数

source: IEnumerable／IEnumerable<T>型の入力シーケンス

filter(element): elementを引数としてbool値を返す式

result(element): elementを引数として処理した結果を返す式

LINQ(Language INtegrated Query) とは、データの集合(シーケンス)を処理するための問い合わせの記法やAPIです。LINQを利用することで、オブジェクト(コレクション)、データセット、EDMなど、さまざまなデータに対して一貫した方法で問い合わせをすることができます。

LINQの記法は、リレーショナルデータベースへの問い合わせ言語であるSQLと似ています。データ集合に対してフィルター／並べ替え／グループ化／集合演算／変換処理を直観的に行うことができます。

▼LINQの概念図

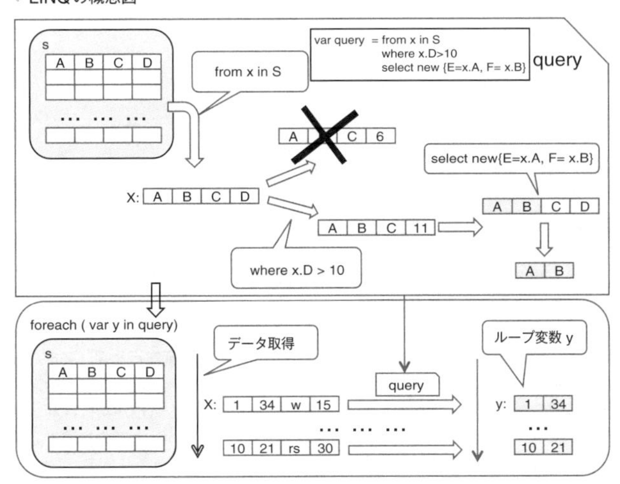

LINQのクエリは、シーケンスを基に別のシーケンスを作成する処理のコマンドのまとまりを表します。C#のLINQクエリを定義する構文には、クエリ式構文とメソッド構文の2種類があります。

(1)クエリ式構文では、fromでクエリ式の定義を開始します。fromの次にクエリ式のなかで入力シーケンスの要素を参照する変数を定義します。inの後には入力シーケンス参照を指定します。whereの後にbool式を記述することにより、この式がtrueとなる入力シーケンスの要素のみを処理対象として抽出することができます。selectで個々の要素の処理結果を記述します。これはクエリ式が実行されたときの結果シーケンスの要素となります。たとえば、入力要素のプロパティの部分からなる匿名型を記述します。

(2)メソッド構文は拡張メソッドの仕組みを使用して、LINQのクエリを定義する方法です。クエリ式も内部的にはメソッド構文に変換されて格納/実行されます。クエリ式では表せないクエリも表すことができます。LINQのメソッドは引数にデータ参照時に使用される匿名メソッドをとります。引数のメソッドは**ラムダ式**と呼ばれる記法で記述します。

サンプル ▶ LINQQuerySyntaxMethodSyntax.cs

```
// クエリ式 from (要素) in (シーケンス)... select (要素からの射影)
var query = from m in Moons
            where m.Radius > 10
            select new { Name = m.Name, Parent = m.Planet.Name };

// メソッド式とラムダ式
// var query = Moons
//     .Where(m => m.Radius >10)
//     .Select(m => new { Name = m.Name, Parent = m.Planet.Name });

// クエリは foreach で実行される
foreach (var mp in query)
{
    Console.WriteLine("{0} は {1} の衛星です。", mp.Name, mp.Parent);
}
```

⬇

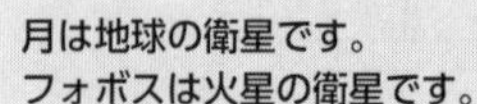

月は地球の衛星です。
フォボスは火星の衛星です。

参考 クエリ式を参照する変数のデータ型は一般に匿名型などになるので、暗黙の型varで宣言した変数を使用します。

参考 クエリ式を定義しても、すぐに実際の処理はされません。クエリ式の参照をシーケンスとして参照した時に処理が発生します。このことを**遅延実行**と呼びます。具体的にはforeach文のinの後にクエリ式の参照記述した場合、入力シーケンスのループ処理のなかで各入力要素に対してクエリ式のselectの処理が実行され、結果要素がループ変数に格納されます。クエリの定義から、foreachでの参照までにデータソースが変更されると、想定と異なる結果になることがあります。

参照 P.129「ラムダ式を利用する」

クエリを即時実行する

≫ System.Linq.Enumerable

メソッド

ToArray	クエリの結果から配列を作成
ToList	クエリの結果からジェネリックリストを作成
ToDictionary	クエリの結果から辞書を作成
ToLookup	クエリの結果からキーに対し複数の値を持つ辞書を作成

書式

```
public static TSource[] ToArray<TSource>(
    this IEnumerable<TSource> source)
public static List<TSource> ToList<TSource>(
    this IEnumerable<TSource> source)
public static Dictionary<TKey, TSource>
  ToDictionary<TSource, TKey>(
    this IEnumerable<TSource> source,
    Func<TSource, TKey> keySelector
    [, IEqualityComparer<TKey> comparer])
public static Dictionary<TKey, TElement>
  ToDictionary<TSource, TKey, TElement>(
    this IEnumerable<TSource> source,
    Func<TSource, TKey> keySelector,
    Func<TSource, TElement> elementSelector
    [, IEqualityComparer<TKey> comparer])
public static ILookup<TKey, TElement>
  ToLookup<TSource, TKey, TElement>(
    this IEnumerable<TSource> source,
    Func<TSource, TKey> keySelector
    [,Func<TSource, TElement> elementSelector]
    [,IEqualityComparer<TKey> comparer])
```

パラメータ

TSource: sourceの型
TKey: 辞書のキーの型
TElement: 辞書の値の型
source: 入力シーケンス
keySelector: 辞書のキーを抽出するメソッド
elementSelector: 辞書の値を抽出するメソッド
comparer: キーの比較に使用するメソッド

例外

ArgumentNullException	source、keySelector、または elementSelector が null の場合
ArgumentException	keySelector が 2 つの要素に対して重複するキーを生成している場合

これらのメソッドは、クエリを即時実行して、シーケンスからそれぞれ配列／ジェネリックリスト／辞書を作成します。from...selectなどでクエリを作成した時点ではデータベースアクセスは発生しません。foreachなどでクエリを結果シーケンスとして参照された時に初めて、実際の処理が発生します。このことを**遅延実行**と呼びます。

これに対してToArray／ToList／ToDictionary／ToLookupメソッドは、呼び出し時にデータベースアクセスが発生します。このことを**即時実行**といいます。

サンプル ▶ **ImmediateExecution.cs**

```
static void Main(string[] args)
{
    using (var context = new SolarSystemContext())
    {
        var listOfPlanets = from p in context.Planets
                            orderby p.SemiMajorAxis
                            select p.Name.Substring(0, 1);
        // 配列にする
        string[] ArrayOfPlanetNames
            = listOfPlanets.ToArray<string>();
        // クエリを変更する（ArrayOfPlanetNames は影響しない）
        listOfPlanets = from p in context.Planets
                        orderby p.SemiMajorAxis
                        select p.Name;
        // ジェネリックリストにする
        List<string> listOfPlanetNames
            = listOfPlanets.ToList<string>();
        Console.Write("ArrayOfPlanetNames = ");

        // 配列 ArrayOfPlanetNames の中身を表示
        Array.ForEach<string>(
            ArrayOfPlanetNames,
            name => Console.Write("{0},", name));
        Console.WriteLine();
        Console.Write("listOfPlanetNames = ");

        // ジェネリックリスト listOfPlanetNames の中身を表示
        listOfPlanetNames.ForEach(
            name => Console.Write("{0},", name));
        Console.WriteLine();
        var listOfMoons = context.Moons.Where(
```

```
            m => m.Planet.Name == "木星");

        // 辞書にする
        Dictionary<string, int> dictionary =
            listOfMoons.ToDictionary<Moon, string, int>(
                m => m.Name, m => m.Radius);
        string moon1 = "ガニメデ";
        Console.WriteLine("{0}の半径は{1}km",
            moon1, dictionary[moon1]);

        // キーに対して複数の値が対応する辞書にする
        ILookup<int?, string> lookup =
            context.Moons.ToLookup<Moon, int?, string>(
                m => m.DiscoveryYear,
                m => m.Name
            );
        foreach (var group in lookup)
        {
            if (group.Key != null)
            {
                Console.Write("{0}年発見の衛星:", group.Key);
                foreach (var m in group)
                {
                    Console.Write("{0},", m);
                }
                Console.WriteLine();
            }
        }
    }
}
```

↓

```
ArrayOfPlanetNames = 水,金,地,火,木,土,天,海,冥,
listOfPlanetNames = 水星,金星,地球,火星,木星,土星,天王星,海王星,⏎
冥王星,
ガニメデの半径は2634km
1877年発見の衛星:ダイモス,フォボス,
…中略…
1949年発見の衛星:ネレイド,
1978年発見の衛星:カロン,
```

注意 実行結果では一般にはキー順になりません。並び替えが必要な場合、OrderByメソッド等で並び替えます。

注意 上記サンプルのToLookupで、MARS有効化せずに、以下のようなコードを実行すると、System.InvalidOperationException例外が発生します。

```
lookup = context.Moons.ToLookup<Moon, string, string>(
        m => m.Planet.Name,
        m => m.Name
    );
```

このようなクエリ実行中に別のクエリを実行される可能性があるコードを使用する場合、接続文字列に「MultipleActiveResultSets=true」を追加してMARSを有効化してください。
また、MARS不使用でもToLookupメソッドと同様な結果は、GroupByメソッドの使用で取得できます。こちらは、遅延実行でサーバーでのグループ化処理となります。

参照 P.439「データベースに接続／切断する」
P.449「Column：MARS(Multiple Active Result Sets)」
P.506「結果セットをグループ化する」

Column LINQ to Entityが変換／発行しているSQL

ツールがインストールされていない、勝手にツールを入れられない環境など、P.476で紹介した方法は環境によっては利用できません。実行時にLINQ to EntityがどのようなSQLを生成／発行しているか、アプリケーションプログラム側から確認する方法もあります。

DbContext継承クラスでオーバーライドするOnConfiguring(DbContextOptionsBuilder optionsBuilder)の引数optionsBuilderでLogToを使用します。設定することで、SQLが発行されたときに、そのSQL文を取得できます。

以下の例では、既定ではVisual Studioの出力ウィンドウに出力されます。

```
public class SolarSystemContext : DbContext
{
...
    protected override void OnConfiguring(
                DbContextOptionsBuilder optionsBuilder)
    {
        optionsBuilder.UseSqlServer(_connectionString)
                    .LogTo(message => Debug.WriteLine(message),
                                            LogLevel.Information);
    }
...
}
```

結果セットから射影する

≫ System.Linq.Queryable

メソッド

Select	射影
SelectMany	射影（詳細も同じ結果シーケンスに含める）

書式

```
public static IQueryable<TResult> Select<TSource,
    TResult>(this IQueryable<TSource> source,
    Expression<Func<TSource, TResult>> selector)
public static IQueryable<TResult> SelectMany<TSource,
    TResult>(this IQueryable<TSource> source,
    Expression<Func<TSource,IEnumerable<TResult>>>
    selector)
public static IQueryable<TResult> SelectMany<TSource,
    TCollection, TResult>(this IQueryable<TSource>
    source,Expression<Func<TSource, IEnumerable
    <TCollection>>> collectionSelector,Expression
    <Func<TSource, TCollection, TResult>>
    resultSelector )
```

パラメータ

TSource: sourceの要素の型
TResult: 出力シーケンスの要素の型
TCollection: 中間要素の型
source: 入力シーケンス
selector: 入力シーケンスの要素を使用して出力シーケンスの要素を取得するメソッド
collectionSelector: 入力シーケンスの要素を使用してコレクションを取得するメソッド
resultSelector: 入力シーケンスの要素とコレクションの値から出力シーケンスの要素を取得するメソッド

Selectメソッドは、入力シーケンスの各要素をselectorに渡した戻り値を各要素とするシーケンスを作成します。クエリ式構文では、from ... selectで記述します。

SelectManyメソッドは、入力シーケンスの各要素に詳細シーケンスが対応している場合、詳細シーケンスの各要素をすべて連結した１つのシーケンスを作成します。クエリ式構文では、from ... from ... selectで記述します。

サンプル ▶ **QueryableSelectMany.cs**

```
static void Main(string[] args)
{
    using (var context = new SolarSystemContext())
    {
        // クエリ式
        var moonNames = from p in context.Planets
                        from m in p.Moons
                        select new { Name = m.Name, Parent = p.Name };
        // メソッド式
        // var moonNames = context.Planets
        //     .SelectMany(p => p.Moons
        //     .Select(m => new { Name = m.Name, Parent = p.Name }));

        foreach (var item in moonNames)
        {
            Console.WriteLine("{0}は{1}を衛星としている。",
                        item.Parent, item.Name);
        }
    }
}
```

```
地球は月を衛星としている。
火星はダイモスを衛星としている。
火星はフォボスを衛星としている。
木星はイオを衛星としている。
木星はエウロパを衛星としている。
木星はガニメデを衛星としている。
木星はカリストを衛星としている。
土星はミマスを衛星としている。
土星はエンケラドゥスを衛星としている。
土星はテティスを衛星としている。
土星はディオネを衛星としている。
土星はレアを衛星としている。
土星はタイタンを衛星としている。
土星はヒペリオンを衛星としている。
土星はイアペトゥスを衛星としている。
土星はフェーベを衛星としている。
天王星はミランダを衛星としている。
天王星はアリエルを衛星としている。
天王星はウンブリエルを衛星としている。
天王星はチタニアを衛星としている。
天王星はオベロンを衛星としている。
海王星はトリトンを衛星としている。
海王星はネレイドを衛星としている。
冥王星はカロンを衛星としている。
```

結果セットをフィルターする

≫ System.Linq.Queryable

メソッド

Where　　フィルター処理

書式

```
public static IQueryable<TSource> Where<TSource>(
  this IQueryable<TSource> source,
  Expression<Func<TSource, bool>> predicate)
```

パラメータ

TSource: sourceの要素の型
source: フィルター処理対象の入力シーケンス
predicate: 各要素が条件を満たしているかどうかをテストするメソッド

Whereメソッドは、入力シーケンスの要素をpredicateがtrueを返す要素のみにフィルターして、後続の式に渡します。クエリ式構文ではwhereで記述します。

サンプル ▶ QueryableWhere.cs

```
static void Main(string[] args)
{
  using (var context = new SolarSystemContext())
  {
    // メソッド式
    var moons = context.Moons.Where(m => m.Radius > 1000);
    // クエリ式
    // var moons = from m in context.Moons
    //             where m.Radius > 1000
    //             select m;
    Console.WriteLine("平均半径が1000km超えている衛星：");
    foreach (var moon in moons)
    {
      Console.Write("{0}(平均半径={1}km),",
        moon.Name, moon.Radius);
    }
  }
}
```

⬇

```
平均半径が1000km超えている衛星：
月(平均半径=1738km),イオ(平均半径=1821km),エウロパ(平均半径=1565km),
ガニメデ(平均半径=2634km),カリスト(平均半径=2403km),タイタン(平均半径
=2575km),トリトン(平均半径=1352km),
```

キープロパティでエンティティを結合する

≫ System.Linq.Queryable

メソッド

Join	他のシーケンスと結合

書式

```
public static IQueryable<TResult>
  Join<TOuter, TInner, TKey, TResult>(
    this IQueryable<TOuter> outer,
    IEnumerable<TInner> inner,
    Expression<Func<TOuter, TKey>> outerKeySelector,
    Expression<Func<TInner, TKey>> innerKeySelector,
    Expression<Func<TOuter, TInner,TResult>>
                    resultSelector)
```

パラメータ

TOuter: 最初のシーケンスの要素の型
TInner: 2番目のシーケンスの要素の型
TKey: キーセレクター関数によって返されるキーの型
TResult: 結果の要素の型
outer: 結合する最初のシーケンス
inner: 結合する2番目のシーケンス
outerKeySelector: シーケンスから結合キーを取得するメソッド
innerKeySelector: innerから結合キーを取得するメソッド
resultSelector: 両シーケンスの要素から結果要素を取得するメソッド

Joinメソッドは、結合キーが一致する両シーケンスの要素のペアをまとめ、引数resultSelectorで結果シーケンスを作成します。クエリ式構文ではjoinを使用します。リレーショナルデータベースの**内部結合**に相当します。

サンプル ▶ **QueryableJoin.cs**

```
static void Main(string[] args)
{
    using (var context = new SolarSystemContext())
    {
        // クエリ式
        var query = from p in context.Planets
                    join m in context.Moons on p equals m.Planet
                    select new { Name = m.Name, ParentName = p.Name };
        // メソッド式
        // var query = context.Planets
        //     .Join(context.Moons, p => p, m => m.Planet,
        //     (p, m) => new { Name = m.Name, ParentName = p.Name });

        foreach (var moon in query)
        {
            Console.WriteLine("{0} は {1} の衛星 ",
              moon.Name, moon.ParentName);
        }
    }
}
```

⬇

```
月は地球の衛星
ダイモスは火星の衛星
フォボスは火星の衛星
イオは木星の衛星
エウロパは木星の衛星
ガニメデは木星の衛星
カリストは木星の衛星
…後略…
```

結果セットの要素のすべて／どれかが条件を満たしているか確認する

≫ System.Linq.Queryable

メソッド

All	すべての要素が条件を満たしているかを確認
Any	要素の1つ以上が条件を満たしているかを確認

書式

```
public static bool All<TSource>(
  this IQueryable<TSource> source,
  Expression<Func<TSource, bool>> predicate)
public static bool Any<TSource>(
  this IQueryable<TSource> source,
  Expression<Func<TSource, bool>> predicate)
```

パラメータ

TSource: sourceの要素の型
source: 対象シーケンス
predicate: 各要素が条件を満たしているかどうかをテストするメソッド

Allメソッドは、シーケンスのすべての要素について引数predicateがtrueを返すときのみにtrueとなります。

Anyメソッドは、シーケンスの1つ以上の要素について引数predicateがtrueを返すときtrueとなります。

これらのメソッドは即時実行されます。

サンプル ▶ **QueryableAllAny.cs**

```
static void Main(string[] args)
{
    using (var context = new SolarSystemContext())
    {
        string planet = "木星";
        Console.WriteLine("{0}の衛星：", planet);
        var query = from m in context.Moons
                    where m.Planet.Name == planet
                    select m;
        foreach (var m in query)
        {
            Console.Write("{0}({1}),", m.Name, m.Radius);
        }
        Console.WriteLine();
        int year = 1610;
        // All メソッド：クエリ結果がすべてが引数の条件を満たすとき true
        if (query.All(m => m.DiscoveryYear == year))
        {
            Console.WriteLine(
             "これらの衛星はすべて{0}年に発見されました。", year);
        }
        int radius = 2500;
        // Any メソッド：クエリ結果の1つ以上が引数の条件を満たすとき true
        if (query.Any(m => m.Radius > radius))
        {
          Console.WriteLine(
            "これらの衛星の中に平均半径が{0}kmを"
            +"上回るものがあります。", radius);
        }
    }
}
```

⬇

```
木星の衛星：
イオ(1821),エウロパ(1565),ガニメデ(2634),カリスト(2403),
これらの衛星はすべて1610年に発見されました。
これらの衛星のなかに平均半径が2500kmを上回るものがあります。
```

参照 P.491「クエリを即時実行する」

結果セットに指定した要素が含まれていることを確認する

≫ System.Linq.Queryable

メソッド

Contains　　指定要素がシーケンスに含まれているか

書式
```
public static bool Contains<TSource>(
  this IQueryable<TSource> source, TSource item)
```

パラメータ

TSource: sourceの要素の型
source: 対象シーケンス
item: 検査対象の要素

Containsメソッドは、指定した値を持つ要素が入力シーケンスに含まれている場合はtrue、それ以外の場合はfalseを返します。

サンプル ▶ QueryableContains.cs

```
static void Main(string[] args)
{
    using (var context = new SolarSystemContext())
    {
        int radius = 1000;
        // 半径1000km以上の衛星の名前を取得するクエリ
        var bigMoonNames = from m in context.Moons
                           where m.Radius > radius
                           select m.Name;
        string theMoonName = "月";
        // 上記クエリの結果に「月」が含まれていればtrue
        if (bigMoonNames.Contains(theMoonName))
        {
            Console.WriteLine(
              "{0}は半径{1}km以上の衛星に含まれています。",
              theMoonName, radius);
        }
    }
}
```

⬇

```
月は半径1000km以上の衛星に含まれています。
```

結果セットから重複を取り除く

≫ System.Linq.Queryable

メソッド

Distinct　重複を除去

書式

```
public static Queryable<TSource> Distinct<TSource>(
  this IQueryable<TSource> source)
```

パラメータ

TSource: sourceの要素の型
source: 対象シーケンス

Distinctメソッドは、シーケンスから重複を取り除きます。

サンプル ▶ QueryableDistinct.cs

```
static void Main(string[] args)
{
    using (var context = new SolarSystemContext())
    {
        var query = from m in context.Moons
                    select m.DiscoveryYear;
        Console.WriteLine("登録されている衛星の発見年：");
        foreach (var y in query)
        {
            Console.Write("{0},", y);
        }
        Console.WriteLine();
        Console.WriteLine("重複を取り除くと");
        var distinctQuery = query.Distinct();
        foreach (var y in distinctQuery)
        {
            Console.Write("{0},", y);
        }
        Console.WriteLine();
    }
}
```

⬇

```
登録されている衛星の発見年：
,1877,1877,1610,1610,1610,1610,1789,1789,1684,1684,1672,1655,1848,1671,↵
1899,1948,1851,1851,1787,1787,1846,1949,1978,
重複を取り除くと
,1610,1655,1671,1672,1684,1787,1789,1846,1848,1851,1877,1899,1948,1949,1978,
```

結果セットの並べ替えをする

≫ System.Linq.Queryable

メソッド

OrderBy	昇順に並べ替え
OrderByDescending	降順に並べ替え
ThenBy	昇順に並べ替え（複数キー）
ThenByDescending	降順に並べ替え（複数キー）

書式

```
public static IOrderedQueryable<TSource>
  OrderBy<TSource, TKey>(
    this IQueryable<TSource> source,
    Expression<Func<TSource, TKey>> keySelector)
public static IOrderedQueryable<TSource>
  OrderByDescending<TSource, TKey>(
    this IQueryable<TSource> source,
    Expression<Func<TSource, TKey>> keySelector)
public static IOrderedQueryable<TSource>
  ThenBy<TSource, TKey>(
    this IOrderedQueryable<TSource> source,
    Expression<Func<TSource, TKey>> keySelector)
public static IOrderedQueryable<TSource>
  ThenByDescending<TSource, TKey>(
    this IOrderedQueryable<TSource> source,
    Expression<Func<TSource, TKey>> keySelector)
```

パラメータ

TSource: sourceの要素の型
source: 対象シーケンス
keySelector: 各要素から並べ替えに使用するプロパティを抽出するメソッド

例外

ArgumentNullException　　source または keySelector が null の場合

OrderByメソッドはkeySelectorの結果に基づいて、シーケンスを昇順に並べ替えます。クエリ式構文ではorderbyを使用します。

OrderByDescendingメソッドはkeySelectorの結果に基づいて、シーケンスを降順に並べ替えます。クエリ式構文ではorderby ... descendingを使用します。

複数の並べ替えキーに基づいて並べ替える場合は、2番目以降の並べ替え列をキーとしてThenByメソッド、またはThenByDescendingメソッドを使用します。クエリ式構文ではカンマ区切りで並べ替えキーを指定します。

サンプル ▶ **QueryableOrderBy.cs**

```
static void Main(string[] args)
{
    using (var context = new SolarSystemContext())
    {
        Console.WriteLine("名前の長さが短い順で、"+
        "同じなら軌道半径の大きい順に表示します");
        // クエリ式 orderby を使用。並べ替えに使う列が複数の場合カンマ区切り
        // 降順にする場合 descending を付加
        var moons = from m in context.Moons
               orderby m.Name.Length,
                  m.SemiMajorAxis descending
               select m;
        // メソッド式並べ替えに使う列が複数の場合、
        // 2つ目以降の列は ThenBy か ThenByDescending を使用
        // var moons = context.Moons
        //                 .OrderBy(m => m.Name.Length)
        //                 .ThenByDescending(m => m.SemiMajorAxis);

        foreach (var moon in moons)
        {
            Console.WriteLine(
              "{0}(名前文字列長={1}, 平均軌道半径={2}km)",
                moon.Name, moon.Name.Length, moon.SemiMajorAxis);
        }
        Console.WriteLine();
    }
}
```

⬇

```
名前の長さが短い順で、同じなら軌道半径の大きい順に表示します
月(名前文字列長=1, 平均軌道半径=384400km)
レア(名前文字列長=2, 平均軌道半径=527180km)
イオ(名前文字列長=2, 平均軌道半径=421700km)
ミマス(名前文字列長=3, 平均軌道半径=185404km)
カロン(名前文字列長=3, 平均軌道半径=19571km)
…後略…
```

結果セットをグループ化する

≫ System.Linq.Queryable

メソッド

GroupBy　グループ化

書式

```
public static IQueryable<IGrouping<TK, TS>>
  GroupBy<TS, TK>(
    this IQueryable<TS> source,
    Expression<Func<TS, TK>> keySelector)
public static IQueryable<IGrouping<TK, TE>>
  GroupBy<TS, TK, TE>(
  this IQueryable<TS> source,
  Expression<Func<TS, TK>> keySelector,
  Expression<Func<TS, TE>> elementSelector)
public static IQueryable<TR>
  GroupBy<TS, TK, TR>(
    this IQueryable<TS> source,
    Expression<Func<TS, TK>> keySelector,
    Expression<Func<TK, IEnumerable<TS>, TR>>
      resultSelector)
public static IQueryable<TR>
  GroupBy<TS, TK, TE, TR>(
    this IQueryable<TS> source,
    Expression<Func<TS, TK>> keySelector,
    Expression<Func<TS, TE>> elementSelector,
    Expression<Func<TK, IEnumerable<TE>,TR>>
      resultSelector)
```

パラメータ

TK: キーの型
TS: sourceの要素の型
source: 対象シーケンス
keySelector: グループ化に使用するキーを抽出するメソッド
TE: 辞書の値の型
elementSelector: 結果グループの要素を抽出するメソッド
TR: 結果の要素の型
resultSelector: 結果要素を作成するメソッド

例外

ArgumentNullException　　source または keySelector が null の場合

GroupByメソッドはkeySelectorで選択されたキーに基づいてシーケンスをグループ化します。グループ化すべき要素はelementSelectorによって指定します。そしてresultSelectorによってグループを結果に射影します。

サンプル ▶ **QueryableGroupBy.cs**

```
static void Main(string[] args)
{
    using (var context = new SolarSystemContext())
    {
        // クエリ式
        var query = from m in context.Moons
                    group m by m.Planet;
        // メソッド式
        // var query = context.Moons.GroupBy(m => m.Planet);

        foreach (var g in query)
        {
            // グループ化のキーを Key プロパティで参照する
            Console.WriteLine("{0} の衛星グループ :", g.Key.Name);
            // グループをコレクションとして要素を foreach で表示
            foreach (var moon in g)
            {
                Console.Write("{0},", moon.Name);
            }
            Console.WriteLine();
        }
    }
}
```

⬇

```
地球の衛星グループ :
月,
火星の衛星グループ :
ダイモス,フォボス,
木星の衛星グループ :
イオ,エウロパ,ガニメデ,カリスト,
土星の衛星グループ :
ミマス,エンケラドゥス,テティス,ディオネ,レア,タイタン,ヒペリオン,
イアペトゥス,フェーベ,
天王星の衛星グループ :
ミランダ,アリエル,ウンブリエル,チタニア,オベロン,
海王星の衛星グループ :
トリトン,ネレイド,
…後略…
```

結果セットの集計をする

» System.Linq.Queryable

メソッド

Count	要素数を集計
LongCount	要素数を集計（Int64型）
Sum	合計値を集計
Average	平均値を集計
Max	最大値を集計
Min	最小値を集計

書式

```
public static int Count<TSource>(
  this IQueryable<TSource> source)
public static long LongCount<TSource>(
  this IQueryable<TSource> source)
public static TSource Sum(
  this IQueryable<TSource> source)
public static TSource Average(
  this IQueryable<TSource> source)
public static TSource Max<TSource>(
  this IQueryable<TSource> source)
public static TSource Min<TSource>(
  this IQueryable<TSource> source)
```

パラメータ

TSource: sourceの要素の型
source: 対象シーケンス

集計メソッドは、シーケンスの全体から単一の値を計算します。
CountメソッドとLongCountメソッドはシーケンスの要素数を取得します。
Sumメソッドはシーケンスの合計値を取得します。
Averageメソッドはシーケンスの平均値を取得します。
Maxメソッドはシーケンスの最大値を取得します。
Minメソッドはシーケンスの最小値を取得します。
これらは即時実行されます。

サンプル ▶ **QueryableAggregate.cs**

```
static void Main(string[] args)
{
    using (var context = new SolarSystemContext())
    {
        // Average メソッドの使用
        var average = context.Planets.Average(p => p.SemiMajorAxis);
        Console.WriteLine(
         "登録されている惑星の平均軌道半径は {0}AU です。", average);

        // Count メソッドの使用
        var query = from p in context.Planets
              select new { Name = p.Name,
                     NumOfMoons = p.Moons.Count() };
        foreach (var planetInfo in query)
        {
          Console.WriteLine(
            "{0} 系には {1} 個の衛星が登録されています。",
            planetInfo.Name, planetInfo.NumOfMoons);
        }
        // Sum メソッドの使用
        Console.WriteLine(" 合計 :{0} の衛星が登録されています。",
          context.Planets.SelectMany(x => x.Moons) .Sum(y => 1)
        // Max メソッドの使用
        var max = context.Moons.Max(p => p.Radius);
        Console.WriteLine(
          "登録されている衛星の中で最大の半径は {0}km です ", max);
    }
}
```

⬇

```
登録されている惑星の平均軌道半径は 11.89776AU です。
地球系には 1 個の衛星が登録されています。
火星系には 2 個の衛星が登録されています。
木星系には 4 個の衛星が登録されています。
…中略…
合計 :24 の衛星が登録されています。
登録されている衛星のなかで最大の半径は 2634km です
```

参照 P.491「クエリを即時実行する」

結果セットの特定の要素を抽出する

» System.Linq.Queryable

メソッド

First	最初の要素を取得
Take	シーケンスの先頭から指定された数の要素を取得
Skip	シーケンス内の指定された数の要素を読み飛ばし

書式

```
public static TSource First<TSource>(
  this IQueryable<TSource> source
  [, Expression<Func<TSource, bool>> predicate])
public static IQueryable<TSource> Take<TSource>(
  this IQueryable<TSource> source, int count)
public static IQueryable<TSource> Skip<TSource>(
  this IQueryable<TSource> source, int count)
```

パラメータ

TSource: sourceの要素の型
source: 対象シーケンス
predicate: 各要素が条件を満たしているかどうかをテストするメソッド
count: 要素数

Firstメソッドはシーケンスの最初の要素を取得します。引数predicateをとってオーバーロードさせる場合は、条件式predicateがtrueとなる最初の要素を取得します。

Takeメソッドは、シーケンスの先頭からcountで指定された値だけ要素を取得します。

Skipメソッドは、シーケンスの先頭からcountで指定された値だけスキップして要素を取得します。

サンプル ▶ QueryableFirstTakeSkip.cs

```
static void Main(string[] args)
{
    using (var context = new SolarSystemContext())
    {
        // 半径の降順に並べて First メソッドで最初の要素を取得
        var query = context.Moons.OrderByDescending(m => m.Radius);
        Moon first = query.First();
        Console.WriteLine("登録されている衛星の中で"+
          "最大の半径持つのは{0}({1}km)です。",
          first.Name, first.Radius);
        // Take メソッドの使用
```

```
        Console.WriteLine("登録されている衛星を半径が大きい順に5つ");
        var top5 = query.Take(5);
        foreach (var moon in top5)
        {
            Console.Write("{0},", moon.Name);
        }
        Console.WriteLine();
        // Skipメソッドの使用
        Console.WriteLine("半径の大きさが大きい6位から10位を表示");
        var rem = query.Take(10).Skip(5);
        foreach (var moon in rem)
        {
            Console.Write("{0},", moon.Name);
        }
        Console.WriteLine();
    }
}
```

⬇

```
登録されている衛星の中で最大の半径持つのはガニメデ(2634km)です。
登録されている衛星を半径が大きい順に5つ
ガニメデ,タイタン,カリスト,イオ,月,
半径の大きさが大きい6位から10位を表示
エウロパ,トリトン,チタニア,レア,オベロン,
```

注意 Linq to Entitiesでは、Queryableクラスで定義されるIQueryable<T>メソッドやオーバーロードのすべてがサポートされるわけではありません。たとえば、Lastメソッド、SkipWhileメソッド、TakeWhileメソッド、Aggregateメソッドは、単一の汎用SQLへの変換が不可能/困難であるためサポートされていません。サポート非対象メソッドは後述のMSDNライブラリページで確認できます。
Linq to Entitiesシーケンスでサポートされないメソッドを直接使用すると、実行時に例外System.NotSupportedExceptionが発生します。
同等な結果を得るには、サポートされるメソッドの組み合わせで表現する必要があります(たとえば、降順のシーケンスのLastメソッド→昇順のシーケンスのFirstメソッド)。また、ToListメソッドなどで、クライアントのメモリ内のオブジェクトに変換すれば、Linq to Objectsとして、これらのメソッドも使用できます。

参考 サポート対象のLINQメソッドについては「サポート対象のLINQメソッドとサポート非対象のLINQメソッド (LINQ to Entities) - ADO.NET | Microsoft Learn」(https://learn.microsoft.com/ja-jp/dotnet/framework/data/adonet/ef/language-reference/supported-and-unsupported-linq-methods-linq-to-entities)「LINQ to Entities クエリの標準クエリ演算子 - ADO.NET | Microsoft Learn」(https://learn.microsoft.com/ja-jp/dotnet/framework/data/adonet/ef/language-reference/standard-query-operators-in-linq-to-entities-queries)も参照してください。

索引

数字・記号

A

B

C

D

E

F

G

H

M

N

O

P

Q

R

S

■著者略歴

WINGSプロジェクト（https://wings.msn.to/）

有限会社 WINGS プロジェクトが運営する、テクニカル執筆コミュニティ（代表：山田祥寛）。主に Web 開発分野の書籍／記事執筆、翻訳、講演等を幅広く手がける。2024 年 5 月時点での登録メンバーは約 50 名で、現在も執筆メンバーを募集中。興味のある方は、どしどし応募頂きたい。著書、記事多数。
RSS：https://wings.msn.to/contents/rss.php ／ Facebook：facebook.com/WINGSProject ／
X（旧 Twitter）：@yyamada（公式）

土井 毅（どい つよし）第3、4、5章担当

WINGS プロジェクト所属のテクニカルライター。@IT（アイティメディア社）、CodeZine（翔泳社）などの Web メディアを中心として、.NET などの Web 系技術についての執筆を行っている。また、携帯アプリやソーシャルアプリなど、様々な分野での開発案件にも携わる。
主な著書:『基本から学ぶ HTML5 ＋ JavaScript　iPhone/Android 対応 スマートフォンアプリの作り方』（共著、SB クリエイティブ）『TECHNICAL MASTER はじめての ASP.NET Web フォームアプリ開発 C# ／ Visual Basic 対応版』（秀和システム）など。

髙江 賢（たかえ けん）第1、2章担当

生粋の大阪人。プログラミング歴は四半世紀を超え、制御系から業務系、Web 系と幾多の開発分野を経験。現在は、株式会社気象工学研究所に勤務し、気象や防災に関わるシステムの構築、保守に携わる。その傍ら、執筆コミュニティ「WINGS プロジェクト」のメンバーとして活動中。
主な著書：『改訂 3 版 Java ポケットリファレンス』『Apache ポケットリファレンス』『PHP ライブラリ & サンプル実践活用［厳選 100］』（以上、技術評論社）『基礎からしっかり学ぶ C# の教科書 第 3 版 C# 10 対応』（日経 BP 社）など。

飯島 聡（いいじま さとし）第6、7章担当

WINGS プロジェクト所属のテクニカルライター。東京都立大学院理学研究科数学専攻修士課程修了。2003 年よりソフト開発会社で Java や C#、VB.NET でパッケージソフト開発に従事。その後 SI 子会社でいくつかのシステム開発プロジェクトに従事などを経て、現在フリーランスエンジニアとして C# で WPF アプリケーションの開発等に従事。
主な著書:『Windows 8 開発ポケットリファレンス』（共著、技術評論社）『はじめての Visual Studio 2012』（共著、秀和システム）など。

山田 祥寛（やまだ よしひろ）監修

千葉県鎌ヶ谷市在住のフリーライター。Microsoft MVP for Visual Studio and Development Technologies。執筆コミュニティ「WINGS プロジェクト」の代表でもある。
主な著書:『改訂 3 版 JavaScript 本格入門』『Angular アプリケーションプログラミング』（以上、技術評論社）『独習シリーズ（Java・C#・Python・PHP・Ruby・ASP.NET）』（翔泳社）『はじめての Android アプリ開発』（秀和システム）『書き込み式 SQL のドリル 改訂新版』（日経 BP 社）『速習シリーズ（React、Vue、TypeScript、ASP.NET Core、Laravel ）』（Amazon Kindle）など。

■お問い合わせについて
本書の内容に関するご質問につきましては、下記の宛先までFAXまたは書面にてお送りいただくか、弊社ホームページの該当書籍のコーナーからお願いいたします。お電話によるご質問、および本書に記載されている内容以外のご質問には、一切お答えできません。あらかじめご了承ください。
また、ご質問の際には、「書籍名」と「該当ページ番号」、「お客様のパソコンなどの動作環境」、「お名前とご連絡先」を明記してください。

●宛先
〒162-0846
東京都新宿区市谷左内町21-13
株式会社技術評論社　書籍編集部
「[改訂第3版] C#ポケットリファレンス」係
FAX：03-3513-6183

●技術評論社Webサイト
https://gihyo.jp/book

お送りいただきましたご質問には、できる限り迅速にお答えをするよう努力しておりますが、ご質問の内容によってはお答えするまでに、お時間をいただくこともございます。回答の期日をご指定いただいても、ご希望にお応えできかねる場合もありますので、あらかじめご了承ください。
なお、ご質問の際に記載いただいた個人情報は質問の返答以外の目的には使用いたしません。また、質問の返答後は速やかに破棄させていただきます。

[改訂第3版]（かいていだいさんぱん） C#（シーシャープ）ポケットリファレンス

2024年7月4日　初　版　第1刷発行

著　者　WINGS（ウイングス）プロジェクト
土井（どい） 毅（つよし）／髙江（たかえ） 賢（けん）／飯島（いいじま） 聡（さとし）
監　修　山田（やまだ） 祥寛（よしひろ）
発行者　片岡　巌
発行所　株式会社技術評論社
東京都新宿区市谷左内町21-13
電話　03-3513-6150　販売促進部
03-3513-6166　書籍編集部
印刷・製本　昭和情報プロセス株式会社

●カバーデザイン
株式会社 志岐デザイン事務所
●カバーイラスト
吉澤崇晴
●紙面デザイン・DTP
株式会社トップスタジオ
●担当
一丸友美

定価はカバーに表示してあります

ISBN978-4-297-14244-5 C3055
Printed in Japan